普 通 高 等 教 育
人工智能专业系列教材

数据结构
Python语言描述

曹岳辉　刘卫国　康松林　编著

中国水利水电出版社
www.waterpub.com.cn
·北京·

内 容 提 要

  本书为数据结构课程教学现实需要而编写，重点介绍各种数据结构的逻辑特性和物理表示法，定义了相应算法，并用 Python 语言实现。本书共分为 8 章，包括绪论，Python 语言基础，线性表，栈、队列和串，树，图，排序，散列。本书遵循由易到难、循序渐进、前后衔接自然的原则，将问题脉络交代清楚，帮助读者理解掌握各种数据结构的实质。

  本书内容丰富、实用性强，既可作为高等学校数据结构课程的教材，又可供社会各类计算机应用人员阅读参考。

图书在版编目（ＣＩＰ）数据

数据结构 ：Python语言描述 / 曹岳辉，刘卫国，康
松林编著. -- 北京 ： 中国水利水电出版社，2023.3
普通高等教育人工智能专业系列教材
ISBN 978-7-5226-1418-2

Ⅰ．①数… Ⅱ．①曹… ②刘… ③康… Ⅲ．①数据结
构－高等学校－教材②软件工具－程序设计－高等学校－
教材 Ⅳ．①TP311.12②TP311.56

中国国家版本馆CIP数据核字(2023)第035102号

策划编辑：石永峰 责任编辑：赵佳琦 加工编辑：刘　瑜 封面设计：梁　燕

书　　名	普通高等教育人工智能专业系列教材 **数据结构（Python 语言描述）** SHUJU JIEGOU (PYTHON YUYAN MIAOSHU)	
作　　者	曹岳辉　刘卫国　康松林　编著	
出版发行	中国水利水电出版社 （北京市海淀区玉渊潭南路 1 号 D 座　100038） 网址：www.waterpub.com.cn E-mail：mchannel@263.net（答疑） sales@mwr.gov.cn 电话：（010）68545888（营销中心）、82562819（组稿）	
经　　售	北京科水图书销售有限公司 电话：（010）68545874、63202643 全国各地新华书店和相关出版物销售网点	
排　　版	北京万水电子信息有限公司	
印　　刷	三河市德贤弘印务有限公司	
规　　格	210mm×285mm　16 开本　14.75 印张　387 千字	
版　　次	2023 年 3 月第 1 版　2023 年 3 月第 1 次印刷	
印　　数	0001—2000 册	
定　　价	48.00 元	

前　言

　　数据结构是计算机通信类专业的重要学科基础课，也是高层次利用计算机进行问题求解的重要基础。在各高等学校，自动化、交通运输工程、数字出版、物流管理等很多专业都开设了数据结构课程。Python 语言语法简洁、交互性强，本书用 Python 语言来描述数据结构与算法。

　　数据结构主要研究的是现实世界中数据的各种逻辑结构，在计算机中的存储结构以及定义这种逻辑结构、实现存储结构的各种操作的算法设计问题。解决同一问题往往有很多种方法，且不同方法之间的效率可能相差甚远，而解决问题的方法与效率，实质上与数据的组织方式、存储结构密切相关。本书遵循由易到难、循序渐进、前后衔接自然的原则，将问题脉络交代清楚，便于读者理解掌握各种数据结构的实质。本书着重介绍了各种结构的逻辑特性和物理表示法，定义了相应的算法，并用 Python 语言作为算法实现工具。书中的各种算法是用 Python 函数编写的，只需要按照 Python 函数调用规则调用，就可上机执行。

　　本书共分为 8 章。第 1 章介绍数据结构与算法的基本概念，重点介绍了抽象数据类型和算法复杂度的概念；第 2 章针对 Python 语言基础应用，介绍了 Python 语言的基本数据描述、程序的三种基本结构、函数以及几种复合数据类型，为后续章节进行数据结构的实现做准备；第 3 章介绍线性表，包括顺序结构和链式结构的线性表及相关操作；第 4 章介绍栈、队列和串，栈和队列是线性表的两种基本应用，串是种特殊的线性表；第 5 章介绍树，树是一种非常重要的非线性结构，具有很强的实用性；第 6 章介绍图，图是比树更复杂的数据结构，在这一章中讨论了图的表示及相关应用；第 7 章介绍排序，包括各种经典的排序算法；第 8 章介绍散列，重点对经典散列映射技术进行了讨论。

　　本书由曹岳辉、刘卫国、康松林编著，在本书编写过程中，得到了中南大学计算机基础教学实验中心全体教师的大力支持，在此表示衷心的感谢。

　　由于编者学识水平有限，书中的疏漏在所难免，恳请广大读者批评指正。

编　者
2022 年 8 月

目　录

第1章 绪　　论

学习数据结构，可以帮助读者了解在运用计算机工具解决实际问题时如何分析问题、构建数学模型以及根据数学模型设计相应的算法，对算法进行评价。本章是全书的基础，主要介绍以下三个方面的内容：数据的逻辑结构、数据的存储结构、数据处理算法的描述与分析。

学习目标

- 掌握数据结构的基本概念。
- 熟练掌握数据的逻辑结构。
- 熟练掌握数据的存储结构。
- 掌握算法的描述方法。
- 掌握算法分析方法。

1.1　几个简单的数据结构问题

数据结构是计算机专业的一门重要基础课程，它研究的问题是从实际需要中抽象出来的，是计算机科学各领域都会用到的知识。在使用计算机解决科学或工程问题时，通常按以下步骤进行。

（1）分析问题，确定数学模型。数学模型是把实际问题用数学语言抽象概括，从数学角度反映或近似地反映实际问题时，所得出的关于实际问题的描述。数学模型的形式是多种多样的，它可以是几何图形，也可以是方程式、函数解析式等。通常通过假设、定性数据定量化分析建立数学模型，实际问题越复杂，相应建立的数学模型也越复杂。

（2）根据数学模型设计相应的算法。数学模型及算法是建模的关键，根据实际问题所涉及的领域考虑是否建立人口模型、交通模型、经济模型、生态模型、资源模型、环境模型等。根据问题性质考虑是否建立静态模型或者动态模型，确定性模型或者随机模型，离散模型或者连续性模型，线性模型或者非线性模型，等等。根据该问题所需要达到的目的考虑是否建立预测模型、优化模型、决策模型、控制模型、分类模型、关联模型等。确定了所需要建立的数学模型之后就可以选择相应的算法，如蒙特卡罗算法、数据拟合、参数估计、插值等数据处理算法以及动态规划算法、回溯搜索算法、分治算法、分支定界算法等。

（3）选择合适的编程语言实现算法。算法设计的好坏将直接影响运算速度的快慢，因此设计算法时尽可能设计简单、快速、高效、节省资源、可广泛应用以及高兼容性的算法。算法的描述可以有多种方法，如流程图、盒图（N-S 图）、伪代码等，用这些方法描述算法可以很方便地和用户交流。但是，如果要在计算机上运行算法，就需要把算法用编程语言编写为程序代码。可以根据自身背景、未来发展方向以及语言的特点选择用 C、C++、Java、Python、JavaScript 等语言实现算法。

（4）调试程序，直到正确解决问题。程序调试是验证程序的运行是否符合系统的设计要求，是将编写的源程序代码翻译成计算机能识别的机器指令，经编译程序或者人工方式进行测试和检查，根据测试时所发现的错误信息和利用调试工具追踪的提示信息，综合判断语法错误或者逻辑错误所发生的原因和具体的位置，修正错误，得到正确的解答。

采用计算机解决问题时如何分析问题，构建数学模型？主要从以下三个方面入手。

（1）确定所要加工处理的数据间的关系，以便进行处理时，能够知道一个数据的前后是哪一个数据或者是哪几个数据，数据间是"一对一"或者是"一对多"还是"多对多"的关系。通常用线性表存储具有"一对一"关系的数据，用树结构存储具有"一对多"关系的数据；用图结构存储具有"多对多"关系的数据。这是数据的逻辑结构问题。

（2）确定以何种方式把数据存放到计算机的物理存储空间中，并反映出它们之间的邻接关系。数据在物理存储空间上选择集中存储还是分散存储？如果选择集中存储，通常使用顺序存储结构；反之，就使用链式存储结构。至于如何选择，主要取决于存储设备的状态以及数据的用途。这是数据的存储结构问题。

（3）确定要对数据做哪些处理或者如何处理。数据之间的关系有逻辑关系和物理关系，对应的操作有逻辑结构上的操作和具体存储结构上的操作。通常把具体存储结构上的操作实现步骤或过程称为算法。算法是对解题方法的精确而完整的描述，即解决问题的方法和步骤。这是算法及算法描述问题。

"数据结构"这门课程就是围绕这三个方面的内容展开的。

学习数据结构，就是要帮助学习者了解如何分析问题、确定数学模型以及根据数学模型设计相应的算法，对算法进行评价。接下来，以三个简单的数据结构问题为例介绍如何分析问题、设计数据结构、构建数学模型和算法来解决这些实际问题。

例 1-1　设有一个电话号码簿，它记录了 n 个人的名字和其相应的电话号码，假定按如下形式安排：(a_1, b_1)，(a_2, b_2)，$\cdots$，(a_n, b_n)。其中 a_i，b_i（$i=1,2,...,n$）分别表示某人的名字和电话号码。本问题是一种典型的二维表格问题。如表 1-1 所示，数据与数据之间呈简单的一对一的线性关系。要求设计一个程序，按人名查找电话号码，若找不到则给出不存在的信息。请给出解决此类问题的大体思路。

表 1-1　线性表结构

姓名	电话号码
陈海	136****5588
李四锋	130****2345
...	...

解：要用计算机解决此类问题，需要弄清楚该问题中涉及哪些数据？这些数据是如何组织、表示和存储的？在某种具体存储结构下的数据中查找符合一定条件的数据，需要设计查找算法。题中这类数学模型是一种被称为"线性表"的数据结构，需要按"线性表"的方式来表示和存储数据以及设计算法。

例 1-2　以最简单的五子棋为例，设计一个计算机和人对弈的程序。请给出解决此类问题的大体思路。

解：计算机之所以能和人对弈，是因为已经将对弈的策略在计算机中存储好。因为对弈的过程是在一定规则下随机进行的，所以为使计算机能灵活对弈，就必须把对弈过程中所有可能发生的情况及相应的对策都加以考虑。对弈的初始状态是一个空的棋盘格局，对弈开始后，每下一步棋，则构成一个新的棋盘格局，且相对于上一个棋盘格局的可能选择可以有多种，因而整个对弈过程就如同图 1-1 所示的"一棵倒长的树"。在这棵"树"中，从初始状态（根）到某一最终格局（叶子）的一条路径，就是一次具体的对弈过程。人机对弈问题的数学模型就是如何用树结构表示棋盘和棋子，算法是博弈的规则和策略。题中这类数学模型是一种称为"树"的数据结构，需要按"树"的方式来表示和存储数据以及设计算法。

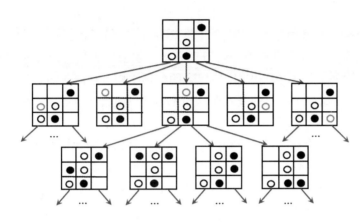

图 1-1 五子棋的对弈树

例 1-3 要在某城市新区的 n（这里 n 取 4）个小区之间铺设通信线路，要求连通每个小区，并使得总投资最小，请给出解决此类问题的大体思路，并通过这个案例说明数据结构的作用。

解： 假设该新区共有 n 个小区，要连通 n 个小区，至少需要铺设 $n-1$ 条通信线路，那到底选哪几条线路呢？用 a、b、c、d 分别表示四个小区，测算出每两个小区之间铺设通信线路的造价，并用一个带权图来表示。图的顶点表示小区，顶点之间的边及权值表示对应小区间架设通信线路时所需的代价，如连通 a、b 这两个小区的代价是 12 万，如图 1-2 所示。题中这类数学模型是一种称为"图"的数据结构，需要按"图"的方式来表示和存储数据以及设计算法。需要考虑这个图模型中涉及哪些数据？数据之间的逻辑关系是怎样的？如何在计算机中存储这些数据以及存储这些数据之间的关系？如何设计一个算法来描述将图的连通问题变成一个生成树的问题？如何设计一个算法来描述最小代价连通的问题？整个问题归结为图的存储表示和最小生成树求解的问题。

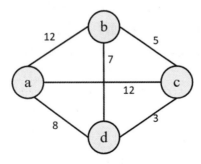

图 1-2 4 个小区之间铺设通信线路

1.2　数 据 结 构

数据结构是指所有数据及这些数据之间的关系的集合。对于计算机而言，数据是指能被输入计算机中并能被其处理的符号的集合。

1.2.1　什么是数据结构

数据结构的概念最早由东尼·霍尔（C.A.R.Hoare）和尼古拉斯·沃斯（N.Wirth）在1966 年提出，大量关于程序设计理论的研究表明：想要对大型复杂程序的构造进行系统而科学的研究，必须首先对这些程序中所包含的数据结构进行深入的研究。

本小节将对数据结构中的一些基本概念和术语加以定义和解释，以便读者在后续章节中更好地学习。

（1）数据：通常用于描述客观事物，例如，在日常生活中使用的各种文字、数字和特定符号都是数据，而在计算机中，数据是指所有能够输入计算机中存储并被计算机程序处理的符号的集合，因此对计算机科学而言，数据的含义极为广泛，如声音、图像和视频等被编码后都属于数据的范畴。

（2）数据元素：是数据操作的基本单位，在计算机程序中通常将其作为一个整体进行考虑和处理，在某些情况下也将数据元素称为元素或记录等。例如，如果以学号、性别和姓名来标识某个学生，那么由学号、性别和姓名组成的一条记录将构成一个数据元素。

（3）数据项：是构成数据元素的不可分割的最小单位，也被称为字段、域或属性。例如，对于上述学生记录中的学号、性别和姓名而言，其中任意一项都可以被称为数据项。

（4）数据对象：是性质相同的数据元素的集合，是数据的一个子集。例如，整数的数据对象是集合 $N=\{0, \pm1, \pm2, ...\}$，英文字母的数据对象是集合 $C=\{$ 'a', 'A', 'b', 'B', ...$\}$。

（5）数据结构：是指相互之间具有（存在）一定联系（关系）的数据元素的集合。通常数据元素都不是孤立存在的，而是通过某种关系联系起来，这种关系被称为结构。

1.2.2　数据的逻辑结构

数据元素之间的关系可以是元素之间代表某种含义的自然关系，也可以是为处理问题方便而人为定义的关系，这种自然或人为定义的"关系"称为数据元素之间的逻辑关系，相应的结构称为逻辑结构。数据的逻辑结构与数据的存储无关，是独立于计算机的，因此数据的逻辑结构可以被看作是从具体问题中抽象出来的数学模型。

数据元素之间的逻辑结构是多种多样的，根据数据元素之间的不同关系特性，通常可将数据逻辑结构分为四类，即集合、线性结构、树形结构和图状（网状）结构，具体如图 1-3 所示。

集合是指数据元素之间没有任何关系，只是由于处理的需要，将这些数据元素集中存放在一起。线性结构是指数据元素之间是一对一的关系，一个元素只对应唯一的一个数据元素。例如在 1.1 节中介绍的电话号码簿对应的线性表就是线性结构。树形结构是指数据元素之间是一对多的关系，一个元素对应多个数据元素。例如在 1.1 节中介绍的五子棋的对弈树就是一个树形结构。图状（网状）结构是指数据元素之间是多对多的关系，即任意一个元素对应多个数据元素。例如在 1.1 节中介绍的 n 个小区之间铺设通信线路，使得总投资最小而建立的数学模型就是图状结构。

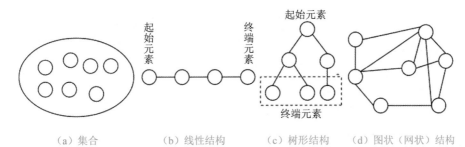

| （a）集合 | （b）线性结构 | （c）树形结构 | （d）图状（网状）结构 |

图 1-3 数据逻辑结构

1.2.3 数据的存储结构

数据的存储结构是指数据在计算机中的表示（又称为映像）方法，是数据的逻辑结构在计算机中的存储实现，因此在存储时应包含两方面的内容——数据元素本身及数据元素之间的关系。在实际应用中，数据有各种各样的存储方法，对其进行总结后，可大致划分为以下四类。

1. 顺序存储结构

顺序存储结构采用物理相邻的位置关系表示其逻辑关系，任意逻辑关系上相邻的两个元素在物理位置上也相邻，如图 1-4 所示。

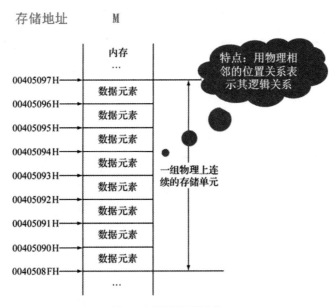

图 1-4 顺序存储结构

2. 链式存储结构

在链式存储结构中，每一数据元素均使用一个结点来存储，并且每个结点的存储空间是单独分配的，因此存储这些结点的空间不一定是连续的。

在链式存储结构中，不仅需要存储数据元素本身，还需要存储数据元素之间的逻辑关系，即结点包括两部分：一部分是数据元素本身，称其为数据域；另一部分是下一个结点的地址（即存储逻辑关系），称其为指针域。通过将每一个结点的指针域链接起来，从而形成链式存储结构，如图 1-5 所示。

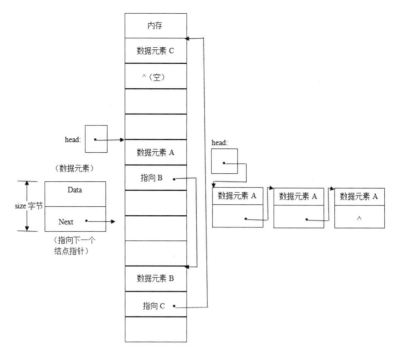

图 1-5　链式存储结构

对于同样一个问题，例如在 1.1 节中介绍的电话号码簿，从逻辑结构来看是一种线性结构，但是在进行计算机处理时，既可以采用顺序存储的方式，也可以采用链式存储的方式，如图 1-6 所示。这取决于要具体解决哪些问题，以及解决的问题更适合用哪种存储方式。

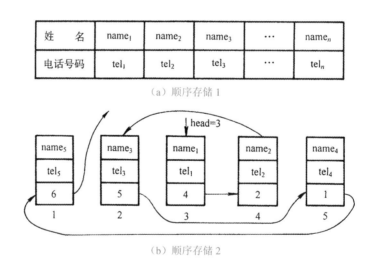

图 1-6　电话号码簿的 2 种存储结构

3. 索引存储结构

在索引存储结构中，不仅需要用顺序表存储所有数据元素（称之为主数据表），还需要建立附加的索引表。在存储时，每个数据元素都由一个唯一的关键字来标识，由该关键字和对应的数据元素的地址构成一个索引项，并将其存入索引表中。通常索引表中的所有索引项是按关键字有序排列的，在查找数据元素时，由关键字的有序性，在索引表中查找出关键字所在的索引项，并取出该索引项中的地址，然后依据此地址在主数据表中找到对应的数据元素，如图 1-7 所示。

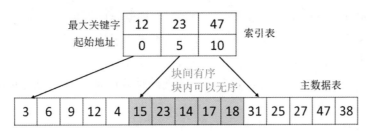

图 1-7 索引存储结构

4. 散列存储结构

散列存储结构（也称哈希存储结构）是指依据数据元素的关键字，通过事先设计好的散列函数计算出一个值，再将其作为该数据元素的存储地址，元素的存储地址由关键字值决定。因此使用散列存储结构可以实现快速查找，并且在采用散列存储结构时，只需要存储数据元素，而不需要存储数据元素之间的关系，如图 1-8 所示。Python 中的字典 dict 和集合 set 底层就是用散列存储结构实现的。

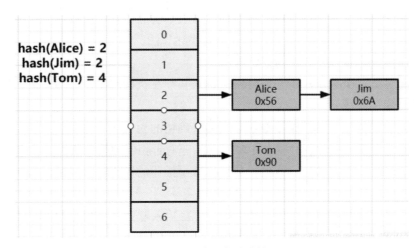

图 1-8 散列存储结构

1.2.4 抽象数据类型

抽象数据类型（Abstract Data Type，ADT）是指一个数学模型及定义在该数学模型上的一组操作。抽象数据类型的定义仅取决于它的一组逻辑特性，与其在计算机内部如何表示和实现无关，具体包括数据对象、数据对象上关系的集合，以及对数据对象的基本操作的集合。通常用以下格式定义抽象数据类型。

```
ADT 抽象数据类型名 {
    数据对象：<数据对象的定义>
    数据关系：<数据关系的定义>
    基本操作：<基本操作的定义>
}
```

其中，数据对象是具有相同特性的数据元素的集合，数据关系是对这些数据元素之间逻辑关系的描述。基本操作的声明格式如下。

```
基本操作名（参数表）
    初始条件：<初始条件描述>
    操作目的：<操作目的描述>
    操作结果：<操作结果描述>
```

初始条件描述了操作执行之前数据结构和参数应满足的条件，若为空，则可省略；操作目的描述了执行该操作应完成的任务；操作结果描述了该操作被正确执行后，数据结构的变化状况和应返回的结果。

抽象数据类型的定义实例，可参见第 3 章的线性表的抽象数据类型的定义，如表 3-2 所示。

1.3 算 法

数据元素之间的关系有逻辑关系和物理关系，对应的运算有逻辑结构上的运算（抽象运算）和具体存储结构上的运算（运算实现）。算法是在具体存储结构上实现某个抽象运算。

1.3.1 算法的定义

算法是对某个特定问题求解步骤的一种描述，它是指令的有限序列，其中每一条指令表示一个或多个操作。有 5 种常用的算法描述方法：自然语言、流程图、盒图、伪代码和程序设计语言。本书采用 Python 程序设计语言描述算法。

一个算法应该具备以下 5 个重要特性。

（1）有穷性。一个算法对于任何合法的输入必须在执行有限步之后结束，且每一步都可在有限的时间内完成。

（2）确定性。算法中每一条指令都必须具有确切的含义，不能有二义性，并且在任何条件下，算法的任意一条执行路径都是唯一的，即对于相同的输入所得的输出相同。

（3）可行性。一个算法是可行的，是指算法中描述的操作都可以通过基本运算执行有限次操作来实现。

（4）输入。一个算法有零个或多个输入，这些输入取自某个特定对象的集合。

（5）输出。一个算法有一个或多个输出，这些输出是同输入有着某些特定关系的量。

说明：算法和程序是不同的，程序是指使用某种计算机语言对一个算法的具体实现，即程序描述了具体怎么做，而算法侧重于描述解决问题的方法。

例 1-4 考虑下列两段描述：

（1）描述一

```
def exam1():
n=2
while n%2==0:
  n=n+2
print(n)
```

（2）描述二

```
def exam2():
x=y=0
x=5/y
print(x)
```

这两段描述均不能满足算法的特性，试问它们违反了哪些特性？

解：（1）其中 while 循环语句是一个死循环，违反了算法的有穷性，所以它不是算法。

（2）"x=5/y"语句中因"y=0"包含了除零操作，违反了算法的可行性，所以它不是算法。

在使用计算机求解实际问题时，不仅要选择合适的数据结构，还要设计好的算法，那么应该如何评价一个算法的好坏呢？通常按以下指标来衡量。

（1）正确性。要求算法能够正确地执行，并满足预先设定的功能和性能要求，大致分为以下四个层次。

1）程序不含语法错误。

2）程序对于几组输入数据，能够得出满足要求的结果。

3）程序对于精心选择的典型、苛刻而带有刁难性的几组输入数据，能够得出满足要求的结果。

4）程序对于一切合法的输入数据，都能够得出满足要求的结果。

（2）可读性。算法主要是为了给人们阅读和交流的，其次才是在计算机上执行。一个算法的可读性强才方便人们理解，人们才有可能对程序进行调试，并从中找出错误。常用于程序编写上提高可读性的方法有以下两种。

1）注释。给程序添加注释，不仅有利于程序设计者自己阅读和查错，也为后续维护人员理解该程序带来方便。

2）变量命名。较复杂的程序通常会涉及较多的变量命名，此时应合理设计变量的名字，从而给后续使用该变量带来方便。

（3）健壮性。当输入的数据不合法或运行环境改变时，算法能恰当地作出反应或进行处理，而不是产生莫名其妙的输出结果。

（4）时间复杂度。对一个算法执行效率的度量。

（5）空间复杂度。对一个算法在执行过程中所占用的存储空间的度量。

1.3.2 算法的时间复杂度

算法的执行时间是通过依据该算法编写的程序在计算机上执行时所需要的时间来计算的，通常有以下两种方法。

（1）事后统计法。很多计算机有精确的计时功能，在执行依据某一算法编写的程序时，计算机能立即计算出该算法的执行时间。但计算所得的时间与所使用的编程语言以及计算机的硬件和软件等环境因素有关，容易掩盖算法本身的优劣，因此很少使用。

（2）事前分析估算法。通常用高级程序设计语言编写的程序在计算机上运行时消耗的时间取决于下列因素。

1）算法选用何种策略。

2）问题的规模。

3）使用的程序设计语言。同一个算法，用级别越高的语言实现，其执行的效率越低。

4）编译程序所产生的机器代码的质量。

5）机器执行指令的速度。

假设某个算法的问题规模为 n，其对应的算法时间复杂性，即语句频度记为 $T(n)$，则算法的执行时间大致等于执行基本操作所需的时间乘以 $T(n)$。通常执行基本操作所需的时间是某个确定的值，因此语句频度 $T(n)$ 与算法的执行时间成正比，那么通过比较不同算法的 $T(n)$ 大小，就可以得出不同算法的优劣。接下来以矩阵相加的算法为例，给出求解 $T(n)$ 的过程。

```
def Function(self,MA,MB,MC,n):   # 矩阵相加的函数
    for i in range(0,n):
        for j in range(0,n):
            MC[i][j]=MA[i][j]+MB[i][j]
```

上述第 2 ~ 4 行代码是该算法的可执行语句，第 2 行代码中的 i 从 0 变化到 n，因此重复次数是 $n+1$ 次，但对应的循环体只执行 n 次；同理，第 3 行代码本身重复的次数也为 $n+1$，对应的循环体只执行 n 次，但由于其嵌套在第 2 行代码内，因此第 3 行代码共重复

$n(n+1)$ 次。同理，第 4 行代码重复的次数为 n^2。

综上所述，矩阵相加的算法的 $T(n)$ 可用下式表示。

$$T(n)=n+1+n(n+1)+n^2$$
$$=2n^2+2n+1$$

由于上述对算法执行时间的计算并不是该算法执行的绝对时间，因此通常进一步将算法的执行时间用 $T(n)$ 的数量级来表示，记作 $T(n)=O(f(n))$（其中 O 是数量级 Order 的缩写）。具体含义是存在着正常量 c 和 N（N 为一个足够大的正整数），使得

$$\lim_{n \to N} \frac{|T(n)|}{f(n)}=c（c \neq 0）$$

成立，由该等式可以看出，当 n 足够大时，$T(n)$ 和 $f(n)$ 的增长率是相同的，因此通常将 $O(f(n))$ 称为算法的渐进时间复杂度，简称算法的时间复杂度。

与 $T(n)$ 对应的 $f(n)$ 可能有多个，通常只求出 $T(n)$ 的最高阶，而忽略其低阶项、系数及常数项。如 $T(n)=n+1+n(n+1)+n^2=2n^2+2n+1=O(n^2)$，即矩阵相加的算法的时间复杂度为 $O(n^2)$。

通常，若算法中不存在循环，则算法的时间复杂度为常量；若算法中仅存在单重循环，则决定算法时间复杂度的基本操作是算法中该循环中语句对应的基本操作；若算法中存在多重循环，则决定算法时间复杂度的基本操作是算法中循环嵌套层数最多的语句对应的基本操作。

（1）算法中无循环。如果算法中无循环，则该算法的时间复杂度为 $O(1)$，称为常量阶。例如：

```
def Fun1(self,x):
    x=x+1
```

（2）算法中含有一个单重循环。如果算法中含有一个单重循环，变量 i 从 1 变化到 n，代码 sum=sum+i 执行了 n 次，则该算法的时间复杂度为 $O(n)$，称为线性阶。例如：

```
def Fun2(self,n):
    sum=0
    for i in range(1,n+1):
        sum=sum+i
```

（3）算法中含有多重循环。如果算法中含有多重循环，这里以双重循环为例，若外循环变量 i 从 0 变化到 $n-1$，内循环变量 j 从 0 变化到 $n-1$，代码 x=x+1 执行了 n^2 次，则该算法的时间复杂度为 $O(n^2)$，称为平方阶。例如：

```
def Fun3(self,x,n):
    for i in range(0,n):
        for j in range(0,n):
            x=x+1
```

注意：循环语句的时间代价一般可用以下三条原则进行分析。

原则 1：一个循环的时间代价等于循环次数乘以每次执行的基本指令数目。

原则 2：多个并列循环的时间代价等于每个循环的时间代价之和。

原则 3：多层嵌套循环的时间代价等于每层循环的时间代价之积。

通常，时间复杂度函数按数量级递增排列具有下列关系：

$O(1)<O(\log_2 n)<O(n)<O(n\log_2 n)<O(n^2)<O(n^3)<O(2^n)$。

例 1-5　分析以下算法的时间复杂度：

（1）三重循环的算法函数。

```
def fun1(n):
    s=0
    for i in range(n+1):
        for j in range(i+1):
            for k in range(j):
                s+=1
    return s
```

（2）单重循环的算法函数。

```
def fun2(n):
    s=1
    while s<n:
        s=2*s
```

解：（1）算法的基本操作是语句 s+=1，则算法的语句频度：

$$T(n)=\sum_{i=0}^{n}\sum_{j=0}^{i}\sum_{k=0}^{j-1}1=\sum_{i=0}^{n}\sum_{j=0}^{i}j=\sum_{i=0}^{n}\frac{i(i+1)}{2}=\frac{1}{2}\left(\sum_{i=0}^{n}i^2+\sum_{i=0}^{n}i\right)=\frac{2n^3+6n^2+4n}{12}$$

因此，该算法的时间复杂度为 $O(n^3)$。

（2）算法的基本操作是语句 s=2*s，假设该算法的语句频度为 k，则 $2^k \geqslant n$，即 $k \geqslant \log_2 n$。

因此，该算法的时间复杂度为 $O(\log_2 n)$。

1.3.3　算法的空间复杂度

与算法的时间复杂度类似，算法的空间复杂度一般也认为是问题规模 n 的函数，并以数量级的形式给出，记作：

$$S(n)=O(g(n))$$

依据某个算法编写的程序在计算机运行时所占用的存储空间包括以下部分：输入数据所占用的存储空间、程序本身所占用的存储空间和临时变量所占用的存储空间。在对算法的空间复杂度进行研究时，只分析临时变量所占用的存储空间。例如，在如下求列表 List 中所有元素和的算法中，不计形参 List 所占用的空间，而只计算临时变量 i 和 sum 所占用的存储空间，这两个临时变量所占用的存储空间与该问题的规模 n，即列表 List 的大小无关，因此该算法的空间复杂度为 $O(1)$。

```
def Sum(self,List):
    sum=0
    for i in range(0,len(List)):
        sum=sum+List[i]
    return sum
```

为什么在对算法的空间复杂度进行分析时，只考虑临时变量所占用的存储空间，而不考虑形参占用的存储空间呢？一起来看看如下算法：

```
def Fun(self,List):
    List=[1,2,3,4,5,6,7,8]
    print("sum=",self.Sum(List))
```

以上算法为列表 List 分配存储空间，而在最后一行代码中，可以看到其调用了上一个算法中的 Sum() 函数。若在这个算法中，再次考虑形参 List 占用的存储空间，则重复计算了其占用的存储空间。由上述实例可知，在对算法的空间复杂度进行分析时，只需考虑临时变量所占用的存储空间，而不用考虑形参占用的存储空间。

习 题

一、单选题

1．下述文件中适合于磁带存储的是（ ）。

    A．索引文件   B．散列文件   C．顺序文件   D．多关键字文件

2．下列描述中正确的是（ ）。

    A．数据元素是数据的最小单位

    B．数据结构是具有结构的数据对象

    C．数据结构是指相互之间存在一种或多种特定关系的数据元素的集合

    D．算法和程序原则上没有区别，在讨论数据结构时两者是通用的

3．组成数据的基本单位是（ ）。

    A．数据项   B．数据类型   C．数据元素   D．数据变量

4．数据的不可分割的最小标识单位是（ ）。

    A．数据项   B．数据记录   C．数据元素   D．数据变量

5．从逻辑上可以把数据结构分为（ ）。

    A．动态结构、静态结构   B．顺序结构、链式结构

    C．线性结构、非线性结构   D．初等结构、构造型结构

6．元素按逻辑关系依次排列形成一条"锁链"的数据结构是（ ）。

    A．集合   B．线性结构   C．树形结构   D．图状结构

7．即使输入非法数据，算法也能适当地作出反应或进行处理，不会产生预料不到的运行结果，这种算法好坏的评价因素称为（ ）。

    A．正确性   B．可读性   C．健壮性   D．时空性

8．下面几种算法时间复杂度阶数中，值最大的是（ ）。

    A．$O(n\log_2 n)$ B．$O(n^2)$ C．$O(n)$ D．$O(2^n)$

9．设某二维数组 A[1...n,1...n]，在该数组中用顺序查找法查找一个元素的时间复杂度为（ ）。

    A．$O(\log_2 n)$ B．$O(n)$ C．$O(n\log_2 n)$ D．$O(n^2)$

10．下面算法的时间复杂度为（ ）。

```
def fun(m,n):
    for i in range(m):
        for j in range(n):
            a[i][j]=i*j;
```

    A．$O(m^2)$ B．$O(n^2)$ C．$O(mn)$ D．$O(m+n)$

二、填空题

1．从数据结构的观点，数据通常可分为三个层次，即数据、数据元素和_____。

2．数据的逻辑结构通常包括集合、线性结构、_____和图状结构。

3．表示逻辑关系的存储结构可以有四种方式，即顺序存储方式、链式存储方式、_____和散列存储方式。

4．所有存储结点存放在一个连续的存储区里，利用结点在存储区中的相对位置来表示数据元素之间的逻辑关系，这种存储方式是 _____。

5．集合、线性结构、树形结构和图状结构等数据组织形式中，_____ 组织形式的各个结点可以任意邻接。

6．定义抽象数据类型时，数据对象是指具有相同 _____ 的数据元素的集合。

7．算法中每一条指令都必须具有确切的含义，不能有二义性，这是算法的 _____。

8．即使输入非法数据，算法也能适当地作出反应或进行处理，不会产生预料不到的运行结果，这种算法好坏的评价因素称为 _____。

9．评价算法的时间复杂度时，对数阶量级复杂度 _____ 线性阶量级复杂度。

10．一个算法的时间复杂度为 $(n^3+n^2\log_2 n+14n)/n^2$，用 O 表示为 _____。

三、判断题

1．某算法语句频度 $T(n)$ 的表达式是 $100n^4+3n^3+1000n+2\log_2 n+999$，则其时间复杂度可用 O 表示成 $O(n^4)$。　　　　　　　　　　　　　　　（　　）

2．要将现实生活中的数据转化为计算机所能表示的形式，其转化过程依次为机外表示、逻辑结构、存储结构。　　　　　　　　　　　　　　　　　（　　）

3．评价算法的时间复杂度时，对数阶量级复杂度小于线性阶量级复杂度。（　　）

4．用程序设计语言、伪程序设计语言并混合自然语言描述的算法称为伪代码算法。
　　　　　　　　　　　　　　　　　　　　　　　　　　　　　　（　　）

5．抽象数据类型的定义是描述数据元素之间的逻辑关系，与其在计算机内部如何表示和实现有关。　　　　　　　　　　　　　　　　　　　　　　（　　）

6．数据的 4 种基本逻辑结构是指数组、链表、树、图状结构。　　　（　　）

7．数据结构中，通常采用最好时间复杂度和最坏时间复杂度两种方法衡量算法的时间复杂度。　　　　　　　　　　　　　　　　　　　　　　　　　（　　）

8．一个算法通常可从正确性、易读性、健壮性和确定性等四个方面评价。（　　）

9．每个存储结点只含一个数据元素，所有存储结点连续存放。此外增设一个索引表，索引表中的索引指示各存储结点的存储位置或位置区间端点。按这种方式组织起来的存储结构称为索引存储结构。　　　　　　　　　　　　　　　　（　　）

10．数据结构是具有结构的数据对象。　　　　　　　　　　　　（　　）

四、综合题

1．试举一个数据结构的例子，叙述其逻辑结构、存储结构、运算三个方面的内容。

2．若有 10 个学生，每个学生有学号、姓名、平均成绩，采用什么样的数据结构最方便？写出这个结构。

3．设有两个算法在同一机器上运行，其执行时间分别为 $100n^2$ 和 2^n，要使前者快于后者，n 至少要多大？

4．设 n 为正整数，利用 O，将下列程序段的执行时间表示为 n 的函数。

（1）

```
i=1
  k=0
  while i<n :
     k=k+10*i
i=i+1
```

（2）

```
i=1
  j=0;
  while i+j<=n):
  if (i>j): j++
  else: i++
```

（3）

```
x=n    #n>1
while (x>=(y+1)*(y+1)):
y++
```

5．算法的时间复杂度仅与问题的规模相关吗？

6．按增长率由小至大的顺序排列下列各函数：

2100，$(3/2)n$，2^n，$n^{0.5}$，$n!$，$2n$，$\lg n$，$n\lg n$，n^2

7．有时为了比较两个同数量级算法的优劣，需突出主项的常数因子，而将低次项用 O 表示。例如，设 $T1(n)=1.39n\lg n+100n+256=1.39n\lg n+O(n)$，$T2(n)=2.0n\lg n-2n=2.0n\lg n+O(n)$，这两个式子表示，当 n 足够大时 $T1(n)$ 优于 $T2(n)$，因为前者的常数因子小于后者。请用此方法表示下列函数，并指出当 n 足够大时，哪一个较优，哪一个较劣？

（1）$T1(n)=5n^2-3n+60\lg n$

（2）$T2(n)=3n^2+1000n+3\lg n$

（3）$T3(n)=8n^2+3\lg n$

（4）$T4(n)=1.5n^2+6000n\lg n$

第 2 章　Python 语言基础

Python 语言语法简洁、交互性强，本书用 Python 语言来描述数据结构与算法。作为课程学习的基础，本章概要性地介绍 Python 语言的基础知识，包括 Python 语言的特点、数据类型及其表示方法、程序基本控制结构的实现方法、复合数据类型的操作方法、函数及文件操作等内容。

学习目标

- 了解 Python 语言的特点。
- 掌握 Python 中各种基本数据和复合数据的描述方法。
- 掌握 Python 中各种程序流程控制的实现方法。
- 掌握函数与文件的操作方法。

2.1　Python 语言简介

Python 语言是由荷兰计算机工程师吉多·范罗苏姆（Guido van Rossum）设计的面向对象、解释型的高级程序设计语言。Python 起源于 1989 年，第一个版本于 1991 年公开发行。目前，Python 的主流版本可以分为 Python 3.× 和 Python 2.×，很多的时候都选择 Python 3.× 版本作为程序实现环境。

1. Python 语言的特点

Python 语言具有清晰的语法和较完备的语言生态两大特点。

（1）Python 的语法非常清晰，对初学者友好。它注重的是如何解决问题，而不是编程语言的语法和结构。组成一个 Python 程序没有太多的语法细节和规则要求，"信手拈来"就可以组成一个程序。Python 语言优雅、清晰、简洁的语法特点，能使初学者从语法细节中摆脱出来，而专注于解决问题的方法、分析程序本身的逻辑和算法。

（2）Python 的语言生态体现在它有发达的开发者社区，创造了功能强大的丰富的第三方库，涉及 Web 开发、网络编程、数据分析、科学计算、人工智能等各种应用场景。无论实现什么功能，都有现成的库可以使用，用 Python 语言来解决实际问题，大大降低了开发周期，提高了开发效率。

当然，Python 语言也有局限性。相比其他一些语言（如 C、C++ 语言）来说，Python 程序的运行速度比较慢，对于速度有着较高的要求的应用，就要考虑 Python 是否能满足需要。不过这一点可以通过使用 C 语言编写关键模块，然后由 Python 调用的方式加以解决。而且现在计算机的硬件配置在不断提高，对于一般的开发来说，运算速度已经不成问题。

2. Python 编程的基本规则

（1）语句行。从语法上讲，可以在同一行中书写多条语句，语句之间使用分号（;）分隔，但从提高程序的可读性出发，提倡一行写一条语句。

（2）缩进对齐。Python 通过缩进对齐反映语句的逻辑关系，从而区分不同的语句块。缩进的长度不受限制，一般为 4 个空格。对同一语句块，需保持一致的缩进量。

（3）多行语句。如果语句行太长，可以使用反斜杠（\）将一行语句分为多行显示。

（4）Python 注释。注释的目的是对程序作补充解释，以增强程序的可读性。程序中的注释以 # 开头，注释可以从任意位置开始，可以在语句行末尾，也可以独立成行。Python 没有块注释，所以现在推荐的多行注释也是采用 #。

（5）Python 帮助信息。在 Python 解释器提示符后输入 help() 即进入帮助模式，此时在 help> 后输入要查看的函数名、模块名或其他主题信息便可看到相关文档，直接按 Enter 键则退出帮助模式。如果需要查看某个内容的帮助信息，可以直接使用 help() 函数。例如，help(abs) 会显示 abs 函数的帮助信息。

2.2　Python 的数据描述

根据数据描述信息的逻辑含义，将数据分为不同的种类，对数据种类的区分规定称为数据类型。数据类型明显或隐含地规定了程序执行期间变量或表达式所有可能取值的范围以及在这些值上允许的操作。因此数据类型是一个值的集合和定义在这个集合上的一组操作的总称。

Python 提供了一些内置的数据类型，它们由系统预定义好，程序中可以直接使用。Python 数据类型包括数值型、字符串型、布尔型等基本数据类型。此外，为了使程序能描述现实世界中各种复杂数据，Python 还有列表、元组、字典和集合等复合数据类型，这是 Python 中具有特色的数据类型。

2.2.1　变量与赋值

1. 变量的概念

变量（Variable）是程序设计语言中普遍使用的概念。通常，可以将程序中的变量看作是一种命名的内存单元。对于程序员而言，变量所对应内存单元的物理地址并不重要，而只需要使用变量名来访问相应内存单元即可。编写程序时，可以在内存单元中放入一个值（对变量而言称为赋值），当变量的值发生改变时新的值将代替原来的值。图 2-1 展示了赋值语句 x=x+1 的执行过程，开始时 x 所对应内存单元的值是 10，执行语句 x=x+1 后 x 所对应内存单元的值变为 11，这正是大多数高级语言的工作方式。

图 2-1　语句 x=x+1 的一种执行过程

在 Python 中，每个数据都抽象为一个对象，不管是数值还是文本，是简单数据还是复合数据，任何类型的数据都是一个对象。Python 对象存储在计算机的内存中，不同的对象分配不同的内存单元。为了引用对象就需要给对象附加一个名字。这个名字与常规的变量作用相似，Python 中也称作变量，但含义截然不同。

2. Python 变量的赋值

Python 通过给变量赋值的方法来为已创建的对象附加名字。当给变量赋值时，Python 解释器首先为该值分配一个内存单元（即创建一个对象），然后把该对象关联到该变量，也可以说该变量指向这个内存单元。当变量的值被改变时，改变的并不是该内存单元的内容，而是变量的指向关系，使变量指向另一内存单元。

假设 x 的值是 10，执行语句 x=x+1 时先在内存中创建数据对象 11，即 x+1 的值，然后使 x 指向 11。注意，原值 10 并不会被新值 11 覆盖，它仍然存在，只是让变量 x 引用新的值，如图 2-2 所示。

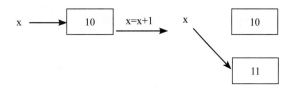

图 2-2　Python 中语句 x=x+1 的执行过程

Python 的 id() 函数可以返回数据对象的内存地址，看下面的语句执行结果。

```
>>> x=10
>>> id(x)
1978167040
>>> x=x+1
>>> id(x)
1978167072
```

x 先指向数据对象 10，然后指向数据对象 11，先后的 id 不同，说明两个数据对象存放在不同的内存单元。

Python 具有自动内存管理功能，对于没有任何变量指向的值（称为垃圾数据），Python 系统自动将其删除。例如，当 x 指向 11 后，数据 10 就变成了没有被变量引用的垃圾数据，Python 会回收垃圾数据的内存单元，以便提供给别的数据使用，这称为垃圾回收（Garbage Collection）。

3. Python 标识符

标识符（Identifier）主要用来表示变量、函数、类型等程序要素的名字，是只起标识作用的一类符号。在 Python 中使用标识符要记住以下规则。

（1）标识符由字母、数字和下划线（_）组成，且必须以字母或下划线开头，不能以数字开头。例如，e2 是一个标识符，2e2 是一个实数（代表 $2×10^2$）。标识符中也可以使用汉字，但不提倡。

（2）标识符中的字母是区分大小写的，也就是说 Score 和 score 代表不同的标识符。

（3）不要使用具有特殊用途的 Python 关键字作为标识符，也不要用 Python 的内置数据类型、函数名作为标识符。例如，for、input 等都不适合作为标识符。

2.2.2　Python 数据类型

在 Python 中，所有对象都有一个数据类型。数据类型规定了程序执行期间数据对象所有可能取值的范围以及在这些值上允许的操作。Python 数据类型包括数值型、字符串型、布尔型等基本数据类型，还有列表、元组、字典和集合等复合数据类型。

1. 基本数据类型

（1）数值型。Python 支持三种不同的数值型，包括整型（Int）、浮点型（Float）和复数型（Complex）。

整型数据即整数，Python 整数的取值范围没有限制，这给大数据的计算带来便利。Python 的整型常量有四种表示形式：十进制整数、二进制整数（以数字 0 加字母 b 或 B 开头）、八进制整数（以数字 0 加字母 o 或 O 开头）、十六进制整数（以数字 0 加字母 x 或 X 开头）。

浮点型数据表示一个实数，有两种表示形式：十进制小数形式、指数形式（用字母 e 或 E 表示以 10 为底的指数，e 之前为数字部分，之后为指数部分，且两部分必须同时出现，指数必须为整数）。

复数型数据的形式为 a+bJ，其中 a 是复数的实部，b 是复数的虚部，J 也可以是 j（注意不是数学上的 i）。

（2）字符串型。字符串型数据可以表示文本信息，由一个个字符组成。

在 Python 中，可以使用单引号、双引号和三引号（3 个单引号或 3 个双引号）三种分界符来表示字符串。当字符串本身包含某种分界符时，则可以使用其他的分界符。例如：

```
>>> s="I'm a Python program."
>>> print(s)
I'm a Python program.
```

字符串中的字符有一个编号，最左边字符的编号为 0，最右边字符的编号比字符串的长度小 1。字符串变量名后接用中括号括起来的编号即可实现字符串的索引。例如：

```
>>> s="Hello"
>>> s[0]
'H'
```

除了常见的正向索引，Python 字符串还支持反向索引，即负数索引，可以从最后一个元素开始计数，最后一个元素的索引是 -1，倒数第二个元素的索引是 -2，以此类推。例如，引用前面 s 字符串的最后一个字符。

```
>>> s[-1]
'o'
```

与字符串有关的一个重要函数是 eval()，其调用格式如下。

```
eval( 字符串 )
```

eval() 函数的作用是把字符串的内容作为对应的 Python 语句来执行。例如：

```
>>> c='23+45'
>>> eval(c)      # 等价于 23+45
68
```

（3）布尔型。布尔型（Bool）数据用于描述逻辑判断的结果，具有真和假两个值。在 Python 中，布尔型数据有 True 和 False，分别代表真和假。

在 Python 中，逻辑值 True 和 False 实际上分别用整型值 1 和 0 参与运算。例如：

```
>>> x=False
>>> x+(5>4)
1
```

2. 复合数据类型

数值型、布尔型数据不可以再分解为其他类型，而列表、元组、字典和集合等类型的数据包含多个相互关联的数据元素，所以称它们为复合数据类型。字符串其实也是一种复合数据，其元素是单个字符。字符串、列表和元组是有序的对象集合，称为序列。序列中的每个元素被分配一个代表元素位置的序号，称为索引（Index），可以通过索引来访问序列的元素。注意，第一个元素的索引为0，第二个元素的索引为1，以此类推。

（1）列表（List）。列表是写在中括号之间、用逗号分隔的元素序列。元素的类型可以不相同，可以是数字、单个字符、字符串，甚至可以包含列表（所谓嵌套）。例如：

```
>>> mlist=['brenden',45.3,911,'john',32]
>>> print(mlist)                #输出完整列表
['brenden', 45.3, 911, 'john', 32]
>>> print(mlist[0])             #输出列表的第1个元素
brenden
```

与Python字符串不同的是，列表中的元素是可以改变的。例如：

```
>>> a=[1,2,3,4,5,6]
>>> a[0]=9
>>> a
[9, 2, 3, 4, 5, 6]
```

（2）元组（Tuple）。元组是写在小括号之间、用逗号隔开的元素序列。元组中的元素类型也可以不相同。元组与列表类似，不同之处在于元组的元素不能修改，相当于只读列表。例如：

```
>>> mtuple=('brenden',45.3,911,'john',32)
>>> print(mtuple)               #输出完整元组
('brenden', 45.3, 911, 'john', 32)
>>> print(mtuple[0])            #输出元组的第1个元素
brenden
```

要注意一些特殊元组的表示方法，空的圆括号表示空元组，当元组只有一个元素时，必须以逗号结尾。例如：

```
>>> ()                          #空元组
()
>>> (9,)                        #含有一个元素的元组
(9,)
>>> (9)                         #整数9
9
```

任何一组以逗号分隔的对象，当省略标识序列的括号时，默认为元组。例如：

```
>>> 2,3,4
(2, 3, 4)
>>> s=2,3,4
>>> s
(2, 3, 4)
```

元组与字符串类似，元素不能二次赋值。其实，可以把字符串看作一种特殊的元组。以下给元组赋值是无效的，因为元组是不允许更新的，而列表允许更新。

```
>>> tup=(1,2,3,4,5,6)
>>> list=[1,2,3,4,5,6]
>>> tup[2]=1000                 #在元组中是非法应用
>>> list[2]=1000                #在列表中是合法应用
```

注意：元组和列表有几点重要的区别。列表元素用中括号（[]）括起来，且元素的个数及元素的值可以改变。元组元素用小括号（()）括起来，且不可以更改。元组可以看成是只读列表。

（3）字典（Dictionary）。字典是写在大括号之间、用逗号分隔的元素集合，其元素由"关键字 : 值"对组成，通过关键字来存取字典中的元素。

列表和元组是有序的对象集合，字典是无序的对象集合。字典是一种映射类型（Mapping Type），它是一个无序的"关键字 : 值"对集合。关键字必须使用不可变类型，也就是说列表和包含可变类型的元组不能做索引关键字。在同一个字典中，关键字还必须互不相同。例如：

```
>>> dict={'name':'brenden','code':410012,'dept':'sales'}
>>> print(dict)                    # 输出完整的字典
{'name': 'brenden', 'dept': 'sales', 'code': 410012}
>>> print(dict['code'])            # 输出关键字为 "code" 的值
410012
>>> dict['payment']=4500           # 在字典中添加一个 "关键字 : 值" 对
>>> print(dict)                    # 输出完整的字典
{'name': 'brenden', 'dept': 'sales', 'code': 410012, 'payment': 4500}
```

（4）集合（Set）。集合是一个无序且包含不重复元素的数据类型，基本功能是进行成员关系测试和消除重复元素。可以使用大括号或者 set() 函数创建集合类型，创建一个空集合必须用 set() 而不是 {}，因为 {} 是用来创建一个空字典的。例如：

```
>>> student={'Tom','Jim','Mary','Tom','Jack','Rose'}
>>> print(student)                 # 重复的元素被自动去掉
{'Mary', 'Jim', 'Rose', 'Jack', 'Tom'}
```

2.2.3　常用系统函数

Python 的函数有四类，分别是内置函数、模块库函数、第三方库函数和用户自定义函数，其中内置函数和模块库函数是 Python 系统自带的，称为系统函数。内置函数可以直接调用，模块库函数需要先导入模块再调用。第三方库函数是 Python 系统之外的函数，需要先安装，再导入模块，然后才能调用；用户自定义函数就是程序员自己编写的函数。

1．模块的导入

在调用模块库函数之前，先要使用 import 语句导入相应的模块，格式如下。

import 模块名

该语句将模块中定义的函数代码复制到自己的程序中，然后就可以访问模块中的任何函数，其方法是在函数名前面加上"模块名 ."。例如，调用数学模块 math 中的平方根函数 sqrt()，语句如下。

```
>>> import math   # 导入 math 模块
>>> math.sqrt(2)   # 调用 sqrt() 函数
1.4142135623730951
```

另外还有一种导入模块的方法，格式如下。

from 模块名 import 函数名

该语句从指定模块中导入指定函数的定义，这样调用模块中的函数时，不需要在前面加上"模块名 ."。例如：

```
>>> from math import sqrt
```

```
>>> sqrt(2)
1.4142135623730951
```

如果希望导入模块中的所有函数定义，则函数名用"*"，格式如下。

from 模块名 import *

这样调用指定模块中的任意函数时，都不需要在前面加"模块名."。使用这种方法固然省事方便，但当多个模块有同名的函数时，会引起混乱，使用时要注意。

2. 常用内置函数

（1）range() 函数。range() 函数用于产生一个整数序列，常用于 for 循环语句中，一般调用格式如下。

range([start,]end[,step])

其中，start、end、step 都要求为整数。产生的整数序列从 start 开始，默认从 0 开始；序列到 end 结束，但不包含 end；如果指定了可选的步长 step，则序列按步长增加，默认为 1。step 为正且 start 值大于 end 值，或 step 为负且 start 值小于 end 值，都将生成空序列。step 不能为 0，否则会产生异常。

range() 函数返回的是一个可迭代对象（range 对象），迭代时不需要计算整个迭代过程中的所有元素，而是用到某个元素时才产生该元素，节省了内存空间。在输出时，不能直接看到 range 对象的具体数据，但可以用 list() 函数或 tuple() 函数将其转换成列表或元组的形式，再查看其生成的具体数据。例如：

```
>>> list(range(2,15,3))        # 利用 list() 函数转换成列表
[2, 5, 8, 11, 14]
```

（2）常用的数值运算函数包括以下几种。

1）abs(x) 函数返回 x 的绝对值，x 为复数时返回复数的模。

2）pow(x,y[,z]) 函数在省略 z 时，返回 x 的 y 次幂。如果使用了参数 z，其结果是 x 的 y 次方再对 z 求余数。

3）round(x[,n]) 函数用于对浮点数进行四舍五入运算。如果不提供小数位参数 n，它返回与第一个参数最接近的整数，但仍然是浮点型。第二个参数指定将结果精确到小数点后的位数。

3. math 模块函数

math 模块提供了常用的数学常量和很多数学运算函数，如以下几种。

（1）e：返回自然对数的底。

（2）pi：返回圆周率 π 的值。

（3）fabs(x)：返回 x 的绝对值（返回值为浮点数）。

（4）sqrt(x)：返回 x 的平方根（x>0）。

（5）pow(x,y)：返回 x 的 y 次幂。

（6）exp(x)：返回 e（自然对数的底）的 x 次幂。

（7）log(x[,base])：返回 x 的自然对数。可以使用 base 参数来改变对数的底。

（8）sin(x)：返回 x 的正弦值（x 为弧度）。

（9）asin(x)：返回 x 的反正弦值（返回值为弧度）。

2.2.4　基本运算与表达式

Python 中的数据运算主要是通过对表达式的计算完成的。表达式（Expression）是将

运算量用运算符连接起来组成的式子，其中的运算量可以是常量、变量或函数。

1. 算术运算

Python的算术运算符有：+（加）、-（减）、*（乘）、/（除）、//（整除）、%（求余）、**（乘方）。

其中，+、-和*运算符的运算规则与平常使用的习惯基本一致。/、//和%三种运算符都是做除法运算。/运算符做一般意义上的除法，其运算结果是一个浮点数，即使被除数和除数都是整型，它也返回一个浮点数；//运算符做除法运算后返回商的整数部分，如果分子或者分母是浮点型，它返回的值将会是浮点型；%运算符做除法运算后返回余数。例如：

```
>>> 1/2+1//2+1%2              # 就是 0.5+0+1 的结果
1.5
>>> 546%10                   # 得到个位数字 6
6
>>> 546//10%10               # 得到十位数字 4
4
>>> 45%5                     #45 能被 5 整除，余数为 0
0
```

使用取整、求余等运算可以进行整除的判断、分离整数的各位数字，这些技巧在程序设计过程中是很有用的。

运算符实现乘方运算。乘方运算符优先级高于乘除运算符，而乘除运算符优先级高于加减运算符。例如，计算表达式5+4/23的值，先计算2**3，结果为8；再计算4/8，结果为0.5；最后计算5+0.5，结果为5.5。书写表达式时，要根据运算符的优先顺序，合理地加括号，以保证运算顺序的正确性。

2. 关系运算

Python的关系运算符有：<（小于）、<=（小于等于）、>（大于）、>=（大于等于）、==（等于）、!=（不等于）。

关系运算符用于两个量的比较，可以对数值进行比较，也可以对字符串进行比较。数值比较时按值的大小进行比较，字符串的比较则是按字符编码的大小（西文字符按ASCII码值大小）从左到右逐个进行比较，直到出现不同的字符为止。例如：

```
>>> 2!=5-3
False
>>> 'Web'>'Python'
True
>>> ' 教授 '<=' 讲师 '
True
```

关系运算符的优先级相同，但关系运算符的优先级低于算术运算符的优先级。

要注意 == 与 = 的区别，前者是"等于"判断，后者是赋值。由于Python中能表示浮点数的有效数字是有限的，这势必带来计算时的微小误差，因此对浮点数要慎用==运算符，恰当的办法是判断它们是否"约等于"，即判断两个浮点数的差是否足够小（具体误差可以根据实际情况进行调整）。例如，在Python解释器提示符后输入以下语句，注意查看执行结果。

```
>>> x = 2.2
>>> x-1.2
1.0000000000000002
```

```
>>> x-1.2==1          # 结果为 False，慎用 ==
False
>>> abs((x-1.2)-1)<=1e-6  # 结果为 True，提倡的用法
True
```

也可以使用 math.isclose() 函数来判断两数是否相近，语句如下。

```
>>> import math
>>> x = 2.2
>>> math.isclose((x-1.2),1)   # 默认 rel_tol=1e-9
True
>>> math.isclose((x-1.2),1,rel_tol=1e-6)
True
```

3. 逻辑运算

Python 的逻辑运算符有：and（逻辑与）、or（逻辑或）、not（逻辑非）。

其中，and 和 or 是双目运算符，要求有两个运算分量，用于连接多个条件，构成更复杂的条件。not 是单目运算符，用于对给定条件取反。逻辑运算的结果为 True 或 False。

在逻辑运算符中，not 的优先级最高，其次是 and，or 的优先级最低。

例如，判断 m 能否被 n 整除，条件表达式如下。

```
m % n == 0 或 m - m // n * n == 0 或 m - int(m/n) *n == 0
```

其中，int 是取整函数。

2.3　Python 程序流程控制

程序除了要对数据进行描述外，还要对数据的处理过程进行描述，即实现程序的流程控制。Python 提供了顺序结构、选择结构和循环结构的各种实现方法，利用这些方法可以编写解决实际问题的程序。

2.3.1　顺序结构

1. 基本操作语句

一个变量通过赋值可以指向不同类型的对象，Python 赋值语句有多种形式，能彰显出 Python 简洁优雅的特点。

（1）赋值语句的基本形式如下。

```
变量 = 表达式
```

赋值号左边必须是变量，右边则是表达式。赋值的意义是先计算表达式的值，然后使该变量指向该数据对象，该变量可以理解为该数据对象的别名，被赋值变量的值即表达式的值。

（2）Python 还提供了复合赋值。例如：

```
x+=5.0                      # 等价于 x=x+5.0
x*=u+v                      # 等价于 x=x*(u+v)
```

注意，使用复合赋值语句连接两个运算量时，要把右边的运算量视为一个整体，x*=u+v 等价于 x=x*(u+v)，而不是 x=x*u+v。

Python 3.8 开始还增加了赋值运算符 :=，可以先赋值再参与表达式的运算。例如：

```
>>> (x:=45)+6
51
```

（3）链式赋值是指将同一个值赋给多个变量，一般格式如下。

变量 1= 变量 2=...= 变量 n= 表达式

例如：

```
>>> a=b=c=10
```

赋值语句执行时，创建一个值为 10 的整型对象，将对象的同一个引用赋值给 a、b、c，即 a、b、c 均指向数据对象 10。

（4）同步赋值是指用一个赋值号给多个变量分别赋值，一般格式如下。

变量 1, 变量 2,..., 变量 n= 表达式 1, 表达式 2,..., 表达式 n

其中，赋值号左边变量的个数与右边表达式的个数要一致。用逗号连接的多个数据对象等同于一个未加括号的元组。同步赋值首先计算右侧所有表达式的值，创建一个元组对象（称为元组打包），然后将元组中的元素分别关联到赋值号左侧的变量（称为序列解包）。例如：

```
>>> a,b,c=10,20,30    #a，b，c 依次指向 10，20，30
```

要交换 a、b 两个变量的值，一般需要一个中间变量，执行 3 个语句：t=a,a=b,b=t。如果采用同步赋值，一个语句即可完成，即：a,b=b,a。

使用同步赋值实现两个变量的值互换，无须中间变量，由此可以看出 Python 简洁优雅的特点。

2.　基本输入与输出

（1）键盘输入。Python 用内置函数 input() 实现标准输入，其调用格式如下。

input([提示字符串])

其中，中括号中的"提示字符串"是可选项。如果有"提示字符串"，则原样显示，提示用户输入数据。input() 函数从标准输入设备（键盘）读取一行数据，并返回一个字符串（去掉结尾的换行符）。例如：

```
>>> name=input("Please input your name:")
Please input your name:jasmine ✓ ( ✓ 代表回车键)
```

input() 函数把输入的内容当作字符串，如果要输入数值数据，可以使用类型转换函数将字符串转换为数值。例如：

```
>>> x=int(input())
12 ✓
>>> x
12
```

input() 函数接收的是字符串"12"，通过 int() 函数可以将字符串转换为整型数据，再赋给 x。

使用 input() 函数可以给多个变量赋值。例如：

```
>>> x,y=eval(input())
```

语句执行时从键盘输入"3,4"，input() 函数返回一个字符串"3,4"，经过 eval() 函数处理，变成由 3 和 4 组成的元组。

（2）屏幕输出。基本的输出方法是用 print() 函数，其调用格式如下。

print([输出项 1, 输出项 2,..., 输出项 n][,sep= 分隔符][,end= 结束符])

其中，输出项之间以逗号分隔，没有输出项时输出一个空行。sep 表示输出时各输出项之间的分隔符（默认以空格分隔），end 表示结束符（默认以回车换行结束）。print() 函数从左至右求每一个输出项的值，并将各输出项的值依次显示在屏幕的同一行上。例如：

```
>>> print(10,20,sep=',',end='*')
10,20*
```

print() 函数调用时，以逗号作为输出项之间的分隔符，以 * 作为结束符，并且不换行。

2.3.2　选择结构

Python 提供了实现选择判断的 if 语句，可分为单分支、双分支和多分支三种情况。

1. 单分支 if 语句

单分支 if 语句的一般格式如下。

```
if 条件表达式：
    语句块
```

单分支 if 语句的执行过程：计算条件表达式的值，若值为 True，则执行语句块，然后执行 if 语句的后续语句；若值为 False，则直接执行 if 语句的后续语句。其执行过程如图 2-3 所示。

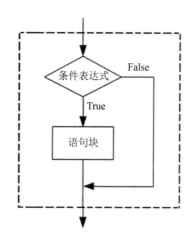

图 2-3　单分支 if 语句的执行过程

注意：

（1）在 if 语句的条件表达式后面必须加冒号（:）。

（2）因为 Python 把非 0 当作真，0 当作假，所以条件表达式不一定必须是结果为 True 或 False 的关系表达式或逻辑表达式，可以是任意表达式。例如：

```
if 'B':
    print('BBBBB')
```

语句是合法的，将输出字符串"BBBBB"。

　　if 语句中条件表达式的多样性，可以使得程序的描述灵活多变，但从提高程序可读性的要求而言，还是直接用逻辑判断为好，因为这样更能表达程序员的思想意图，有利于日后对程序的维护。

　　（3）条件表达式后面的语句块必须向右缩进，语句块可以是一个简单语句，也可以包括多个简单语句。当包含两个或两个以上的简单语句时，语句必须缩进一致，即语句块中的简单语句必须上下对齐。例如：

```
if x > y:
```

```
x = 10
y = 20
```

2. 双分支 if 语句

双分支 if 语句的一般格式如下。

```
if 条件表达式:
    语句块 1
else:
    语句块 2
```

双分支 if 语句的执行过程：计算条件表达式的值，若为 True，则执行语句块 1，否则执行 else 后面的语句块 2，语句块 1 或语句块 2 执行后再执行 if 语句的后续语句。其执行过程如图 2-4 所示。

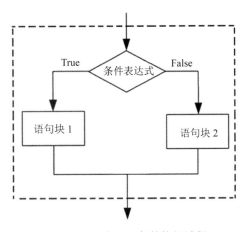

图 2-4 双分支 if 语句的执行过程

注意：与单分支 if 语句一样，对于条件表达式后面或 else 后面的语句块，应将它们缩进对齐。

3. 多分支 if 语句

多分支 if 语句的一般格式如下。

```
if 条件表达式 1:
    语句块 1
elif 条件表达式 2:
    语句块 2
elif 条件表达式 3:
    语句块 3
    ...
elif 条件表达式 m:
    语句块 m
[else:
    语句块 n]
```

多分支 if 语句的执行过程：当条件表达式 1 的值为 True 时，执行语句块 1，否则求条件表达式 2 的值，为 True 时，执行语句块 2，否则处理条件表达式 3，依此类推。若条件表达式的值都为 False，则执行 else 后面的语句块 n。其执行过程如图 2-5 所示。

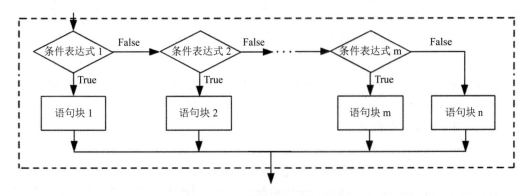

图 2-5　多分支 if 语句的执行过程

注意：不管有几个分支，程序执行完一个分支后，其余分支将不再执行。请思考，当条件表达式 1 和条件表达式 2 都为 True 时，语句的执行路线如何？

2.3.3　循环结构

1. while 语句

while 语句的一般格式如下。

```
while 条件表达式：
    语句块
```

while 语句中的条件表达式表示循环条件，可以是结果能解释为 True 或 False 的任何表达式，常用的是关系表达式和逻辑表达式。条件表达式后面必须加冒号。语句块是重复执行的部分，被称为循环体。

while 语句的执行过程：先计算条件表达式的值，如果值为 True，则重复执行循环体，直到条件表达式值为 False 才结束循环，执行 while 语句的下一语句。其执行过程如图 2-6 所示。

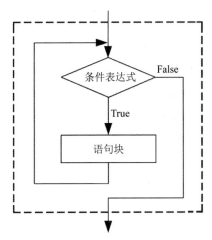

图 2-6　while 语句的执行过程

循环体可以是单个语句，也可以是多个语句。当循环体由多个语句构成时，必须用缩进对齐的方式组成一个语句块，否则会产生错误。例如求 p=5!，用 while 语句描述如下。

```
p = i = 1
while i <= 5:
    p *= i
```

```
i += 1
```

循环体语句必须上下缩进对齐，否则，重复执行的语句会出现逻辑混乱。

2. for 语句

for 语句的首行定义了一个目标变量以及遍历的序列对象，后面是需要重复执行的语句块。语句块中的语句要向右缩进，且缩进量要一致。其一般格式如下：

for 目标变量 in 序列对象：
　　语句块

for 语句的执行过程：将序列对象中的元素逐个赋给目标变量，对每一次赋值都执行一遍语句块。当序列被遍历，即每一个元素都用过了，则结束循环，执行 for 语句的下一语句。其执行过程如图 2-7 所示。

说明：

（1）for 语句是通过遍历序列对象的元素来建立循环的，针对序列的每一个元素执行一次循环体。列表、字符串、元组都是序列，可以利用它们来建立循环。

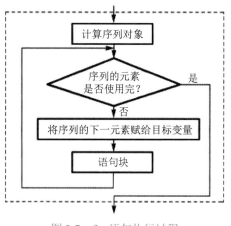

图 2-7　for 语句执行过程

（2）如果需要遍历一个整数序列，可以使用 range() 函数。range() 函数返回的是一个可迭代对象，而不是列表或元组。因为使用列表或者元组需要一次性获取所有元素，占用的内存多，而可迭代对象并非一次性产生迭代过程的所有元素，而是在迭代到某个元素时才计算该元素，占用的内存少。for 循环实现了自动迭代的功能。这是很漂亮的处理机制，在数据量较大的应用场合可以显著提高程序的执行效率。

两种实现循环结构的语句各具特点，一般情况下，它们可以相互通用。但在不同情况下，选择不同的语句可能使得编程更方便，程序更简洁，所以在编写程序时要根据实际情况进行选择。while 语句多用于循环次数不确定的情况，而对于循环次数确定的情况，使用 for 语句更方便。

3. 循环结构的其他语句

循环结构中常用的其他语句如下。

（1）break 语句：从循环体内部跳出，即退出循环，执行循环结构的下一语句。

（2）continue 语句：跳过本次循环体的余下语句，提前结束本次循环，继续下一次循环。

（3）pass 语句：不执行任何操作，是空语句，其作用满足语法上的要求。

（4）循环语句的 else 子句：while 循环或 for 循环正常结束后，执行 else 子句后面的语句块。

2.4　序　列

在 Python 中，序列（Sequence）包括字符串、列表和元组。序列中的每个元素被分配一个序号，即元素的位置编号，也被称为索引，可以通过索引或切片来访问一个或多个元素。字符串是单个字符组成的序列，列表和元组是由任意类型数据组成的序列。序列在很多操作上是一样的，最大的不同是字符串和元组是不可变的，而列表可以修改。

2.4.1　序列的共性操作

序列表示一系列有序的元素，存在一些共性操作，包括序列元素的访问与切片、序列的运算以及序列处理函数等。

1. 序列元素的访问与切片

（1）序列元素的访问。Python 序列的元素是按顺序放置的，因此可以通过索引来访问某一个元素，一般引用格式如下。

序列名 [索引]

其中，索引要用中括号括起来。序列第 1 个元素的索引为 0，第 2 个元素的索引为 1，以此类推。

除了常见的正向索引，Python 序列还支持反向索引，即负数索引，可以从最后一个元素开始计数，最后一个元素的索引是 -1，倒数第 2 个元素的索引是 -2，以此类推。使用负数索引，可以在无须计算序列长度的前提下很方便地定位序列中的元素。

注意：索引必须为整数，否则会抛出 TypeError 异常。索引也不能超出范围（越界），否则会抛出 IndexError 异常。需要特别注意的是，Python 序列的索引从 0 开始，第 1 个元素的索引是 0，第 2 个元素的索引是 1，第 3 个元素的索引是 2，这和平时数数从 1 开始不一样。

（2）序列的切片。切片（Slice）就是取出序列中某一范围内的元素，从而得到一个新的序列。序列切片的一般格式如下。

序列名 [开始索引 : 结束索引 : 步长]

其功能是提取从开始索引到结束索引（但不包括）的所有元素组成的序列。如果省略开始索引，则默认从 0 开始；如果省略结束索引，则切片到最后一个元素。如果省略步长，则默认为 1。例如：

```
>>> s="Hello"
>>> print(s[0:5:2])    # 与 print(s[::2]) 等价
Hlo
```

即取字符串 s 第 1 个字符（其索引为 0）、第 3 个字符（其索引为 2）、第 5 个字符（其索引为 4）。

2. 序列的运算

（1）序列连接。Python 提供了一种序列的运算方式，称为连接运算，其运算符为 +，表示将两个同类型的序列连接起来成为一个新的序列。例如：

```
>>> "Sub"+"string"
'Substring'
>>> [1,2,3]+[1,2,3,4,5]
```

```
[1, 2, 3, 1, 2, 3, 4, 5]
```

（2）序列的重复连接。Python 提供乘法运算符（*），构建一个由其自身元素重复连接而成的序列。例如：

```
>>> "ABCD"*2
'ABCDABCD'
>>> 3*[1,2,3]
[1, 2, 3, 1, 2, 3, 1, 2, 3]
>>> (42,)*5
(42, 42, 42, 42, 42)
```

3. 序列处理函数

（1）len()、min() 和 max() 函数。

1）len(s)：返回序列中包含元素的个数，即序列长度。例如：

```
>>> len('abcd\n')   #\n 是一个转义字符
5
```

2）min(s,key=func)：返回序列中最小的元素。其中 key 指定一个函数，用于计算元素的值，默认按元素值比较。

3）max(s,key=func)：返回序列中最大的元素。例如：

```
>>> language=['Java','Python','Pascal','MATLAB','C++']
>>> max(language,key=len)   # 返回最长的（第一个）字符串
'Python'
```

（2）sum() 和 reduce() 函数。

1）sum(s)：返回序列 s 中所有元素的和。要求元素必须为数值，否则出现 TypeError 错误。

2）reduce(f,s)：把序列 s 的前两个元素作为参数传给函数 f，返回的函数结果和序列的第 3 个元素重新作为 f 的参数，然后返回的结果和序列的第 4 个元素重新作为 f 的参数，以此类推，直到序列的最后一个元素。reduce() 函数的返回值是函数 f 的返回值。

在 Python 3.× 中，reduce() 函数存放在 functools 模块中，使用前要导入。例如，利用 reduce() 函数实现序列元素求和。

```
import functools   # 导入 functools 模块
functools.reduce(lambda x,y: x+y,[3,20,-43,48,12])
```

程序运行结果如下。

```
40
```

程序运行时，先处理列表的第 1 个和第 2 个元素，即计算 3+20，函数返回 23；再处理第 1 步的结果和第 3 个元素，即计算 23+(-43)，函数返回 -20；再处理第 2 步的结果和第 4 个元素，即计算 (-20)+48，函数返回 28；最后处理第 3 步的结果和第 5 个元素，即计算 28+12，函数返回 40，与 sum([3,20,-43,48,12]) 的结果相同。

对序列中元素的连续操作可以通过循环来实现，也可以用 reduce() 函数实现。但在大多数情况下，循环实现的程序更有可读性。

（3）sorted() 和 reversed() 函数。

1）sorted(iter,key=func,reverse=False)：函数返回对可迭代对象 iter 中元素进行排序后的列表，函数返回副本，原始输入不变；key 指定一个函数，这个函数用于计算排序的值，默认按元素值排序；reverse 代表排序规则，当 reverse 为 True 时按降序排序，reverse 为

False 时按升序排序，默认按升序。例如：

```
>>> x=(100,245,-203,-3234)
>>> sorted(x)    # 元组按升序排列
[-3234, -203, 100, 245]
>>> sorted(x,key=abs,reverse=True)    # 元组按绝对值的降序排列
[-3234, 245, -203, 100]
```

2）reversed(iter)：对可迭代对象 iter 的元素反转排列，返回一个新的可迭代对象。例如：

```
>>> x=(100,245,-203,-3234)
>>> reversed(x)
<reversed object at 0x000002097149F610>
>>> tuple(reversed(x))    # 将 reversed 对象转换成元组
(-3234, -203, 245, 100)
```

（4）序列的通用方法。下面的方法主要起查询功能，不改变序列本身，可用于表、元组和字符串。方法中 s 为序列，x 为元素值。

1）s.count(x)：返回 x 在序列 s 中出现的次数。

2）s.index(x)：返回 x 在 s 中第一次出现的索引编号。例如：

```
>>> s='Python is the most popular language used in various domains.'
>>> s.count('the')              # "the"出现 1 次
1
>>> s.index('the')              # "the"的索引是 10（索引从 0 开始）
10
>>> s.index('The')              # 注意"The"不等于"the"
```

"The"在字符串 s 中不存在，语句执行后提示程序异常 ValueError: substring not found，意思是子字符串不存在。

2.4.2 字符串的常用方法

1. 字母大小写转换

（1）s.upper()：全部转换为大写字母。例如：

```
>>> 'python program'.upper()
'PYTHON PROGRAM'
```

（2）s.lower()：全部转换为小写字母。

（3）s.swapcase()：字母大小写互换。例如：

```
>>> 'Python Program'.swapcase()
'pYTHON pROGRAM'
```

（4）s.capitalize()：首字母大写，其余小写。

（5）s.title()：首字母大写。例如：

```
>>> 'python program'.title()
'Python Program'
```

2. 字符串搜索

（1）s.find(substr,[start,[end]])：返回 s 中出现 substr 的第 1 个字符的编号，如果 s 中没有 substr 则返回 -1。start 和 end 的作用就相当于在 s[start:end] 中搜索。例如：

```
>>> 'Python Program'.find('C++')
-1
```

（2）s.index(substr,[start,[end]])：与 find() 相同，只是在 s 中没有 substr 时，会返回一

个运行时错误。

（3）s.count(substr,[start,[end]])：计算 substr 在 s 中出现的次数。例如：

```
>>> 'Python Program'.count('r')
2
```

（4）s.startswith(prefix[,start[,end]])：是否以 prefix 开头，若是返回 True，否则返回 False。

（5）s.endswith(suffix[,start[,end]])：是否以 suffix 结尾，若是返回 True，否则返回 False。

3. 字符串替换

（1）s.replace(oldstr,newstr,[count])：把 s 中的 oldst 替换为 newstr，count 为替换次数。这是替换的通用形式，还有一些函数进行特殊字符的替换。

（2）s.strip([chars])：把 s 中前后 chars 中有的字符全部去掉，可以理解为把 s 前后的 chars 替换为 None。默认去掉前后空格。

4. 字符串的拆分与组合

（1）s.split([sep,[maxsplit]])：根据 sep 分隔符把字符串 s 拆分成一个列表。默认的分隔符为空格。maxsplit 表示拆分的次数，默认取 –1，表示无限制拆分。例如：

```
>>> '78,65,98,89,85'.split(',')
['78', '65', '98', '89', '85']
```

（2）s.join(seq)：把 seq 代表的序列组合成字符串，用 s 将序列各元素连接起来。字符串中的字符是不能修改的，如果要修改，通常的一种方法是使用语句 s=list(s) 把字符串 s 变为以单个字符为成员的列表，再使用给列表成员赋值的方式改变值，最后使用语句 s="".join(s) 还原成字符串。例如：

```
>>> s='Python Program'
>>> s=list(s)
>>> s[0:6]='C++'
>>> s="".join(s)
>>> s
'C++ Program'
```

2.4.3 列表的操作

1. 修改列表元素

可以通过给列表元素赋值、切片赋值来修改列表元素。

（1）列表元素赋值。使用索引编号来为某个特定的元素赋值，从而可以修改列表。例如：

```
>>> x=[1,1,1]
>>> x[1]=10
>>> x
[1, 10, 1]
```

（2）切片赋值。使用切片赋值可以给列表的多个元素赋值。切片赋值要求赋的值也为列表，相当于将原列表切片的元素删除，同时用新的列表元素代替切片位置的元素。例如：

```
>>> name=list('Perl')
>>> name[2:]=list('ar')   # 从 2 号位置开始替换 2 个元素
>>> name
['P', 'e', 'a', 'r']
```

2. 在列表中添加元素

在列表中添加元素是很常用的操作，可以使用 append()、extend() 和 insert() 函数实现。

这 3 种方法都是列表原地操作，无返回值，不改变列表的 id。

（1）append() 方法：调用格式如下。

```
s.append(x)
```

其用于在列表 s 的末尾添加元素 x。例如下面的程序段可以将输入的 10 个整数存放在一个列表中。

```
aList=[]  # 创建一个空列表
for i in range(10):
    aList.append(int(input()))  # 将输入的整数添加到列表中
```

（2）extend() 方法：调用格式如下。

```
s.extend(s1)
```

其用于在列表 s 的末尾添加列表 s1 的所有元素。

（3）insert() 方法：调用格式如下。

```
s.insert(i,x)
```

其用于在列表 s 的 i 位置处插入对象 x，如果 i 大于列表的长度，则插入到列表最后。

3. 从列表中删除元素

删除列表元素可以使用 del 命令，也可以使用 pop()、remove() 和 clear() 方法。

（1）del 命令：使用 del 命令可以删除列表中指定位置的元素或整个列表。

（2）pop() 方法：调用格式如下。

```
s.pop([i])
```

其用于删除并返回列表 s 中指定位置 i 的元素，默认是最后一个元素。若 i 超出列表长度，则抛出 IndexError 异常。

（3）remove() 方法：调用格式如下。

```
s.remove(x)
```

其用于从列表 s 中删除 x。若 x 不存在，则抛出 ValueError 异常。

（4）clear() 方法：调用格式如下。

```
s.clear()
```

其用于清空列表 s，即删除列表全部元素。

4. 列表元素的排序与反转

在实际应用中，常常需要调整列表元素的排列顺序，这时可以使用 sort() 和 reverse() 方法。

（1）sort() 方法：调用格式如下。

```
s.sort((iter,key=func,reverse=False)
```

其用于对列表 s 中的元素进行排序。sort() 方法中可以使用 key、reverse 参数，其用法与 sorted() 函数相同。例如：

```
>>> lst=[3,-78,3,43,7,9]
>>> lst.sort(reverse=True)   # 按降序排
>>> lst
[43, 9, 7, 3, 3, -78]
```

（2）reverse() 方法：调用格式如下。

```
s.reverse()
```

其用于将列表 s 中的元素反转排列。

注意，sort() 和 reverse() 方法是原地对列表进行排序或反转，不会生成新的列表。如果不希望修改原列表，而生成一个新列表，可以使用 sorted() 或 reversed() 函数。

5. 列表推导式

列表推导式也称列表解析式，是在一个序列的值上应用一个任意表达式，将其结果收集到一个新的列表中并返回。它的基本形式是一个中括号里面包含一个 for 语句对一个可迭代对象进行迭代。例如，计算 1 ～ 10 每个数的平方，存放在列表中并输出，可以用 for 循环实现，也可以用以下列表推导式来实现，程序更加简洁。

```
squares=[i**2 for i in range(1,11)]
print(squares)
[1, 4, 9, 16, 25, 36, 49, 64, 81, 100]
```

在列表推导式中，可以增加测试语句和嵌套 for 循环，其一般格式如下。

[表达式 for 目标变量 1 in 序列对象 1 [if 条件 1] ... for 目标变量 n in 序列对象 n [if 条件 n]]

其中，表达式可以是任何运算表达式，目标变量是遍历序列对象获得的元素值。该语句的功能是计算每一个目标变量对应的表达式的值，生成一个列表对象。列表推导式可以嵌套任意数量的 for 循环同时关联的 if 测试，其中 if 测试语句是可选的。例如：

```
>>> [x for x in range(5) if x%2==0] #x 取 0 ～ 4 之间的偶数
[0, 2, 4]
>>> [y for y in range(5) if y%2==1] #y 取 0 ～ 4 之间的奇数
[1, 3]
>>> [(x,y) for x in range(5) if x%2==0 for y in range(5) if y%2==1]
[(0, 1), (0, 3), (2, 1), (2, 3), (4, 1), (4, 3)]
```

2.5　字典与集合

Python 中字典是由"关键字：值"对组成的集合。集合是指无序的、不重复的元素集，类似于数学中的集合概念。作为抽象数据类型，集合和字典之间的主要区别在于它们的操作。字典主要关心其元素的检索、插入和删除；集合主要考虑集合之间的并集、交集和差集操作。

2.5.1　字典的操作

1. 创建字典并赋值

创建字典并赋值的一般形式如下。

字典名 ={[关键字 1: 值 1[, 关键字 2: 值 2,..., 关键字 n: 值 n]]}

其中，关键字与值之间用冒号"："分隔，字典元素与元素之间用逗号"，"分隔，字典中的关键字必须是唯一的，而值可以不唯一。当"关键字：值"对都省略时产生一个空字典。例如：

```
>>> d1={}
>>> d2={'name':'lucy','age':40}
>>> d1,d2
({}, {'name': 'lucy', 'age': 40})
```

也可以用 dict() 函数创建字典，各种应用形式举例如下。

（1）使用 dict() 函数创建一个空字典并给变量赋值。例如：

```
>>> d4=dict()
>>> d4
{}
```

（2）使用列表或元组作为 dict() 函数参数。例如：

```
>>> d50=dict((['x',1],['y',2]))
>>> d50
{'x': 1, 'y': 2}
```

（3）将数据按"关键字＝值"的形式作为参数传递给 dict() 函数。例如：

```
>>> d6=dict(name='allen',age=25)
>>> d6
{'name': 'allen', 'age': 25}
```

2. 字典的访问

Python 通过关键字来访问字典的元素，一般格式如下。

字典名 [关键字]

如果关键字不在字典中，会引发一个 KeyError 错误。各种应用形式举例如下。

（1）以关键字进行索引计算。例如：

```
>>> dict1={'name':'diege','age':18}
>>> dict1['age']
18
```

（2）字典嵌套字典的关键字索引。例如：

```
>>> dict2={'name':{'first':'diege','last':'wang'},'age':18}
>>> dict2['name']['first']
'diege'
```

（3）字典嵌套列表的关键字索引。例如：

```
>>> dict3={'name':{'Brenden'},'score':[76,89,98,65]}
>>> dict3['score'][0]
76
```

（4）字典嵌套元组的关键字索引。例如：

```
>>> dict4={'name':{'Brenden'},'score':(76,89,98,65)}
>>> dict4['score'][0]
76
```

3. 更新字典的值

更新字典值的语句格式如下。

字典名 [关键字]= 值

如果关键字已经存在，则修改关键字对应的元素的值；如果关键字不存在，则在字典中增加一个新元素，即"关键字：值"对。显然，列表不能通过这样的方法来增加数据，当列表索引超出范围时会出现错误。列表只能通过 append() 方法来追加元素，但字典也能通过给已存在元素赋值的方法来修改已存在的数据。例如：

```
>>> dict1={'name':'diege','age':18}
>>> dict1['name']='chen'  # 修改字典元素
>>> dict1['score']=[78,90,56,90] # 添加一个元素
>>> dict1
{'score': [78, 90, 56, 90], 'name': 'chen', 'age': 18}
```

4. 删除字典元素

删除字典元素使用以下函数或方法。

（1）del 字典名 [关键字]：删除关键字所对应的元素。

（2）del 字典名：删除整个字典。

5. 字典的长度和运算

len() 函数可以获取字典所包含"关键字 : 值"对的数目，即字典长度。虽然字典也支持 max()、min()、sum() 和 sorted() 函数，但针对字典的关键字进行计算，很多情况下没有实际意义。例如：

```
>>> dict1={'a':1,'b':2,'c':3}
>>> len(dict1)
3
>>> max(dict1)
'c'
```

6. 字典的常用方法

（1）fromkeys() 方法。d.fromkeys(序列 [, 值])：创建并返回一个新字典，以序列中的元素作为该字典的关键字，指定的值作为该字典中所有关键字对应的初始值（默认为 None）。例如：

```
>>> d7={}.fromkeys(('x','y'),-1)
>>> d7
{'x': -1, 'y': -1}
```

这样创建的字典的值是一样的，若不给定值，默认为 None。例如：

```
>>> d8={}.fromkeys(['name','age'])
>>> d8
{'name': None, 'age': None}
```

创建一个只有关键字没有值的字典。

（2）keys()、values()、items() 方法。

1）d.keys()：返回一个包含字典所有关键字的列表。

2）d.values()：返回一个包含字典所有值的列表。

3）d.items()：返回一个包含所有（关键字 , 值）元组的列表。

看下面的例子。

```
>>> d={'name':'alex','sex':'man'}
>>> d.keys()
dict_keys(['sex', 'name'])
>>> d.values()
dict_values(['man', 'alex'])
>>> d.items()
dict_items([('sex', 'man'), ('name', 'alex')])
```

7. 字典的遍历

（1）遍历字典的关键字。d.keys()：返回一个包含字典所有关键字的列表，所以对字典关键字的遍历转换为对列表的遍历。例如：

```
>>> d={'name':'jasmine','sex':'man'}
>>> for key in d.keys():print(key,d[key])
sex man
name jasmine
```

（2）遍历字典的值。d.values()：返回一个包含字典所有值的列表，所以对字典值的遍历转换为对列表的遍历。例如：

```
>>> d={'name':'jasmine','sex':'man'}
>>> for value in d.values():print(value)
man
jasmine
```

（3）遍历字典的元素。d.items()：返回一个包含所有（关键字，值）元组的列表，所以对字典元素的遍历转换为对列表的遍历。例如：

```
>>> d={'name':'jasmine','sex':'man'}
>>> for item in d.items():print(item)
('sex', 'man')
('name', 'jasmine')
```

2.5.2　集合的操作

1. 集合的创建

在 Python 中，创建集合有两种方式：一种是用一对大括号将多个用逗号分隔的数据括起来，另一种是使用 set() 函数，该函数可以将字符串、列表、元组等类型的数据转换成集合类型的数据。例如：

```
>>> s1={1,2,3,4,5,6,7,8}
>>> s1
{1, 2, 3, 4, 5, 6, 7, 8}
>>> s2=set('abcdef')
>>> s2
{'b', 'c', 'e', 'd', 'a', 'f'}
```

在 Python 中，用大括号将集合元素括起来，这与字典的创建类似，但 {} 表示空字典，空集合用 set() 表示。

注意：集合中不能有重复元素，如果在创建集合时有重复元素，Python 会自动删除重复的元素。例如：

```
>>> s5={1,2,2,2,3,3,4,4,4,4,5}
>>> s5
{1, 2, 3, 4, 5}
```

集合的这个特性非常有用，例如，要删除列表中大量的重复元素，可以先用 set() 函数将列表转换成集合，再用 list() 函数将集合转换成列表，操作效率非常高。

2. 集合的常用运算

（1）传统的集合运算。

1）s1|s2|...|sn：计算 s1，s2，…，sn 的并集。例如：

```
>>> s={1,2,3}|{3,4,5}|{'a','b'}
>>> s
{1, 2, 3, 4, 5, 'b', 'a'}
```

2）s1 & s2 & ... & sn：计算 s1，s2，…，sn 的交集。例如：

```
>>> s={1,2,3,4,5}&{1,2,3,4,5,6}&{2,3,4,5}&{2,4,6,8}
>>> s
{2, 4}
```

3）s1-s2-...-sn：计算 s1，s2，…，sn 的差集。例如：

```
>>> s={1,2,3,4,5,6,7,8,9}-{1,2,3,4,5,6}-{2,3,4,5}-{2,4,6,8}
>>> s
{9, 7}
```

4）s1^s2：计算 s1 和 s2 的对称差集，求 s1 和 s2 中相异元素。例如：

```
>>> s={1,2,3,4,5,6,7,8,9}^{5,6,7,8,9,10}
>>> s
{1, 2, 3, 4, 10}
```

（2）集合元素的并入。s1|=s2：将 s2 的元素并入 s1 中。例如：

```
>>> s1={4,3,2,1}
>>> s2={7,8}
>>> s1|=s2
>>> s1
{1, 2, 3, 4, 7, 8}
```

（3）集合的遍历。集合与 for 循环语句配合使用，可实现对集合各个元素的遍历。例如：

```
s={10,20,30,40}
t=0
for x in s:
    print(x,end='\t')
    t+=x
print(t)
```

程序对 s 集合的各个元素进行操作，输出各个元素并实现累加，程序输出结果如下。

```
40  10  20  30  100
```

2.6 函　　数

对于反复要用到的某些程序段，如果在需要时每次都重复书写，将是十分烦琐的，如果把这些程序段写成函数，需要时直接调用就可以了，而不需要重新书写。在 Python 程序中，也可以自己创建函数，这被称作用户自定义函数。

2.6.1 函数的定义与调用

1. 函数的定义
Python 函数的定义包括对函数名、函数的参数与函数功能的描述，一般形式如下。

```
def 函数名 ([ 形式参数表 ]):
    函数体
```

下面是一个简单的 Python 函数，该函数接收矩形的长和宽作为输入参数，返回矩形的面积。

```
def MyArea(x,y):
    s=x*y
    return s
```

2. 函数的调用
有了函数定义，凡要完成该函数功能处，就可调用该函数来完成。函数调用的一般形式如下。

函数名 (实际参数表)

调用函数时，和形式参数（形参）对应的参数因为有值的概念，所以称为实际参数（Actual Parameter），简称实参。当有多个实参时，实参之间用逗号分隔。

如果调用的是无参数函数，则调用形式如下。

函数名 ()

其中，函数名之后的一对括号不能省略。

函数调用时提供的实参应与被调用函数的形参按顺序一一对应，而且参数类型要兼容。例如，程序文件 ftest.py 的内容如下：

```
def MyArea(x,y):
  s=x*y
  return s
print(MyArea(10,5))
```

程序运行后得到结果 50。

2.6.2　两类特殊函数

Python 有两类特殊函数：匿名函数和递归函数。匿名函数是指没有函数名的简单函数，只可以包含一个表达式，不允许包含其他复杂的语句，表达式的结果是函数的返回值。递归函数是指直接或间接调用函数本身的函数。递归函数反映了一种逻辑思想，用它来解决某些问题时显得很简练。

1. 匿名函数

在 Python 中，可以使用 lambda 关键字在同一行内定义函数，因为不用指定函数名，所以这个函数被称为匿名函数，也称为 lambda 函数，定义格式如下。

lambda [参数 1[, 参数 2,..., 参数 n]]: 表达式

关键字 lambda 表示匿名函数，冒号前面是函数参数，可以有多个函数参数，但只有一个返回值，所以只能有一个表达式，返回值就是该表达式的结果。匿名函数不能包含语句或多个表达式，不用写 return 语句。例如：

lambda x,y:x+y

该函数定义语句定义一个函数，函数参数为 "x,y"，函数返回的值为表达式 x+y 的值。用匿名函数有个好处，因为函数没有名字，不必担心函数名冲突。

匿名函数也是一个函数对象，可以把匿名函数赋值给一个变量，再利用变量来调用该函数。例如：

```
>>> f=lambda x,y:x+y
>>> f(5,10)
15
```

2. 递归函数

（1）递归的基本概念。递归（Recursion）是指在连续执行某一处理过程时，该过程中的某一步要用到它自身的上一步或上几步的结果。在一个程序中，若存在程序自己调用自己的现象，就构成了递归。递归是一种常用的程序设计技术。在实际应用中，许多问题的求解方法具有递归特征，利用递归描述这种求解方法，思路清晰简洁。

Python 允许使用递归函数，递归函数是指一个函数的函数体中又直接或间接地调用该函数本身的函数。如果函数 a 中又调用函数 a 自身，则称函数 a 为直接递归。如果函数 a 中先调用函数 b，函数 b 中又调用函数 a，则称函数 a 为间接递归。程序设计中常用的是

直接递归。

数学上递归定义的函数是非常多的，例如，当 n 为自然数时，求 n 的阶乘 $n!$。

$n!$ 的递归表示如下。

$$n! = \begin{cases} 1, & n \leqslant 1 \\ n(n-1)!, & n > 1 \end{cases}$$

从数学角度来说，如果要计算出 $f(n)$ 的值，就必须先算出 $f(n-1)$，而要求 $f(n-1)$ 就必须先求出 $f(n-2)$。这样递归下去直到计算 $f(0)$ 时为止。若已知 $f(0)$，就可以往回推，计算出 $f(1)$，再往回推计算出 $f(2)$，一直往回推计算出 $f(n)$。

（2）递归函数的调用过程。用一个简单的递归程序来分析递归函数的调用过程。例如，根据 $n!$ 的递归表示形式，用递归函数描述如下。

```
def fac(n):
    if n<=1:
        return 1
    else:
        return n*fac(n-1)
m=fac(3)
print(m)
```

程序运行结果如下。

6

在函数中使用了 n*fac(n-1) 的表达式形式，该表达式中调用了 fac() 函数，这是一种函数自身调用，是典型的直接递归调用，fac() 是递归函数。显然，就程序的简洁来说，函数用递归描述比用循环控制结构描述更自然、更简洁。但是，对初学者来说，递归函数的执行过程比较难以理解。以计算 3! 为例，设有某函数以 m=fac(3) 形式调用函数 fac()，它的计算流程如图 2-8 所示。

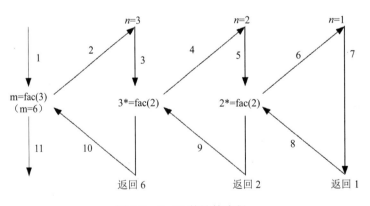

图 2-8　fac(3) 的计算流程

函数调用 fac(3) 的计算过程大致如下：为计算 3! 以函数调用 fac(3) 去调用函数 fac()；$n=3$ 时，函数 fac() 的值为 3*2!，用 fac(2) 去调用函数 fac()；$n=2$ 时，函数 fac() 的值为 2*1!，用 fac(1) 去调用函数 fac()；$n=1$ 时，函数 fac() 计算 1! 以结果 1 返回；返回到发出调用 fac(1) 处，继续计算得到 2! 的结果 2 返回；返回到发出调用 fac(2) 处，继续计算得到 3! 的结果 6 返回。

递归计算 $n!$ 有一个重要特征，即将求 n 有关的解化为求 $n-1$ 的解，求 $n-1$ 的解又化为求 $n-2$ 的解，以此类推。特别地，对于 1 的解是可立即得到的。这是将大问题分解为小问题的递推过程。有了 1 的解以后，接着是一个回溯过程，逐步获得 2 的解，3 的解，……，直至 n 的解。

编写递归程序要注意两点，一要找出正确的递归算法，这是编写递归程序的基础；二要确定算法的递归结束条件，这是决定递归程序能否正常结束的关键。

2.7 文件操作

文件操作是一种基本的输入输出方式，在实际问题求解过程中经常碰到。数据以文件的形式进行存储，操作系统以文件为单位对数据进行管理，文件系统仍是一般高级语言普遍采用的数据管理方式。

2.7.1 文件的打开与关闭

在对文件进行读写操作之前首先要打开文件，操作结束后应该关闭文件。Python 提供了文件对象，通过 open() 函数可以按指定方式打开指定文件并创建文件对象，通过 close() 函数可关闭文件。

1. 打开文件

Python 提供了基本的函数和对文件进行操作的方法。要读取或写入文件，必须使用内置的 open() 函数来打开它。该函数创建一个文件对象，可以使用文件对象来完成各种文件操作。open() 函数的一般调用格式如下。

文件对象 =open(文件说明符 [, 打开方式][, 缓冲区])

其中，文件说明符指定打开的文件名，可以包含盘符、路径和文件名，它是一个字符串。注意，文件路径中的 "\" 要写成 "\\"，例如，要打开 E:\MyPython 中的 test.dat 文件，文件说明符要写成 E:\\MyPython\\test.dat；打开方式指定打开文件后的操作方式，该参数是字符串，必须小写。文件操作方式是可选参数，默认为 r（只读操作）。文件操作方式用具有特定含义的符号表示，如表 2-1 所示；缓冲区设置表示文件操作是否使用缓冲存储方式。如果缓冲区参数被设置为 0，表示不使用缓冲存储；如果该参数设置为 1，表示使用缓冲存储。如果指定的缓冲区参数为大于 1 的整数，则使用缓冲存储，并且该参数指定了缓冲区的大小。如果缓冲区参数指定为 −1，则使用缓冲存储，并且使用系统默认缓冲区的大小，这也是缓冲区参数的默认设置。

表 2-1　文件操作方式

打开方式	说明	打开方式	说明
r（只读）	为输入打开一个文本文件	r+（读写）	为读 / 写打开一个文本文件
w（只写）	为输出打开一个文本文件	w+（读写）	为读 / 写建立一个新的文本文件
a（追加）	向文本文件末尾增加数据	a+（读写）	为读 / 写打开一个文本文件（追加方式）
rb（只读）	为输入打开一个二进制文件	rb+（读写）	为读 / 写打开一个二进制文件
wb（只写）	为输出打开一个二进制文件	wb+（读写）	为读 / 写建立一个新的二进制文件
ab（追加）	向二进制文件末尾增加数据	ab+（读写）	为读 / 写打开一个二进制文件（追加方式）

open() 函数以指定的方式打开指定的文件，文件操作方式符的具体说明如下。

（1）用 "r" 方式打开文件时，只能从文件向内存输入数据，而不能从内存向该文件写数据。以"r"方式打开的文件应该已经存在，不能用"r"方式打开一个并不存在的文件（即输入文件），否则将出现 FileNotFoundError 错误。这是默认打开方式。

（2）用"w"方式打开文件时，只能从内存向该文件写数据，而不能从文件向内存输入数据。如果该文件原来不存在，则打开时建立一个以指定文件名命名的文件。如果原来的文件已经存在，则打开时将文件清空，然后重新建立一个新文件。

（3）如果希望向一个已经存在的文件的末尾添加新数据（保留原文件中已有的数据），则应用"a"方式打开。如果该文件不存在，则创建并写入新的文件。打开文件时，文件的位置指针在文件末尾。

（4）用"r+""w+""a+"方式打开的文件可以写入和读取数据。用"r+"方式打开文件时，该文件应该已经存在，这样才能对文件进行读 / 写操作；用"w+"方式打开文件时，如果文件存在，则覆盖现有的文件，如果文件不存在，则创建新的文件并可进行读取和写入操作；用"a+"方式打开的文件，则保留文件中原有的数据，文件的位置指针在文件末尾，此时，可以进行追加或读取文件操作，如果该文件不存在，则创建新文件并可进行读取和写入操作。

2. 关闭文件

文件使用完毕后应当关闭，这意味着释放文件对象以供别的程序使用，同时也可以避免文件中数据的丢失。用 close() 函数关闭文件，其调用格式如下。

```
close()
```

close() 函数用于关闭已打开的文件，将缓冲区中尚未存盘的数据写入磁盘，并释放文件对象。此后，如果再想使用刚才的文件，则必须重新打开。应该养成在文件访问完之后及时关闭的习惯，一方面是避免数据丢失，另一方面是及时释放内存，减少系统资源的占用。

2.7.2 文本文件的操作

1. 文本文件的读取

Python 对文件的操作都是通过调用文件对象的方法来实现的，文件对象提供了 read()、readline() 和 readlines() 方法，用于读取文本文件的内容。

（1）read() 方法的用法如下。

```
变量 = 文件对象 .read()
```

其功能是读取从当前位置直到文件末尾的内容，并作为字符串返回，赋给变量。如果是刚打开的文件对象，则读取整个文件。read() 方法通常将读取的文件内容存放到一个字符串变量中。

read() 方法也可以带有参数，其用法如下。

```
变量 = 文件对象 .read(count)
```

其功能是读取从文件当前位置开始的 count 个字符，并作为字符串返回，赋给变量。如果文件结束，就读取到文件结束为止。如果 count 大于文件从当前位置到末尾的字符数，则仅返回这些字符。

用 Python 解释器或 Windows 记事本建立文本文件 data.txt，其内容如下。

```
Python is very useful.
Programming in Python is very easy.
```

观察下列语句的执行结果。

```
>>> fo=open("data.txt","r")
```

```
>>> fo.read()
'Python is very useful.\nProgramming in Python is very easy.\n'
>>> fo=open("data.txt","r")
>>> fo.read(6)
'Python'
```

（2）readline() 方法的用法如下。

变量 = 文件对象 .readline()

其功能是读取从当前位置到行末（即下一个换行符）的所有字符，并作为字符串返回，赋给变量。通常用此方法来读取文件的当前行，包括行结束符。如果当前处于文件末尾，则返回空串。

（3）readlines() 方法的用法如下。

变量 = 文件对象 .readlines()

其功能是读取从当前位置直到文件末尾的所有行，并将这些行构成列表返回，赋给变量。列表中的元素即每一行构成的字符串。如果当前处于文件末尾，则返回空列表。

2. 文本文件的写入

当文件以写方式打开时，可以向文件写入文本内容。Python 文件对象提供两种写文件的方法：write() 方法和 writelines() 方法。

（1）write() 方法的用法如下。

文件对象 .write(字符串)

其功能是在文件当前位置写入字符串，并返回字符的个数。例如：

```
>>> fo=open("file1.dat","w")
>>> fo.write("Python 语言 ")
8
>>> fo.write("Python 程序 \n")
9
>>> fo.write("Python 程序设计 ")
10
>>> fo.close()
```

上面的语句执行后会创建 file1.dat 文件，将给定的内容写在该文件中，并最终关闭该文件。用编辑器查看该文件内容如下。

Python 语言 Python 程序
Python 程序设计

从执行结果看出，每次 write() 方法执行完后并不换行，如果需要换行则在字符串最后加换行符 \n。

（2）writelines() 方法的用法如下。

文件对象 .writelines(字符串元素的列表)

其功能是在文件当前位置处依次写入列表中的所有字符串。

习　题

一、单选题

1. 整型变量 x 中存放了一个两位数，要将这个两位数的个位数字和十位数字交换位置，例如，13 变成 31，正确的 Python 表达式是（   ）。

    A．（x%10）*10+x//10　　　　　　　B．(x%10)//10+x//10

    C．(x/10)%10+x//10　　　　　　　　D．(x%10)*10+x%10

2．与数学表达式 $\dfrac{cd}{2ab}$ 对应的 Python 表达式中，不正确的是（   ）。

    A．c*d/(2*a*b)　　　B．c/2*d/a/b　　　　C．c*d/2*a*b　　　　D．c*d/2/a/b

3．下列语句中，在 Python 中非法的是（   ）。

    A．x=y=z=1　　　　B．x,y=y,x　　　　C．x=(y=z+1)　　　　D．x+=y

4．与关系表达式 x==0 等价的表达式是（   ）。

    A．x=0　　　　　　B．not x　　　　　C．x　　　　　　　D．x!=1

5．下列语句执行后的输出是（   ）。

```
if 2:
    print(5)
else:
    print(6)
```

    A．0　　　　　　　B．2　　　　　　　C．5　　　　　　　D．6

6．设有程序段：

```
k=10
while k:
    k=k-1
    print(k)
```

则下面描述中正确的是（   ）。

    A．while 循环执行 10 次　　　　　　B．循环是无限循环

    C．循环体一次也不执行　　　　　　D．循环体执行一次

7．以下 for 语句中，不能完成 1～10 的累加功能的是（   ）。

    A．for i in range(10,0):sum+=i

    B．for i in range(1,11):sum+=i

    C．for i in range(10,-1):sum+=i

    D．for i in (10,9,8,7,6,5,4,3,2,1):sum+=i

8．下面 Python 循环体执行的次数与其他不同的是（   ）。

    A．i=0　　　　　　　　　　　　　　B．i=10

```
    while i<=10:              while i>0:
        print(i)                 print(i)
        i+=1                     i-=1
```

    C．for i in range(10):　　　　　　　D．for i in range(10,0,-1):

```
        print(i)                 print(i)
```

9．关于下列 for 循环，叙述正确的是（   ）。

```
for t in range(1,11):
    x=int(input())
    if x<0:continue
    print(x)
```

    A．当 x<0 时，整个循环结束　　　　B．当 x>=0 时，什么也不输出

    C．print() 函数永远也不执行　　　　D．最多允许输出 100 个非负整数

10．max((1,2,3)*2) 的值是（   ）。

A. 3   B. 4   C. 5   D. 6

11. 下列选项中与 s[0:-1] 表示的含义相同的是（　　）。

  A. s[-1]   B. s[:]   C. s[:len(s)-1] D. s[0:len(s)]

12. 对于字典 D={'A':10,'B':20,'C':30,'D':40}，对第 4 个字典元素的访问形式是（　　）。

  A. D[3]   B. D[4]   C. D[D]   D. D['D']

13. 设 a=set([1,2,2,3,3,3,4,4,4,4]),则 a.remove(4) 执行后，a 的值是（　　）。

  A. {1, 2, 3}   B. {1, 2, 2, 3, 3, 3, 4, 4, 4}

  C. {1, 2, 2, 3, 3, 3}   D. [1, 2, 2, 3, 3, 3, 4, 4, 4]

14. 已知 f=lambda x,y:x+y, 则 f([4],[1,2,3]) 的值是（　　）。

  A. [1, 2, 3, 4] B. 10 C. [4, 1, 2, 3] D. {1, 2, 3, 4}

15. 关于语句 f=open('demo.txt','r')，下列说法不正确的是（　　）。

  A. demo.txt 文件必须已经存在

  B. 只能从 demo.txt 文件读数据，而不能向该文件写数据

  C. 只能向 demo.txt 文件写数据，而不能从该文件读数据

  D. "r" 方式是默认的文件打开方式

二、填空题

1. Python 表达式 1/2 的值为 _____，1//3+1//3+1//3 的值为 _____，5%3 的值为 _____。

2. Python 表达式 0x66 & 0o66 的值为 _____。

3. 设 m，n 为整型，则与 m%n 等价的表达式为 _____。

4. 和 x/=x*y+z 等价的语句是 _____。

5. 在直角坐标系中，x、y 是坐标系中任意点的位置，用 x 和 y 表示第一象限或第二象限的 Python 表达式为 _____。

6. 当 x=0，y=50 时，语句 z=x if x else y 执行后，z 的值是 _____。

7. 以下 while 循环的循环次数是 _____。

```
i=0
while i<10:
    if i<1:continue
    if i==5:break
    i+=1
```

8. 执行下列程序后，k 的值是 _____。

```
k=1
n=263
while n:
    k*=n%10
    n//=10
```

9. 要使语句 for i in range(_____,-4,-2) 循环执行 15 次，则循环变量 i 的初值应当为 _____。

10. 下列程序的输出结果是 _____。

```
s=10
for i in range(1,6):
    while True:
        if i%2==1:
```

```
            break
        else:
            s-=1
            break
    print(s)
```

11．对于列表 x，x.append(a) 等价于 _____（用 insert() 方法）。

12．设有列表 a，要求从列表 a 中每三个元素取一个，并且将取到的元素组成新的列表 b，语句是 _____。

13．对于字典 D={'A':10,'B':20,'C':30,'D':40}，len(D) 的值是 _____。

14．函数执行语句"return [1,2,3],4"后，返回值是 _____；没有 return 语句的函数将返回 _____。

15．Python 提供了 _____、_____ 和 _____ 方法用于读取文本文件的内容。

三、判断题

1．Python 程序的特点是运行效率高。　　　　　　　　　　　　　　（　　）

2．已知字符串 s='a\nb\tc'，则 len(s) 的值是 7。　　　　　　　　　（　　）

3．对于 if 语句中的语句块，应将它们缩进对齐。　　　　　　　　　（　　）

4．break 能结束循环，而 continue 只能结束本次循环。　　　　　　（　　）

5．执行循环语句 for i in range(1,5):pass 后，变量 i 的值是 5。　　　（　　）

6．对于累加求和问题一定要设置累加变量的初值，而且初值都为 0。　（　　）

7．序列元素的编号称为索引，它从 0 开始，访问序列元素时将它用中括号括起来。
　　　　　　　　　　　　　　　　　　　　　　　　　　　　　　（　　）

8．对于字典 D={'A':10,'B':20,'C':30,'D':40}，执行 sum(list(D.values())) 语句的值是 100。　　　　　　　　　　　　　　　　　　　　　　　　　　　（　　）

9．函数中定义的变量只在该函数体中起作用。　　　　　　　　　　　（　　）

10．根据文件的组织形式，Python 的文件可分为文本文件和二进制文件。（　　）

四、综合题

1．已知 $x=5+3i$，$y=\mathrm{e}^{\frac{\sqrt{\pi}}{2}}$，求 $z=\dfrac{2\sin 56°}{x+\cos|x+y|}$ 的值。

2．从键盘输入一个三位整数 n，输出其逆序数 m。例如，输入 $n=127$，则 $m=721$。

3．输入一个整数，判断它是否为水仙花数。所谓水仙花数，是指这样的一些三位整数：各位数字的立方和等于该数本身，例如 $153=1^3+5^3+3^3$，因此 153 是水仙花数。

4．输入一个时间（小时：分钟：秒），输出该时间经过 5 分 30 秒后的时间。

5．输入一个整数，输出其位数。

6．输入 20 个数，求出其中的最大数与最小数。

7．输入一个整数 m，判断其是否为素数。

8．用牛顿迭代法求方程 $f(x)=2x^3-4x^2+3x-7=0$ 在 $x=2.5$ 附近的实根，直到满足 $|x_n-x_{n-1}|\leqslant 10^{-6}$ 为止。

牛顿迭代公式为：

$$x_n=x_{n-1}-\frac{f(x_{n-1})}{f'(x_{n-1})}\quad(n=1,2,3,\cdots)$$

其中 $f'(x)$ 为 $f(x)$ 的一阶导数。

9．求 $f(x)$ 在 $[a,b]$ 上的定积分 $\int_a^b f(x)\mathrm{d}x$。设 $f(x)=\dfrac{1}{1+x}$，编写程序。

10．验证哥德巴赫猜想：任何大于 2 的偶数，都可表示为两个素数之和。

读入偶数 n，将它分成 p 和 q，使 $n=p+q$。p 从 2 开始（每次加 1），$q=n-p$。若 p、q 均为素数，则输出结果，否则将 $p+1$ 再试。

11．先定义函数求 $\sum_{i=1}^{n} i^m$，然后调用该函数求 $s=\sum_{k=1}^{100} k+\sum_{k=1}^{50} k^2+\sum_{k=1}^{10}\dfrac{1}{k}$。

12．用递归方法计算下列多项式函数的值。

$$p(x,n)=x-x^2+x^3-x^4+\cdots+(-1)^{n-1}x^n \quad (n>0)$$

函数的定义不是递归定义形式，对原来的定义进行如下数学变换。

$$\begin{aligned}
p(x,n)&=x-x^2+x^3-x^4+\cdots(-1)^{n-1}x^n \\
&=x[1-(x-x^2+x^3-\cdots+(-1)n-2x^{n-1})] \\
&=x[1-p(x,n-1)]
\end{aligned}$$

经变换后，可以将原来的非递归定义形式转化为等价的递归定义：

$$p(x,n)=\begin{cases} x, & n=1 \\ x[1-p(x,n-1)], & n>1 \end{cases}$$

由此递归定义，可以确定递归算法和递归结束条件。

第3章 线 性 表

线性表是一种最简单、最基本、很重要的数据结构。线性表应用广泛，是非线性数据结构树与图的基础。掌握线性表的存储方法、算法设计与实现技术，是学好数据结构课程的基础。

学习目标

- 掌握线性表概念和特点。
- 熟练掌握顺序表的存储结构及基本运算。
- 熟练掌握单链表、双链表、循环单链表和循环双链表的存储结构及基本运算。
- 了解顺序表、单链表、双链表、循环单链表和循环双链表的应用场景。

3.1 线性表的基本概念

线性表是一种典型的线性结构，线性和非线性结构只在逻辑层次上讨论，而不考虑存储层次，线性表中数据元素之间的关系是一对一的关系，即除了第一个和最后一个数据元素之外，其他数据元素都是首尾相接的。线性表的逻辑结构非常简单，便于实现和操作。因此，线性表在实际应用中是被广泛采用的一种数据结构。

3.1.1 什么是线性表

线性表是其组成元素之间具有线性关系的一种线性结构，是由有限个具有相同数据类型的数据元素构成的有限序列。例如，A=(8, 3, 4, 1) 是由 4 个整数构成的有限序列，是一个线性表。英文字母表 (A,B,...,Z) 是一个表长为 26 的线性表，一个单词是由字符构成的线性表，一篇文章是由单词构成的线性表，一个程序是由操作指令构成的线性表，一个文件是由磁盘上的数据块构成的线性表。又如：表 3-1 所示的书籍信息表，这个信息表中的所有记录序列构成了一个线性表，线性表中的每个数据元素都是由书名、作者、出版社、价格 4 个数据项构成的记录。

表 3-1 书籍信息表

书名	作者	出版社	价格
数据结构与算法 Python 语言描述	裘宗燕	机械工业出版社	45.00
计算机实验（第 2 版）	李凤霞	高等教育出版社	39.00
大学计算机实验（第 2 版）	李凤霞	高等教育出版社	32.00

线性表不仅可被用于解决数据排序、约瑟夫环等问题，还可在网络爬虫、管理信息系统、数据检索和数据挖掘、游戏开发中被广泛使用，甚至在大数据、人工智能、机器学习

和神经网络等领域也被不同程度地使用。

3.1.2 线性表的概念及其抽象数据类型

1. 定义

线性表是由 $n(n \geq 0)$ 个具有相同数据类型的数据元素 $a_0, a_1, \cdots, a_{n-1}$ 构成的有限序列。n 是线性表的元素个数，称为线性表的长度，当 $n=0$ 时线性表为空表。

2. 形式

线性表的逻辑结构一般表示为：

$$(a_0, a_1, ..., a_i, a_{i+1}, ..., a_{n-1})$$

其中，数据元素 a_i 可以是字母、整数、浮点数、对象或其他更复杂的信息，i 代表数据元素在线性表中的位序号（$0 \leq i < n$）。线性表中每个元素 a_i 的唯一位置通过序号或者索引 i 表示，为了算法设计方便，将逻辑序号和存储序号统一，均假设从 0 开始，这样含 n 个元素的线性表的元素序号 i 满足 $0 \leq i \leq n-1$。

3. 逻辑结构

线性表的逻辑结构如图 3-1 所示。

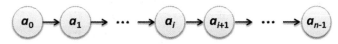

图 3-1　线性表的逻辑结构

在线性表 $(a_0, a_1, ..., a_{n-1})$ 中，a_0 为首元素，没有前驱元素，a_{n-1} 为尾元素，没有后继元素。除首元素和尾元素外，每个数据元素 a_i 都有且仅有一个直接前驱元素和直接后继元素。

4. 特点

线性表有以下特点。

（1）所有数据元素类型相同。

（2）线性表是由有限个数据元素构成的。

（3）线性表中数据元素与位置相关，即每个数据元素有唯一的序号。

（4）除首元素外，其他所有数据元素都有且仅有一个（直接）前驱元素。

（5）除尾元素外，其他所有数据元素都有且仅有一个（直接）后继元素。

3.1.3 线性表的基本运算

线性表中的数据元素具有线性的"一对一"的逻辑关系，是与位置有关的，即第 i 个元素 a_i 处于第 $i-1$ 个元素 a_{i-1} 的后面和第 $i+1$ 个元素 a_{i+1} 的前面。这种位置上的有序性就是一种线性关系。线性表可以用二元组表示为 L=(D,R)，其中有以下关系：

$D = \{a_i | 0 \leq i < n\}$

$R = \{r\}$

$r = \{<a_i, a_{i+1}> | 0 \leq i < n-1\}$

使用线性表，通常从创建一个线性表开始，然后可以向线性表中增加数据元素，对线性表中的数据元素进行修改，查找线性表中的特定数据元素，或者删除线性表中的数据元素等。线性表使用完毕后，可将其销毁以释放所占用的内存空间。线性表的抽象数据类型的定义如表 3-2 所示。

表 3-2　线性表的抽象数据类型的定义

数据对象	$D=\{a_i \mid 0 \le i \le n-1,\ n \ge 0\}$		
数据关系	$r=\{<a_i, a_{i+1}> \mid a_i, a_{i+1} \in D,\ i=0,...,n-2\}$		
基本操作	序号	操作名称	操作说明
	1	initList(self)	初始条件：无 操作目的：初始化线性表 操作结果：空的线性表 List 被构造
	2	CreateList(self)	初始条件：空的线性表 List 操作目的：创建线性表 操作结果：包含用户数据的线性表被创建
	3	ClearList(self)	初始条件：线性表 List 存在 操作目的：将线性表 List 中所有数据元素删除 操作结果：线性表 List 被置空
	4	DestroyList(self)	初始条件：线性表 List 存在 操作目的：销毁线性表 List 操作结果：线性表 List 不存在
	5	GetLength(self)	初始条件：线性表 List 存在 操作目的：求线性表的长度 操作结果：返回当前线性表 List 中数据元素的个数
	6	IsEmptyList(self)	初始条件：线性表 List 存在 操作目的：判断当前线性表 List 是否为空 操作结果：若线性表 List 为空，返回 True，否则，返回 False
	7	TraverseList(self)	初始条件：线性表 List 存在 操作目的：遍历线性表中的元素 操作结果：逐一输出线性表 List 中所有数据元素
	8	FindElement(self)	初始条件：线性表 List 存在 操作目的：查找线性表中给定值的数据元素 操作结果：若查找成功，返回 True，否则，返回 False
	9	InsertElement(self)	初始条件：线性表 List 存在 操作目的：在线性表中的指定位置插入一个给定值的数据元素 操作结果：在线性表中的指定位置 i 插入数据元素 e，线性表的长度增加 1
	10	DeleteElement(self)	初始条件：线性表 List 存在 操作目的：删除线性表中指定位置的数据元素 操作结果：线性表中第 i 个数据元素被删除，线性表的长度减 1
	11	Add(e)	初始条件：线性表 List 存在 操作目的：将数据元素 e 添加到线性表的末尾 操作结果：线性表的末尾插入一个数据元素 e，线性表的长度增加 1

3.2　线性表的顺序结构

线性表的抽象数据类型包含了线性表的主要基本操作。如果要使用它，还需要定义具体的类来实现。线性表的实现方法主要有两种：基于顺序存储的实现和基于链式存储的实现。顺序存储是线性表最常用的存储方式，它直接将线性表的逻辑结构映射到存储结构上，既便于理解，又容易实现。

3.2.1 顺序表

1. 定义

线性表的顺序存储结构，称为顺序表，是把线性表中的所有数据元素按照其逻辑顺序依次存储到计算机的一组连续的内存单元中。顺序表中数据元素在内存中的物理存储次序和它们在线性表中的逻辑次序一致，即元素 a_i 与其前驱元素 a_{i-1} 和后继元素 a_{i+1} 的存储位置相邻，也就是说，顺序表中逻辑上相邻的元素在内存中的物理位置也相邻，如图 3-2 所示。

a_0	a_1	...	a_{i-1}	a_i	a_{i+1}	...	a_{n-1}

图 3-2　顺序表

顺序表中的所有数据元素具有相同的数据类型，只要知道顺序表的基地址和一个数据元素所占存储空间的大小，即可计算出第 i 个数据元素的地址，可表示为：

$$\mathrm{Loc}(a_i)=\mathrm{Loc}(a_0)+i\times c,\ \text{其中}\ 0 \leqslant i \leqslant n-1$$

其中，$\mathrm{Loc}(a_i)$ 是数据元素 a_i 的存储地址，$\mathrm{Loc}(a_0)$ 是数据元素 a_0 的存储地址，即顺序表的基地址，i 为数据元素位置，c 为一个数据元素所占用的存储单元。

可以看出，计算一个数据元素地址所需的时间为常量，与顺序表的长度 n 无关；存储地址是数据元素位置序号 i 的线性函数；存取任何一个数据元素的时间复杂度为 $O(1)$。因此，顺序表是按照数据元素的位置序号随机存取的数据结构。

2. 特点

顺序表从逻辑结构来看是一种线性表，从物理结构来看，逻辑上相邻的数据元素其物理位置也相邻。它具有以下特点。

（1）顺序表中逻辑上相邻的元素在物理存储位置上也同样相邻。

（2）可按照数据元素的位置序号进行随机存取。

（3）做插入和删除操作需要移动大量的数据元素，非常耗时。

（4）需要进行存储空间的预先分配，可能会造成空间浪费，但存储密度较高。

3. 描述

可以使用数组来描述线性表的顺序存储结构。数组是存储具有相同数据类型的数据元素的集合，每个存储单元的地址是连续的，每个元素连续存储，数组的存储单元个数称为数组长度。数组通过下标识别元素，元素的下标是其存储单元序号，表示元素在数组中的位置。一维数组使用一个下标唯一确定一个元素，二维数组使用两个下标唯一确定一个元素，n 维数组使用 n 个下标唯一确定一个元素。Python 语言中没有数组的概念，在本书中，使用 Python 中的列表充当数组来描述顺序表，因为可以用列表保存一组值，列表可以用来当作一维数组使用。而每一个元素为列表的列表可充当二维数组来使用。

3.2.2 顺序表的建立

建立一个顺序表，首先需要定义一个用于描述顺序表及其基本操作的 SequenceList 类，其次，调用 SequenceList 类的 __init__(self) 函数初始化一个空的顺序表，最后，调用 SequenceList 类的 CreateSequenceList(self) 函数创建一个顺序表。

1. 初始化顺序表

初始化一个空的顺序表，其算法思路和算法实现如下。

【算法思路】

创建一个列表 self.SeqList 作为顺序表的存储空间，将列表 self.SeqList 置空。

【算法实现】

初始化顺序表函数的实现代码如下。

```
def __init__(self):
    self.SeqList=[]
```

2. 创建顺序表

调用 SequenceList 类的 CreateSequenceList(self) 函数创建顺序表，其算法思路和算法实现如下。

【算法思路】

（1）循环调用 input() 函数输入多个数据元素并存入列表中。

（2）当遇到输入结束符时，结束数据元素的输入。

【算法实现】

创建顺序表函数的实现代码如下。

```
def CreateSequenceList(self):
    Element=input(" 请输入元素：")
    while Element!='#':
        self.SeqList.append(int(Element))
        Element=input(" 请输入元素：")
```

执行上述代码，输入若干个数据，如输入"10，11，12，13，14，15，#"，顺序表就创建好了，列表 SeqList=[10,11,12,13,14,15]。

3.2.3 顺序表的基本操作

1. 遍历顺序表中的元素

调用 SequenceList 类的 TraverseElement(self) 函数遍历顺序表中的所有元素，其算法思路和算法实现如下。

【算法思路】

（1）得到列表的长度。

（2）逐一输出该列表中的数据元素值。

【算法实现】

遍历顺序表中的数据元素函数的实现代码如下。

```
def TraverseElement(self):
    SeqListLen=len(self.SeqList)
    for i in range(0,SeqListLen):
        print(" 第 ",i+1," 个元素的值为 ",self.SeqList[i])
```

执行上述代码，即可遍历顺序表中的所有数据元素。

2. 查找顺序表中给定值的数据元素

调用 SequenceList 类的 FindElement(self) 函数查找顺序表中给定值的数据元素，其算法思路和算法实现如下。

【算法思路】

（1）调用 input() 函数输入想要查找的元素值。

（2）若待查找的元素值存在于列表中，则输出其值及所在的位置。

（3）若待查找的元素值不在列表中，则输出相应的提示。

【算法实现】

查找顺序表中给定值的数据元素函数的实现代码如下。

```
def FindElement(self):
    key=int(input(' 请输入想要查找的元素值：'))
    if key in self.SeqList:
        ipos=self.SeqList.index(key)
        print(" 查找成功！值为 ",self.SeqList[ipos], " 的元素，在第 ",ipos+1," 个位置。")
    else:
        print(" 查找失败！当前顺序表中不存在值为 ",key," 的元素 ")
```

执行上述代码，输入想要查找的元素值，即可查找顺序表中给定值的数据元素。

3. 在顺序表中的指定位置插入数据元素

调用 SequenceList 类的 InsertElement(self) 函数实现在顺序表中的指定位置插入数据元素，插入过程如图 3-3 所示。

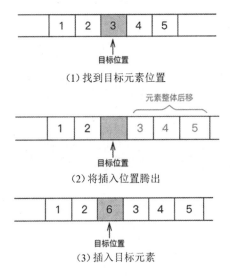

图 3-3　在顺序表中插入数据元素示意

其算法思路和算法实现如下。

【算法思路】

（1）调用 input() 函数输入待插入元素的目标位置 iPos。

（2）调用 input() 函数输入待插入元素的元素值 Element。

（3）调用 insert() 方法将值为 Element 的元素插入列表的指定位置 iPos 处。

（4）调用 print() 函数将插入元素 Element 后的列表输出。

【算法实现】

在顺序表中的指定位置插入数据元素函数的实现代码如下。

```
def InsertElement(self):
    iPos=int(input(' 请输入待插入元素的位置：'))
    Element=int(input(' 请输入待插入的元素值：'))
    self.SeqList.insert(iPos,Element)
    print (" 插入元素后，当前顺序表为：\n",self.SeqList)
```

执行上述代码，输入待插入元素的位置和待插入的元素值，即可在顺序表中的指定位置插入数据元素。

4. 在顺序表中删除指定位置的数据元素

调用 SequenceList 类的 DeleteElement(self) 函数实现在顺序表中删除指定位置的数据元素，删除元素的过程如图 3-4 所示。

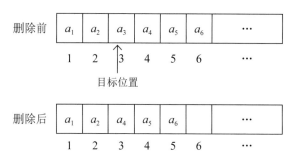

图 3-4　在顺序表中删除数据元素示意

其算法思路和算法实现如下。

【算法思路】

（1）调用 input() 函数输入待删除元素的目标位置 dPos。

（2）调用 remove() 方法将下标位置为 dPos 的数据元素删除。

（3）调用 print() 函数将删除元素后的列表输出。

【算法实现】

在顺序表中删除指定位置的数据元素函数的实现代码如下。

```
def DeleteElement(self):
    dPos=int(input(' 请输入待删除元素的位置：'))
    print(" 正在删除元素 ",self.SeqList[dPos],"...")
    self.SeqList.remove(self.SeqList[dPos])
    print(" 删除后顺序表为：\n",self.SeqList)
```

执行上述代码，输入待删除元素的位置，即可在顺序表中删除指定位置的数据元素。

3.2.4　顺序表应用案例

例 3-1　现有两个等长的升序序列 A 和 B，试设计一个在时间和空间两方面都尽可能高效的算法，找出两个序列 A 和 B 的中位数。要求：

（1）给出算法的基本设计思路。

（2）根据设计思路，采用 Python 语言描述算法。

（3）说明你所设计算法的时间复杂度和空间复杂度。

解：（1）算法思路。

一个长度为 L（$L \geqslant 1$）的升序序列 S，处在第 $L/2$ 个位置的数称为 S 的中位数。例如：有长度为 5 的升序序列 A=(11,14,15,17,19)，则 A 的中位数是 15。

两个等长序列（不妨设长度为 n）的中位数是将两个序列的所有元素按要求合并后的第 n 位数。例如，与 A 等长的升序 B=(2,4,6,8,20)，则 A 和 B 按升序合并之后的序列为 (2,4, 6,8,11,14,15,17,19,20)，故中位数是 11。

依题意，对两个等长（假定长度为 n）的升序序列分别用顺序表 A 和 B 表示，用二路归并排序算法实施排序获得序列 S，但实际上，不需要求出 S 的全部元素，用 k 记录当前归并的元素个数，当 k==n 时，归并的那个元素就是中位数。

（2）算法实现。

```
def Middle(A,B):
    i=j=k=0
    while i<A.GetLength () and j<B.GetLength ():
        k+=1
        if A[i]<B[j]:
            if k==A.GetLength ():
                return A[i]
                i+=1
        else:
            if k==B.GetLength ():
                return B[j];
                j+=1
```

（3）算法中仅含有一个单重循环，且循环次数为 n，故算法的时间复杂度为 $O(n)$；整个排序采用的是就地排序，故空间复杂度为 $O(1)$。

3.3 线性表的链式结构

线性表中的每个元素最多只有一个前驱元素和一个后继元素，用一组任意的存储单元存储线性表中的数据元素，数据元素之间的逻辑关系采用指针表示，使用这种方法存储的线性表简称为线性链表。

3.3.1 链表的定义和特点

链表用若干地址分散的存储单元存储数据元素，逻辑上相邻的数据元素在物理位置上不一定相邻，数据元素之间的逻辑关系需要另外采用附加信息表示。因此，链表的每一个结点（数据元素）不仅包含这个数据元素本身的信息，即数据域，而且还包含了数据元素之间逻辑关系的信息，即逻辑上相邻结点的地址，即指针域。与顺序表相比，链表有以下特点。

（1）链表实现了存储空间的动态管理，程序运行时才调用内存分配函数为链表的结点分配存储信息所需的内存空间。

（2）链表在执行插入与删除操作时，不必移动其余数据元素，只需要修改指针即可。

3.3.2 链表的种类

链表分为单链表、双链表、循环单链表和循环双链表。

单链表是指结点中只包含一个指针域的链表，指针域中储存着指向后继结点的指针。单链表的头指针是线性表的起始地址，是线性表中第一个数据元素的存储地址，可作为单链表的唯一标识。单链表的尾结点没有后继结点，所以其指针域值为 None。

为了操作简便，在第一个结点之前增加头结点，单链表的头指针指向头结点，头结点的数据域不存放任何数据，指针域存放指向第一个结点的指针。空单链表的头指针 head 为 None。不带头结点的单链表的存储结构示意如图 3-5 所示，带头结点的单链表的存储结构示意如图 3-6 所示。

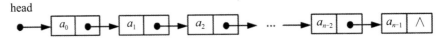

图 3-5   不带头结点的单链表的存储结构示意

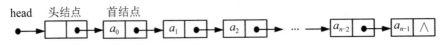

图 3-6   带头结点的单链表的存储结构示意

链表的结点的存储空间是在插入和删除过程中动态申请和释放的，不需要预先分配，从而避免了顺序表在插入数据时，因存储空间不足需要扩充空间和复制元素；也避免了顺序表在删除数据后，空闲容量过大而造成内存资源浪费。这提高了运行效率和存储空间的利用率。

双链表的结点是在单链表的基础上，增加了一个指向后继结点的指针，使得查找某个结点的前驱结点不需要从表头开始顺着链表依次进行查找，减小时间复杂度。双链表的基本操作实现与单链表的不同之处主要在于其进行插入和删除操作时，每个结点需要修改两个指针域。图 3-7 为不带头结点的双链表的存储结构示意图。

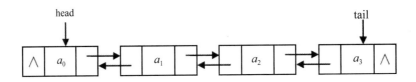

图 3-7   不带头结点的双链表的存储结构示意

循环链表包括循环单链表和循环双链表。循环单链表在单链表的基础上，将其自身的第一个结点的地址存入表中最后一个结点的指针域中。带头结点的循环单链表的存储结构示意如图 3-8 所示，带头结点的空循环单链表的存储结构示意如图 3-9 所示。

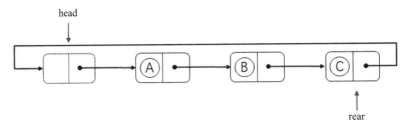

图 3-8   带头结点的循环单链表的存储结构示意

head

图 3-9   带头结点的空循环单链表的存储结构示

通过将双链表中最后一个结点的后继指针指向双链表的头结点，并将其头结点的前驱指针指向表中最后一个结点，即可得到循环双链表，带头结点的循环双链表的存储结构示意如图 3-10 所示。它与双链表的基本操作大致相同。

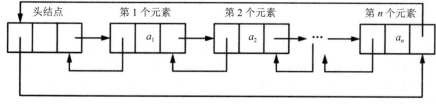

图 3-10 带头结点的循环双链表的存储结构示意

3.3.3 单链表的建立

建立一个单链表，首先需要定义一个用于单链表中结点基本操作的 Node 类，调用 Node 类的成员函数 __init__(self,data) 初始化一个结点。其次，定义一个用于描述链表及其基本操作的 SingleLinkedList 类。再次，调用 SingleLinkedList 类的成员函数 __init__(self) 来初始化单链表的头结点。最后，调用 SingleLinkedList 类的成员函数 CreateSingleLinkedList(self) 创建一个单链表。

1. 初始化单链表结点函数

调用 Node 类的成员函数 __init__(self,data) 初始化一个单链表结点，其算法思路和算法实现如下。

【算法思路】

（1）定义结点的数据域 self.data，用于存储该数据元素的值。

（2）定义结点的指针域 self.next，用于存储下一个数据元素的地址。

（3）还可以根据实际需要创建其他域，用于存储该数据元素的其他信息。

【算法实现】

初始化单链表结点函数的实现代码如下。

```
def __init__(self,data):
    self.data=data
    self.next=None
```

2. 初始化单链表函数

调用 SingleLinkedList 类的成员函数 __init__(self) 来初始化单链表的头结点，其算法思路和算法实现如下。

【算法思路】

（1）用 Node(None) 类生成一个空实例。

（2）将该空实例赋值给单链表的头结点 self.head。

【算法实现】

初始化单链表函数的实现代码如下。

```
def __init__(self):
    self.head=Node(None)
```

3. 创建单链表函数

调用 SingleLinkedList 类的成员函数 CreateSingleLinkedList(self) 创建一个单链表，其算法思路和算法实现如下。

【算法思路】

（1）获取头结点 self.head，将其赋值给当前结点 cNode。

（2）输入每个结点数据域的值（不能输入"#"号），并依次创建这些结点。

（3）每创建一个结点，就将其链入单链表的尾部。

（4）若用户输入"#"号，完成单链表的创建。

【算法实现】

创建单链表函数的实现代码如下。

```
def CreateSingleLinkedList(self):
    cNode=self.head
    Element=input(" 请输入当前结点的值：")
    while Element!="#":
        nNode=Node(int(Element))
        cNode.next=nNode
        cNode=cNode.next
        Element=input(" 请输入当前结点的值：")
```

3.3.4 单链表的基本操作

单链表的基本操作包括遍历、查找、插入和删除等基本运算。插入元素可以是在尾端插入或在首端插入，一般情况下，将直接在链表首端插入结点的方法称为头插法，将直接在链表尾端插入结点的方法称为尾插法。

1. 遍历单链表函数

通过 SingleLinkedList 类的成员函数 TraverseElement(self)，遍历当前单链表中的元素，其算法思路和算法实现如下。

【算法思路】

（1）获取头结点 self.head，若头结点的指针域为空，则输出相应提示。

（2）若头结点的指针域不为空，则调用 VisitElement(self,tNode) 方法将当前单链表中的元素逐一输出。

【算法实现】

遍历单链表函数的实现代码如下。

```
def TraverseElement(self):
    cNode=self.head
    if cNode.next==None:
        print(" 当前单链表为空！ ")
        return
    print(" 您当前的单链表为：")
    while cNode!=None:
        cNode=cNode.next
        self.VisitElement(cNode)
```

2. 在单链表中查找指定元素并返回其位置函数

调用 SingleLinkedList 类的成员函数 FindElement(self)，在单链表中查找含有某一指定元素的结点，其算法思路和算法实现如下。

【算法思路】

（1）输入待查找的元素值。

（2）若在单链表中存在包含目标元素的结点，则输出第一个被找到的结点的值及其所在位置。

（3）若在单链表中不存在包含目标元素的结点，则输出相应提示。

【算法实现】

在单链表中查找指定元素并返回其位置函数的实现代码如下。

```
def FindElement(self):
    Pos=0
    cNode=self.head
    key=int(input(' 请输入想要查找的元素值：'))
    if self.IsEmpty():
        print(" 当前单链表为空！ ")
        return
    while cNode.next!=None and cNode.data!=key:
        cNode=cNode.next
        Pos=Pos+1
    if cNode.data==key:
        print(" 查找成功，值为 ",key," 的结点位于该单链表的第 ",Pos," 个位置。 ")
    else:
        print(" 查找失败！当前单链表中不存在含有元素 ",key," 的结点 ")
```

3. 单链表的按位序查找函数

调用 SingleLinkedList 类的成员函数 GetElement(self,i)，在单链表中查找第 i 个（$0 \leqslant i \leqslant n\text{-}1$）结点的数据域的值，其算法思路和算法实现如下。

【算法思路】

（1）从单链表的首结点开始向后查找，直到当前结点指针 cNode 指向第 i 个结点或者当前结点指针 cNode 为空。

（2）输出当前结点指针 cNode 的数据域。

【算法实现】

单链表按位序查找函数的实现代码如下。

```
def GetElement(self,i):
    ''' 带头结点的单链表的按位序查找操作 '''
    cNode=self.head.next
    j=0
    while j<i and cNode is not None:
        cNode=cNode.next
        j=j+1
    if j>i or cNode is None:
        print(" 第 "+i+" 个数据元素不存在 ")
    return cNode.data
```

4. 插入数据元素函数

调用 SingleLinkedList 类的成员函数 InsertElement(self,i)，在单链表的第 i 个结点之前插入数据元素，插入数据元素示意如图 3-11 所示。其算法思路和算法实现如下。

【算法思路】

（1）输入待插入结点的值。

（2）创建数据域为该值的结点。

（3）在单链表中查找第 i-1 个结点

（4）将创建的新结点插入到第 i-1 个结点后面。

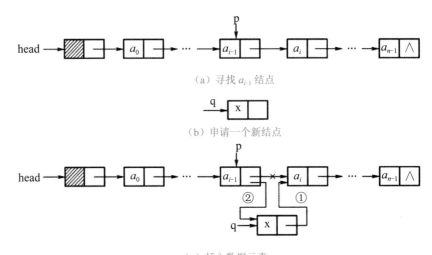

（a）寻找 a_{i-1} 结点

（b）申请一个新结点

（c）插入数据元素

图 3-11　插入数据元素示意

【算法实现】

插入数据元素函数的实现代码如下。

```
def InsertElement(self,i):   # 带头结点的单链表的插入操作
x=input(" 请输入待插入结点的值：")
if x=="#":
    return
p=self.head
  j= -1
  while p is not None and j<i-1:
    p = p.next
    j=j+1
  if j>i-1 or p is None:
    print(" 插入位置不合法 ")
  nNode =Node(x)
  nNode.next= p.next
  p.next= nNode
```

5.　删除数据元素函数

调用 SingleLinkedList 类的成员函数 DeleteElement(self)，可将已有单链表中包含指定元素的结点删除，删除数据元素示意如图 3-12 所示。

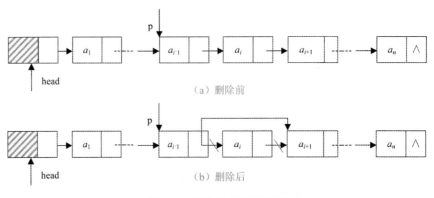

（a）删除前

（b）删除后

图 3-12　删除数据元素示意

其算法思路和算法实现如下。

【算法思路】

（1）输入待删除结点的值。

（2）在单链表中，查找与该值相等的结点。

（3）若查找成功，则执行删除操作。

（4）若查找失败，则输出相应提示。

【算法实现】

删除数据元素函数的实现代码如下。

```python
def DeleteElement(self):
    dElement=int(input(' 请输入待删除结点的值：'))
    t=self.head
    p=self.head
    if self.IsEmptyList ():
        print(" 当前单链表为空！ ")
        return
    while t.next!=None and t.data != dElement:
        p=t
        t=t.next
    if t.data==dElement:
        p.next=t.next
        del t
        print(" 成功删除含有元素 ", dElement," 的结点 ")
    else:
        print(" 删除失败！当前单链表中不存在含有元素 ", dElement," 的结点 ")
```

3.3.5　双链表

1. 初始化双链表结点

初始化双链表结点需要创建一个双链表结点类 DoubleLinkedNode，然后调用 Double-LinkedNode 类的成员函数 __init__(self,data) 初始化一个结点，其算法思路和算法实现如下。

【算法思路】

（1）定义数据域 data，用于存储每个结点的值。

（2）定义后继指针域 next，用于存储下一个结点的地址，将其初始化为 None。

（3）定义前驱指针域 prev，用于存储前一个结点的地址，将其初始化为 None。

（4）根据实际需要创建其他域，用于存储结点的其他各种信息。

【算法实现】

初始化双链表结点的实现代码如下。

```python
def __init__(self,data):
    self.data=data
    self.next=None
    self.prev=None
```

2. 初始化双链表

初始化双链表需要创建一个双链表类 DoubleLinkedList，然后调用 DoubleLinkedList 类的成员函数 __init__(self) 来初始化头结点，其算法思路和算法实现如下。

【算法思路】

（1）用 DoubleLinkedNode 类创建双链表的头结点。

（2）将该头结点初始化为空。

【算法实现】

初始化双链表的实现代码如下。

```
def __init__(self):
    self.head=DoubleLinkedNode(None)
```

3. 创建双链表

调用 DoubleLinkedList 类的成员函数 CreateDoubleLinkedList(self) 创建一个双链表，其算法思路和算法实现如下。

【算法思路】

（1）获取头结点。

（2）由用户输入一个值。

（3）若用户输入不是"#"号，转（4）；否则转（7）。

（4）用 DoubleLinkedNode 类创建双链表的一个结点。

（5）每创建一个结点，将其链入双链表的尾部。

（6）由用户输入一个值，转（3）。

（7）结束，完成双链表的创建。

【算法实现】

创建双链表的实现代码如下。

```
def CreateDoubleLinkedList(self):
    print("**********************************************")
    print("* 请输入数据后按回车键确认，若想结束输入请按"#"。*")
    print("**********************************************")
    cNode=self.head
    data=input(" 请输入元素：")
    while data!='#':
        nNode=DoubleLinkedNode(int(data))
        cNode.next=nNode
        nNode.prev=cNode
        cNode=cNode.next
        data=input(" 请输入元素：")
```

4. 在双链表中插入数据元素

通过调用 DoubleLinkedList 类的成员函数 InsertElement(self,pos,x)，在双链表的第 pos 个结点之前插入数据元素 x，其算法思路和算法实现如下。

【算法思路】

（1）判断插入位置 pos 是否合法，不合法，输出错误提示。

（2）获取头结点。

（3）在双链表中查找第 pos -1 个结点的位置。

（4）将创建的新结点插入第 pos -1 个结点后面。

在双链表中插入数据元素示意如图 3-13 所示。

【算法实现】

在双链表中插入数据元素的实现代码如下。

```
def InsertElement(self,pos,item):
    if pos<=0 or pos>self.GetLength():
        print(" 插入位置非法 ")
```

```
    else:
        p=self.head
        count=0
        while count<pos:
            count += 1
            p=p.next
        q=DoubleLinkedNode(int(item))
        q.next=p.next
        q.prev=p
        p.next.prev=q
        p.next=q
```

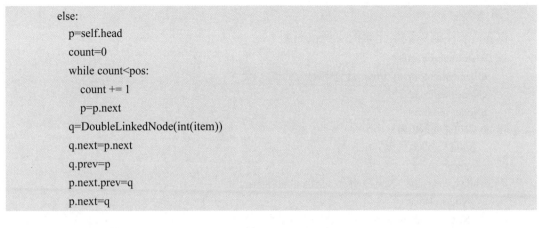

（a）插入前

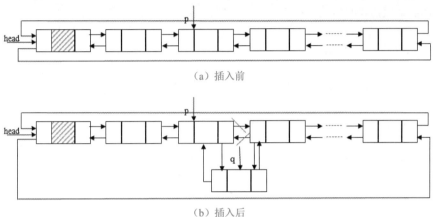

（b）插入后

图 3-13　在双链表中插入数据元素示意

5．在双链表中删除数据元素

调用 DoubleLinkedList 类的成员函数 DeleteElement(self)，可将双链表中包含指定元素的结点删除，其算法思路和算法实现如下。

【算法思路】

（1）输入待删除结点的值。

（2）在双链表中，查找与该值相等的结点。

（3）若查找成功，则执行删除操作。

（4）若查找失败，则输出相应提示。

在双链表中删除数据元素示意如图 3-14 所示。

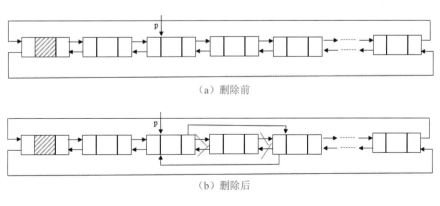

（a）删除前

（b）删除后

图 3-14　在双链表中删除数据元素示意

【算法实现】

在双链表中删除数据元素的实现代码如下。

```
def DeleteElement(self):
    dElement=int(input(' 请输入待删除结点的值：'))
    cNode=self.head
    pNode=self.head
    if self.IsEmptyList():
        print(" 当前双链表为空！ ")
        return
    while cNode.next!=None and cNode.data!=dElement:
        pNode=cNode
        cNode=cNode.next
    if cNode.data==dElement:
        if cNode.next==None:
            pNode.next=None
            del cNode
            print(" 成功删除含有元素 ", dElement," 的结点！ \n")
        else:
            qNode=cNode.next
            pNode.next=qNode
            qNode.prev=pNode
            del cNode
            print(" 成功删除含有元素 ", dElement," 的结点！ \n")
    else:
        print(" 删除失败！双链表中不存在含有元素 ", dElement," 的结点 \n")
```

6. 遍历双链表中数据元素

调用 DoubleLinkedList 类的成员函数 TraverseElement(self)，遍历当前双链表中的元素，其算法思路和算法实现如下。

【算法思路】

（1）若双链表为空，则输出相应提示。

（2）若双链表不为空，则从头结点的下一个结点开始从前到后按序依次将该结点的数据域 data 输出。

【算法实现】

遍历双链表中数据元素的实现代码如下。

```
def TraversElement(self):
    cNode=self.head
    print(" 按 next 域遍历带头结点双链表 :")
    if self.IsEmptyList():
        print(" 当前双链表为空！ ")
        return
    while cNode.next!=None:
        cNode=cNode.next
        print(cNode.data,"->",end="")
    print("None")
```

3.3.6 循环链表

循环链表包括循环单链表和循环双链表。

1. 创建循环单链表

首先，定义一个带头结点的循环单链表类 CircularSingleLinkedList，其次，定义一个默认的构造函数 def __init__(self)，初始化头结点，最后调用 CircularSingleLinkedList 类的成员函数 CreateCircularSingleLinkedList(self) 创建一个新的循环单链表，其算法思路和算法实现如下。

【算法思路】

（1）获取头结点。

（2）由用户输入每个结点值，并依次创建这些结点。

（3）每创建一个结点，将其链入循环单链表的尾部，并将头结点的地址存入该指针域中。

（4）若用户输入"#"号，则结束输入，完成循环单链表的创建。

【算法实现】

创建循环单链表的实现代码如下。

```
def CreateCircularSingleLinkedList(self):
    print("********************************************")
    print("* 请输入数据后按回车键确认，若想结束输入请按"#"。*")
    print("********************************************")
    cNode=self.head
    data=input(" 请输入结点的值：")
    while data!="#":
        nNode=Node(int(data))
        cNode.next=nNode
        nNode.next=self.head
        cNode=cNode.next
        data=input(" 请输入结点的值：")
```

2. 在循环单链表尾端插入数据元素

调用 CircularSingleLinkedList 类的成员函数 InsertElementInTail(self)，向已有循环单链表的尾端插入结点，其算法思路和算法实现如下。

【算法思路】

（1）输入待插入结点的值。

（2）创建数据域为该值的结点，将该结点的指针域指向头结点。

（3）找到当前循环单链表的尾端结点的指针。

（4）在当前循环单链表的尾端结点后插入新创建的结点。

【算法实现】

在循环单链表尾端插入数据元素的实现代码如下。

```
def InsertElementInTail(self):
    Element=input(" 请输入待插入结点的值：")
    if Element=="#":
        return
    cNode=self.head
    nNode=Node(int(Element))
    while cNode.next!=self.head:
        cNode=cNode.next
    cNode.next=nNode
    nNode.next=self.head
```

3. 在循环单链表首端插入数据元素

调用 CircularSingleLinkedList 类的成员函数 InsertElementInHead(self)，在循环单链表的首端插入新结点，其算法思路和算法实现如下。

【算法思路】

（1）输入待插入结点的值。

（2）创建数据域为该值的结点，将该结点的指针域指向首结点。

（3）在当前循环单链表的首端插入该结点。

【算法实现】

在循环单链表首端插入数据元素的实现代码如下。

```python
def InsertElementInHead(self):
    Element=input(" 请输入待插入结点的值：")
    if Element=="#":
        return
    cNode=self.head
    nNode=Node(int(Element))
    nNode.next=cNode.next
    cNode.next=nNode
```

4. 循环单链表删除数据元素

调用 CircularSingleLinkedList 类的成员函数 DeleteElement(self)，可将循环单链表中与指定元素值相等的结点删除，其算法思路和算法实现如下。

【算法思路】

（1）输入待删除结点的值。

（2）在单链表中查找是否存在某一结点的值与待删除结点的值相等。

（3）若查找成功，则执行删除操作。

（4）若查找失败，则输出相应提示。

【算法实现】

循环单链表删除数据元素的实现代码如下。

```python
def DeleteElement(self):
    dElement=int(input(' 请输入待删除结点的值：'))
    cNode=self.head
    pNode=self.head
    if self.IsEmptyList():
        print(" 当前单链表为空！ ")
        return
    while cNode.next!=self.head and cNode.data != dElement:
        pNode=cNode
        cNode=cNode.next
    if cNode.data==dElement:
        pNode.next=cNode.next
        del cNode
        print(" 成功删除含有元素 ", dElement," 的结点 ")
    else:
        print(" 删除失败！双链表中不存在含有元素 ", dElement," 的结点 ")
```

5. 创建循环双链表

调用 CircularDoubleLinkedList 类的成员函数 CreateCircularDoubleLinkedList，创建一

个循环双链表，其算法思路和算法实现如下。

【算法思路】

（1）获取头结点。

（2）由用户输入每个结点值，并依次创建这些结点。

（3）每创建一个结点，就将其链入循环双链表的尾部，并将其后继指针指向头结点，最后在头结点的前驱指针域中存入该结点的地址。

（4）若用户输入"#"号，则结束输入，完成循环双链表的创建。

【算法实现】

创建循环双链表的实现代码如下。

```
def CreateCircularDoubleLinkedList(self):
    print("*********************************************")
    print("* 请输入数据后按回车键确认，若想结束输入请按"#"。*")
    print("*********************************************")
    data=input(" 请输入元素：")
    cNode=self.head
    while data!="#":
        nNode=DoubleLinkedNode(int(data))
        cNode.next=nNode
        nNode.prev=cNode
        nNode.next=self.head
        self.head.prev=nNode
        cNode=cNode.next
        data=input(" 请输入元素：")
```

6. 在循环双链表尾端插入数据元素

调用 CircularDoubleLinkedList 类的成员函数 InsertElementInTail(self)，在循环双链表的尾端插入结点，其算法思路和算法实现如下。

【算法思路】

（1）输入待插入结点的值。

（2）创建数据域为该值的结点。

（3）在当前循环双链表的尾端插入该结点。

【算法实现】

在循环双链表尾端插入数据元素的实现代码如下。

```
def InsertElementInTail(self):
    Element=input(" 请输入待插入结点的值：")
    if Element=="#":
        return
    nNode=DoubleLinkedNode(int(Element))
    cNode=self.head
    while cNode.next!=self.head:
        cNode = cNode.next
    cNode.next=nNode
    nNode.prev=cNode
    nNode.next = self.head
    self.head.prev=nNode
```

7. 在循环双链表首端插入数据元素

调用 CircularDoubleLinkedList 类的成员函数 InsertElementInHead(self)，在循环双链表

的首端插入新结点，其算法思路和算法实现如下。

【算法思路】

（1）输入待插入结点的值。

（2）创建数据域为该值的结点。

（3）在当前循环双链表的首端插入该结点。

【算法实现】

在循环双链表首端插入数据元素的实现代码如下。

```python
def InsertElementInHead(self):
    Element=input(" 请输入待插入结点的值：")
    if Element=="#":
        return
    cNode=self.head.next
    pNode=self.head
    nNode=DoubleLinkedNode(int(Element))
    nNode.prev=pNode
    pNode.next=nNode
    nNode.next=cNode
    cNode.prev=nNode
```

8. 循环双链表删除数据元素

调用 CircularDoubleLinkedList 类的成员函数 DeleteElement(self)，可将循环双链表中包含指定元素的结点删除，其算法思路和算法实现如下。

【算法思路】

（1）输入待删除结点的值。

（2）在循环双链表中查找是否存在某一结点的值与待删除结点的值相等。

（3）若查找成功，则执行删除操作。

（4）若查找失败，则输出相应提示。

【算法实现】

循环双链表删除数据元素的实现代码如下。

```python
def DeleteElement(self):
    dElement=int(input(' 请输入待删除结点的值：'))
    cNode=self.head
    pNode=self.head
    if self.IsEmptyList():
        print(" 当前双链表为空！ ")
        return
    while cNode.next!=self.head and cNode.data != dElement:
        pNode=cNode
        cNode=cNode.next
    if cNode.data==dElement:
        qNode=cNode.next
        pNode.next=qNode
        qNode.prev=pNode
        del cNode
        print(" 成功删除含有元素 ", dElement," 的结点 ")
    else:
        print(" 删除失败！双链表中不存在含有元素 ", dElement," 的结点 \n")
```

3.3.7 单链表的应用

例 3-2 某个国家的国王年事已高,他准备把王位传给他的众多王子中的一个。这些王子都非常优秀,这让老国王很头疼,不知道如何选择。后来大家经过商量,想到一个方法:让王子们坐一圈,由老国王抽一个数字 k,然后指定从某个王子开始报数,报到第 k 个人,这个人就出局;接着下一个人重新开始报数,之后陆续有人出局,直到剩下最后一个人,他就能继承王位了。

解:(1)问题分析。

这个问题看起来复杂,但是把背景剥离,实际上就是一个"约瑟夫环"问题。这个问题既可以用顺序表,也可以用循环单链表,还可以用队列来解决。这里使用循环单链表,出圈就代表直接从链表上删除结点,直到链表中只剩下一个结点,即它的指针指向它自己。

(2)算法思路。

1)创建循环单链表。

2)将王子的姓名逐一输入,然后将输入数据作为参数依次创建相应结点,并逐一链入该循环单链表中。

3)输出循环单链表中所有王子的姓名。

4)根据国王输入的数查找将被淘汰的王子,并将其所对应的结点删除,当表中仅剩一个结点时将其输出,此时完成问题的求解并结束程序。

(3)算法实现。

约瑟夫环函数的实现代码如下。

```python
def Josephus(self,k):
    if k==1:
        return
    cNode=self.head
    while cNode.next!=cNode:
        for i in range(0,k-1):
            pNode=cNode
            cNode=cNode.next
        print(' 淘汰的王子 ',cNode.data)
        pNode.next=cNode.next
        cNode=pNode.next
    print(' 最终继承王位的王子是 ',cNode.data)
```

(4)算法的时间复杂度为 $O(n^2)$,空间复杂度为 $O(1)$。

习　题

一、单选题

1. 从逻辑关系来看,数据元素的直接前驱为 0 个或 1 个的数据结构只能是(　　)。

    A.线性结构　　　　　　　　　　B.树形结构

    C.线性结构和树形结构　　　　　D.线性结构和图状结构

2. 在线性表的下列存储结构中进行插入、删除运算,花费时间最多的是(　　)。

    A.单链表　　　　B.双链表　　　　C.顺序表　　　　D.循环单链表

3．在表长为 n 的顺序表上做插入运算，平均要移动的结点数为（　　）。

    A．$n/4$ B．$n/3$ C．$n/2$ D．n

4．在单链表中，每个结点有两个域，一个是数据域，另一个是指针域，指针域指向该结点的（　　）。

    A．直接前驱   B．直接后继   C．开始结点   D．终端结点

5．在单链表中删除由某个指针变量指向的结点的直接后继，该算法的时间复杂度是（　　）。

    A．$O(1)$ B．$O(\sqrt{n})$ C．$O(\log_2 n)$ D．$O(n)$

6．线性表采用链式存储结构时，要求内存中可用存储单元的地址（　　）。

    A．必须是连续的   B．必须是部分连续的

    C．一定是不连续的   D．连续和不连续都可以

7．设 h 是指向非空带头结点的循环链表的头指针，p 是辅助指针。执行程序段

```
p=h;
while (p.next.next!=h)
    p=p.next;
p.next=h;
```

后（其中，p.next 为 p 指向结点的指针域），则（　　）。

    A．p.next 指针指向链尾结点   B．h 指向链尾结点

    C．删除链尾前面的结点   D．删除链尾结点

8．设 p 为指向循环双链表中某个结点的指针，p 所指向的结点的两个链域分别用 p.llink 和 p.rlink 表示，则同样表示 p 指针所指向结点的表达式是（　　）。

    A．p.llink   B．p.rlink   C．p.llink.llink   D．p.llink.rlink

9．关于存储相同数据元素的说法中正确的是（　　）。

    A．顺序存储比链式存储少占空间

    B．顺序存储比链式存储多占空间

    C．顺序存储和链式存储都要求占用整块存储空间

    D．链式存储比顺序存储难于扩充空间

10．若某线性表中最常用的操作是在最后一个元素之后插入一个元素和删除第一个元素，则最节省运算时间的存储结构是（　　）。

    A．单链表   B．仅有头指针的循环单链表

    C．双链表   D．仅有尾指针的循环单链表

二、填空题

1．设顺序表的长度为 100，则在第 40 个元素之后插入一个元素所需移动元素的个数为_____。

2．顺序表中有 19 个元素，第一个元素的地址为 200，且每个元素占一个字节，则第 14 个元素的存储地址为_____。

3．从一个长度为 n 的顺序表中删除第 i 个元素（$1 \leqslant i \leqslant n$）时，需向前移动的元素的个数是_____。

4．在已知头指针的单链表中，要在其尾部插入一新结点，其算法所需的时间复杂度为_____。

5. 设带头结点的循环单链表的头指针为 head，则判断该链表是否为空的条件是_____。

6. 已知在一个单链表中，指针 q 指向指针 p 的前驱结点，若在指针 q 所指结点和指针 p 所指结点之间插入指针 s 所指结点，则需执行：q.next=s;_____。

7. 设在单链表中指针 p 指向结点 A，若要删除 A 的直接后继，则所需修改指针的操作为：p.next=_____。

8. 设某非空双链表，其结点形式为：

prior	data	next

若要删除指针 q 所指向的结点，则需执行下述语句段：q.prior.next ＝ q.next;_____。

9. 对于一个具有 n 个结点的单链表，在已知的结点 p 后插入一个新结点的时间复杂度为_____。

10. 当线性表的元素总数基本稳定，且很少进行插入和删除操作，但要求以最快的速度存取线性表中的元素时，应采用_____存储结构。

三、判断题

1. 链表中的头结点仅起到标识的作用。　　　　　　　　　　　（　　）

2. 顺序存储结构的主要缺点是不利于插入或删除操作。　　　　（　　）

3. 单链表是一种随机存取方式。　　　　　　　　　　　　　　（　　）

4. 循环链表不是线性表。　　　　　　　　　　　　　　　　　（　　）

5. 对任何数据结构，链式存储结构一定优于顺序存储结构。　　（　　）

6. 顺序存储方式只能用于存储线性结构。　　　　　　　　　　（　　）

7. 集合与线性表的区别在于是否按关键字排序。　　　　　　　（　　）

8. 取线性表的第 i 个元素的时间同 i 的大小有关。　　　　　（　　）

9. 若线性表最常用的操作是存取第 i 个元素及其前驱的值，那么顺序表比单链表更节省操作时间。　　　　　　　　　　　　　　　　　　　（　　）

10. 若要建立一个有序的线性表，则采用链表比较合适。　　　（　　）

四、综合题

1. 线性表 L 第 i 个存储结点 a_i 的起始地址 $\text{Loc}(a_i)$ 可以通过下面的公式计算得到：
$$\text{Loc}(a_i)= \text{Loc}(a_{i-1})+k$$
其中，k 表示存储结点的长度。这个公式对吗？为什么？

2. 试说明创建顺序表算法 Create_Sq() 中，顺序表的最大长度 Sq_max 和顺序表内当前拥有的数据元素个数 Sq_num 的不同之处。

3. 何时选用顺序表、何时选用链表作为线性表的存储结构为宜？

4. 在顺序表中插入和删除一个结点需平均移动多少个结点？具体的移动次数取决于哪两个因素？

5. 为什么在循环单链表中设置尾指针比设置头指针更好？

6．建立一个顺序表，表中数据为 5 个学生的成绩 (89,93,92,90,100)，然后查找成绩为 90 的数据元素，并输出其在顺序表中的位置。

7．编程实现将列表中的元素构建成一个有序的单链表。

8．有一个长度大于 2 的整数单链表 L，设计一个算法查找 L 中中间位置的元素。例如，L=(1,2,3)，返回元素为 2；L=(1,2,3,4)，返回元素为 2。

9．有一个整数单链表 L，其中可能存在多个值相同的结点，设计一个算法查找 L 中最大值结点的个数。

10．有两个递增有序整数单链表 A 和 B，设计一个算法采用二路归并方法将 A 和 B 的所有数据结点合并到递增有序单链表 C 中。要求算法的空间复杂度为 $O(1)$。

第4章　栈、队列和串

栈和队列是十分重要的两种数据结构，被大量应用于计算机软件的设计和开发之中。从数据结构的角度来看，它们都是一种操作受限的特殊线性表。栈是一种后进先出的线性表，插入和删除操作只能在表的一端进行；队列是一种先进先出的线性表，其操作规则是在表的一端插入，表的另一端删除。串是由有限个字符组成的序列，数据元素是字符，操作的基本对象不是数据元素，而是子串，串也可以认为是一种特殊的线性表。

学习目标

- 掌握栈、队列和串的基本概念及特点。
- 熟练掌握顺序栈和链栈的存储结构和基本运算。
- 熟练掌握循环顺序队列和链式队列的存储结构和基本运算。
- 熟练掌握串的存储结构和模式匹配算法。
- 熟练掌握应用递归算法解决实际问题。
- 了解栈、队列和串的应用场景。

4.1　栈

栈是程序设计中一种很常用的数据结构，在中断处理、重要数据的现场保护有着重要意义。其数据元素的逻辑关系也是线性关系，但在运算上不同于线性表。

4.1.1　栈的概念及其抽象数据类型

栈是操作受限的线性表，从逻辑结构角度来看，其与普通的线性表没有区别，因此可将栈定义为由 n（$n \geq 0$）个数据元素构成的有限序列，可记为 S=(a_0, a_1, a_2, ..., a_i, ..., a_{n-1})，其中每个元素有一个固定的位序号。栈的特殊性在于其操作受到了限制，只允许在序列的一端进行插入和删除，而不像普通线性表一样可以在任意合法位置进行插入和删除。把可以进行插入和删除操作的一端称为栈顶（top），而无法进行插入和删除操作的另一端则被称为栈底（bottom），如图 4-1 所示。栈中的元素个数即为栈的长度，当栈中不包含任何元素时被称为空栈，此时栈中元素个数为零。在栈中插入数据元素为入栈运算，删除栈中数据元素为出栈运算。先入栈的数据元素必须等后入栈的数据元素出栈之后才可以出栈，因此栈是一种"后进先出"或者"先进后出"的线性表。

栈的抽象数据类型的定义如表 4-1 所示。

例 4-1　若元素进栈的顺序为 abcd，能否得到 cadb 的出栈序列？

解：为了让 c 作为第一个出栈元素，a、b、c 依次进栈，c 再出栈，接着要么 b 出栈，要么 d 进栈后出栈，第 2 个出栈的元素不可能是 a，所以得不到 cadb 的出栈序列。

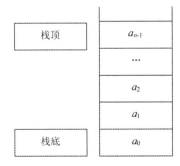

图 4-1   栈示意图

表 4-1   栈的抽象数据类型的定义

数据对象	$D=\{a_i \mid 0 \leq i \leq n-1,\ n \geq 0\}$		
数据关系	$r=\{<a_i,a_{i+1}> \mid a_i,a_{i+1} \in D,\ i=0, \dots ,n-2\}$，这些元素均被限定为仅能在一端进行栈的所有操作		
基本操作	序号	操作名称	操作说明
	1	InitStack(S)	初始条件：无 操作目的：初始化栈 操作结果：栈 S 被初始化，建立一个空栈
	2	DestroyStack(S)	初始条件：栈 S 已存在 操作目的：销毁栈 S 操作结果：栈 S 不存在
	3	IsEmptyStack(S)	初始条件：栈 S 已存在 操作目的：判断当前栈是否为空栈 操作结果：若为空，则返回 True，若不为空，则返回 False
	4	StackVisit(S)	初始条件：栈 S 已存在 操作目的：输出当前栈中的某一个元素 操作结果：当前栈中的某一个元素被输出
	5	PushStack(S,e)	初始条件：栈 S 已存在 操作目的：将元素 e 插入栈顶 操作结果：元素 e 为新的栈顶元素，栈的长度加 1
	6	PopStack(S,e)	初始条件：栈 S 已存在且不为空 操作目的：删除当前栈的栈顶元素 操作结果：用 e 返回删除的元素值，栈的长度减 1
	7	GetTopStack(S,e)	初始条件：栈 S 已存在且不为空 操作目的：获取栈顶元素 操作结果：取得栈顶元素，用 e 返回栈顶元素的值
	8	GetStackLength(S)	初始条件：栈 S 已存在 操作目的：获取栈中元素的个数，即栈的长度，并将其值返回 操作结果：返回栈的长度值
	9	StackTraverse(S)	初始条件：栈 S 已存在 操作目的：遍历当前栈 操作结果：输出栈 S 内的每一个数据元素

例 4-2   用 P 表示进栈操作，O 表示出栈操作，若元素进栈的顺序为 abcd，为了得到 acdb 的出栈顺序，给出相应的 P 和 O 操作串。

解：为了得到 acdb 的出栈顺序，其操作过程是 a 进栈、a 出栈、b 进栈、c 进栈、c 出栈、d 进栈、d 出栈、b 出栈，因此相应的 P 和 O 操作串为 POPPOPOO。

例4-3　设 n 个元素的进栈序列是 1，2，3，…，n，通过一个栈得到的出栈序列是 p_1，p_2，p_3，…，p_n，若 $p_1=n$，则 p_i（$2 \leqslant i \leqslant n$）的值是什么？

解：当 $p_1=n$ 时，说明进栈序列的最后一个元素最先出栈，此时出栈序列只有一种，即 n，$n-1$，…，2，1。所以 $p_2=n-1$，$p_3=n-2$，…，$p_{n-1}=2$，$p_n=1$，也就是说 $p_i=n-i+1$。

4.1.2　栈的顺序存储

栈的顺序存储，就是采用一组物理上连续的存储单元来存放栈中所有元素，并使用 top 指针指示当前栈中的栈顶元素。图4-2演示了入栈时，栈顶指针 top 的变化情况。

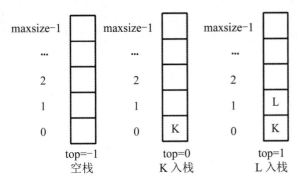

图4-2　入栈示意图

接下来，将介绍如何实现顺序栈的一些基本操作。在介绍这些操作时，将阐述这些基本操作的算法思路和算法实现。

1. 初始化一个顺序栈

初始化一个顺序栈，实质就是要建立一个空顺序栈，需要定义一个用于描述顺序栈及其基本操作的 SequenceStack 类，然后调用 SequenceStack 类的成员函数 __init__(self) 初始化一个顺序栈，如图4-3所示。其算法思路和算法实现如下。

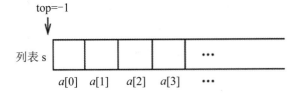

图4-3　初始化一个顺序栈示意图

【算法思路】

（1）设置顺序栈能存储的元素个数最多为 Maxsize 个。

（2）对栈空间初始化，将长度为 Maxsize 的列表 s 的每个元素设置为 None。

（3）对栈顶指针初始化，设置栈顶指针 top 的初值为 -1。

【算法实现】

初始化一个顺序栈函数的实现代码如下。

```
def __init__(self):
    self.Maxsize=10
    self.s=[None for x in range(0,self.Maxsize)]
    self.top=-1
```

2. 判断栈是否为空

调用 SequenceStack 类的成员函数 IsEmptyStack(self) 来判断当前栈是否为空，其算法思路和算法实现如下。

【算法思路】

（1）将当前栈顶指针的值与之前初始化时设置的栈顶指针的值 -1 相比较。

（2）若两者相等，则表示当前栈为空栈，否则表示当前栈不为空。

【算法实现】

判断栈是否为空函数的实现代码如下所示。

```
def IsEmptyStack(self):
    if self.top==-1:
        iTop=True
    else:
        iTop=False
    return   iTop
```

3. 进栈

调用 SequenceStack 类的成员函数 PushStack(self,x) 使元素 x 进栈，进栈示意如图 4-4 所示。其算法思路和算法实现如下。

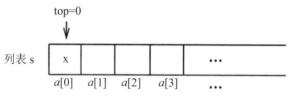

图 4-4　元素 x 进栈示意

【算法思路】

（1）判断栈顶指针 top 的值是否小于 Maxsize-1，即判断是否栈满。

（2）若当前栈未满，修改栈顶指针的值，使其指向栈的下一个空闲位置。

（3）将要进栈的元素放在上述空闲位置，进栈操作完成。

（4）若栈满则表示没有空间，无法执行进栈操作。

【算法实现】

进栈函数的实现代码如下。

```
def PushStack(self,x):
    if self.top<self.Maxsize-1:
        self.top=self.top+1
        self.s[self.top]=x
    else:
        print(" 栈满 ")
        return
```

4. 出栈

调用 SequenceStack 类的成员函数 PopStack(self) 使栈顶元素出栈，假设出栈前栈的状态如图 4-5（a）所示，出栈后栈的状态如图 4-5（b）所示。其算法思路和算法实现如下。

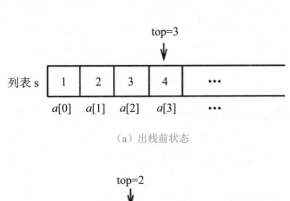

（a）出栈前状态

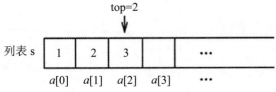

（b）出栈后状态

图 4-5 栈顶元素出栈示意

【算法思路】

（1）判断栈是否为空，若栈空则无法执行出栈操作，给出栈为空的提示。

（2）若栈不为空，则记下当前栈顶指针的值。

（3）将栈顶指针 top 的值减 1，使其指向待出栈元素的下一个元素。

（4）返回第（2）步中记下的栈顶指针的值对应栈中的元素。

【算法实现】

出栈函数的实现代码如下。

```
def PopStack(self):
    if self.IsEmptyStack():
        print(" 栈为空 ")
        return
    else:
        iTop=self.top
        self.top=self.top-1
        return self.s[iTop]
```

5. 获取栈顶元素

调用 SequenceStack 类的成员函数 GetTopStack(self) 获取当前栈顶元素，其算法思路和算法实现如下。

【算法思路】

（1）使用 IsEmptyStack() 函数判断当前栈是否为空。

（2）若当前栈为空，则无法获取任何栈顶元素，此时给出栈为空的提示，并结束操作。

（3）若不为空，则返回栈顶元素。

【算法实现】

获取栈顶元素函数的实现代码如下。

```
def GetTopStack(self):
    if self.IsEmptyStack():
        print(" 栈为空 ")
        return
    else:
        return self.s[self.top]
```

6. 遍历栈内的元素

调用 SequenceStack 类的成员函数 StackTraverse(self) 依次遍历栈内的元素，其算法思路和算法实现如下。

【算法思路】

（1）使用 IsEmptyStack() 函数判断栈是否为空，若为空，则栈内没有元素可以访问，此时给出栈为空的提示。

（2）若栈不为空，则从栈底到栈顶依次访问栈中元素。

【算法实现】

遍历栈内的元素函数的实现代码如下。

```
def StackTraverse(self):
    if self.IsEmptyStack():
        print(" 栈为空 ")
        return
    else:
        for i in range(0,self.top+1):
            print(self.s[i],end=' ')
```

7. 创建一个顺序栈

调用 SequenceStack 类的成员函数 CreateStack(self) 创建一个顺序栈，其算法思路和算法实现如下。

【算法思路】

（1）使用 input() 函数输入用户数据，存入变量 data 中。

（2）若 data== "#"，则结束；否则执行（3）。

（3）使用 PushStack() 函数将用户输入的数据元素进栈，并转（1）。

【算法实现】

创建一个顺序栈函数的实现代码如下。

```
def CreateStack(self):
    data=input(" 请输入元素 ( 继续输入请按回车，结束输入请按 "#" ) : ")
    while data!='#':
        self.PushStack(data)
        data=input(" 请输入元素 : ")
```

例 4-4 设计一个算法，利用顺序栈判断用户输入的表达式中的括号是否配对（假设表达式中可能有圆括号、方括号和大括号）。

解：（1）算法分析。因为各种括号的匹配过程遵循这样的原则，即任何一个右括号与前面最靠近的未匹配的同类左括号进行匹配，所以采用一个栈来实现匹配过程。用 str 字符串存放含有各种括号的表达式，用变量 i 指向 str 字符串的起始单元 str[0]；建立一个字符顺序栈 st；若变量 i 指向的括号为各种类型的左括号时，将它压入栈中；若变量 i 指向的括号为右括号，栈空或者栈顶元素不是匹配的左括号时，返回 False（中途就可以确定括号不匹配）；否则，退栈一次；变量 i 继续读取 str 字符串的下一个字符，直至 str 字符串遍历完毕；若栈 st 为空，返回 True，表示括号配对；否则返回 False，表示括号不配对。

（2）算法实现。

```
from SequenceStack import SequenceStack      # 引用顺序栈 SequenceStack
def isMatch(str):                            # 判断表达式各种括号是否匹配的算法
    st=SequenceStack()                       # 建立一个顺序栈
    i=0
```

```
        while i<len(str):
          e=str[i]
          if e=='(' or e=='[' or e=='{':
            st.PushStack(e)                    # 将左括号进栈
          else:
            if e==')':
              if st.IsEmptyStack() or st.GetTopStack()!='(':
                return False                   # 栈空或栈顶不是 '(' 返回 False
              st.PopStack()
            if e==']':
              if st.IsEmptyStack() or st.GetTopStack()!='[':
                return False                   # 栈空或栈顶不是 '[' 返回 False
              st.PopStack()
            if e=='}':
              if st.IsEmptyStack() or st.GetTopStack()!='{':
                return False;                  # 栈空或栈顶不是 '{' 返回 False
              st.PopStack()
          i+=1                                 # 继续遍历 str
        return st.IsEmptyStack()
```

例 4-5　设计一个算法，利用顺序栈判断用户输入的字符串表达式是否为回文。

解：（1）算法分析。字符串的前半部分的反向序列如果与该字符串的后半部分相同，则是回文，否则，不是回文，所以采用一个栈来实现判断过程。

（2）算法实现。

```
from SequenceStack import SequenceStack
def isPalindrome(str):                         # 判断是否为回文的算法
    st=SequenceStack()                         # 建立一个顺序栈
    n=len(str)
    i=0
    while i<n//2:                              # 将 str 前半部分字符进栈
        st.PushStack(str[i])
        i+=1                                   # 继续遍历 str
    if n%2==1:                                  #n 为奇数时
        i+=1                                   # 跳过中间的字符
    while i<n:                                  # 遍历 str 的后半部分字符
        if st.PopStack()!=str[i]:
            return False                       # 若 str[i] 不等于出栈字符则返回 False
        i+=1
    return True                                # 是回文返回 True
```

4.1.3　栈的链式存储

　　栈的顺序存储通常要求系统分配一组连续的存储单元，在实现时，对于某些程序设计语言而言，当栈满后想要增加连续的存储空间是无法实现的。在有些应用中，通常无法事先准确估计某一程序运行时所需的存储空间，若系统一次性为其分配的连续存储空间过多，而实际仅使用了极小一部分，就会造成存储空间极大的浪费。更为严重的是，若因这一程序占用过多的存储空间，导致其他程序无法获得足够的存储空间而不能运行，这将极大地降低系统的整体性能。因此，最理想的栈空间分配策略是程序需要使用多少存储空间就申请多少，可以考虑采用链式存储结构来实现这一理想的分配策略。栈的链式存储结构如图 4-6 所示，首先创建一个链栈（带头结点），有一个指示栈顶结点的结对象 top，若有新元素需要入栈时，就向系统申请其所需的存储单元，数据域赋值后，将该数据元素插入这个链栈中，最后让指示栈顶的结点指针 top 指向该存储单元。若数据元素需要出栈，则先将指示栈顶的结点指针 top 的指针域指向待出栈元素的下一个元素所在的结点，然后再将待出栈元素所占的存储单元释放掉。

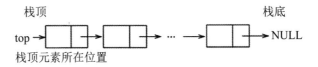

图 4-6　栈的链式存储结构

接下来，将介绍链栈的基本操作。创建一个 .py 文件，在该文件中定义一个 StackNode 类和 LinkStack 类，实现 __init__(self)、IsEmptyStack(self)、PushStack(self,x)、PopStack(self)、GetTopStack(self) 和 CreateStack(self) 这 6 个函数，其余函数读者可根据自己的需要实现。

1. 初始化链栈的结点

初始化链栈结点可调用 StackNode 类的构造函数 __init__(self) 实现，其算法思路和算法实现如下。

【算法思路】

（1）将结点的数据域 data 初始化为 None。

（2）将结点的指针域 next 初始化为 None。

【算法实现】

初始化链栈的结点函数的实现代码如下。

```
def __init__(self):
    self.data=None
    self.next=None
```

2. 初始化链栈

调用 LinkStack 类的构造函数 __init__(self) 来初始化链栈，其算法思路和算法实现如下。

【算法思路】

（1）创建一个链栈结点。

（2）使用该结点对栈顶指针进行初始化，将栈顶指针 top 指向该结点。

【算法实现】

初始化链栈函数的实现代码如下。

```
def __init__(self):
    self.top=StackNode()
```

3. 判断链栈是否为空

调用 LinkStack 类的成员函数 IsEmptyStack(self) 来判断当前链栈是否为空，其算法思路和算法实现如下。

【算法思路】

（1）判断栈顶的结点 top 的 next 指针域是否为空。

（2）若为空，则表示当前栈为空栈，否则表示当前栈不为空。

【算法实现】

判断链栈是否为空函数的实现代码如下。

```
def IsEmptyStack(self):
    if self.top.next==None:
        iTop=True
    else:
```

```
        iTop=False
    return iTop
```

4. 进栈

调用 LinkStack 类的成员函数 PushStack(self,x) 使元素 x 进栈，链栈进栈过程如图 4-7 所示。其算法思路和算法实现如下。

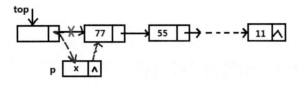

图 4-7　链栈进栈过程

【算法思路】

（1）创建一个新结点 tStackNode，并将待进栈的元素 x 存入该结点的数据域中。

（2）将新结点的指针域指向栈顶结点对象 top。

（3）修改栈顶结点 top，使其指向 tStackNode 结点。

【算法实现】

进栈函数的实现代码如下。

```
def PushStack(self,x):
    p=StackNode()
    p.data=x
    p.next=self.top.next
    self.top.next=p
```

5. 出栈

调用 LinkStack 类的成员函数 PopStack(self) 使栈顶元素出栈，链栈出栈过程如图 4-8 所示。其算法思路和算法实现如下。

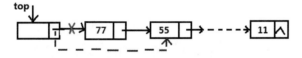

图 4-8　链栈出栈过程

【算法思路】

（1）判断栈是否为空。

（2）若栈为空，则无法执行数据元素出栈操作；否则执行（3）。

（3）用 tStackNode 记下此时的栈顶结点 top 所指向的结点。

（4）修改栈顶结点 top，使其指向当前栈顶结点的下一个结点 tStackNode.next。

（5）将出栈结点的数据域 tStackNode.data 返回。

【算法实现】

出栈函数的实现代码如下。

```
def PopStack(self):
    if self.IsEmptyStack()==True:
        print(" 栈为空 .")
        return
```

```
else:
    tStackNode=self.top.next
    self.top.next=tStackNode.next
    return tStackNode.data
```

6. 获取栈顶元素的值

调用 LinkStack 类的成员函数 GetTopStack(self) 获取栈顶元素，其算法思路和算法实现如下。

【算法思路】

（1）判断栈是否为空。

（2）若栈为空，则输出栈为空的提示并返回；否则执行（3）。

（3）返回栈顶结点 top 所指向结点的数据域的值 self.top.next.data。

【算法实现】

获取栈顶元素值的函数的实现代码如下。

```
def GetTopStack(self):
    if self.IsEmptyStack()==True:
        print(" 栈为空 .")
        return
    else:
        return self.top.next.data
```

7. 创建一个链栈

调用 LinkStack 类的成员函数 CreateStack(self) 创建一个链栈，其算法思路和算法实现如下。

【算法思路】

（1）接收用户输入并存入变量 data 中。

（2）若用户输入为结束标志（"#"），则算法结束；否则执行（3）。

（3）调用 PushStack() 函数将用户输入的数据元素进栈，转（1）。

【算法实现】

创建一个链栈函数的实现代码如下。

```
def CreateStack(self):
    data=input(" 请输入元素 ( 继续输入请按回车，结束输入请按 "#"）：")
    while data!='#':
        self.PushStack(data)
        data=input(" 请输入元素：")
```

4.1.4　栈的应用

栈在计算机领域中的应用相当广泛，一个重要应用是在程序设计语言中实现了递归，递归是一个数学概念，它可用于描述事物，也是一种重要的程序设计方法，递归的本质是一种循环的程序结构，在算法设计中经常需要用递归方法求解。本小节介绍递归的定义和使用递归方法设计算法等，为后面的学习打下基础。

1. 递归的定义

在定义一个过程或函数时出现调用本过程或本函数的成分，称为递归。若调用自身，则称为直接递归。若过程或函数 A 调用过程或函数 B，而 B 又调用 A，则称为间接递归。在算法设计中，任何间接递归算法都可以转换为直接递归算法来实现，所以后面主要讨论直接递归算法。

递归算法通常是把一个大的复杂问题转化为一个或多个与原问题相似的规模较小的问题来求解，只需少量的代码就可以描述出解题过程所需要的多次重复计算，大大减少了算法的代码量。一般来说，能够用递归解决的问题应该满足以下3个条件。

（1）要解决的问题可以转化为一个或多个子问题来求解，而这些子问题的求解方法与原问题完全相同，只是在数量规模上不同。

（2）递归调用的次数必须是有限的。

（3）必须有结束递归的条件来终止递归。

递归算法的优点是结构简单、清晰，易于阅读；缺点是算法执行中占用的内存空间较大，执行效率低，不容易优化。

2. 递归使用场景

在以下3种情况下经常要用到递归算法。

（1）问题的定义是递归的。有许多数学公式、数列等的定义是递归的，例如求 $n!$ 和 Fibonacci（斐波那契）数列等。这些问题的求解可以将其递归定义直接转化为对应的递归算法。

例 4-6　用递归算法求 $n!$。

解：求 $n!$ 的递归函数的实现代码如下。

```
def fun(n):
  if n==1:
    return 1
  else:
    return fun(n-1)*n
```

在函数 fun(n) 的求解过程中递归调用 fun(n-1) 语句，它是一个直接递归函数。

例 4-7　用递归算法求斐波那契数列的第 n 项。

解：求斐波那契数列的第 n 项的递归函数的实现代码如下。

```
def Fib(n):
  if n==1 or n==2:
    return 1
  else:
    return Fib(n-1)+Fib(n-2)
```

在函数 Fib (n) 的求解过程中递归调用 Fib (n-1) 和 Fib (n-2) 语句，它是一个直接递归函数。

（2）问题的数据结构是递归的。有些问题的数据结构是递归的，例如，在第 3 章中介绍过的单链表就是一种递归数据结构，其结点类定义如下。

```
class LinkNode:             # 单链表结点类
  def __init__(self,data=None):   # 构造函数
    self.data=data          #data 属性
    self.next=None          #next 属性
```

其中，next 属性是一种指向自身类型结点的指针，所以单链表是一种递归数据结构。对于递归数据结构，采用递归的方法编写算法既方便又有效。

例 4-8　用递归算法求一个不带头结点的单链表 p 中所有 data 成员（假设为 int 型）之和。

解：求不带头结点的单链表 p 中所有结点值之和的函数实现代码如下。

```
def Sum(p):
  if p==None:
    return 0
```

```
    else:
        return p.data+Sum(p.next)
```

说明：p 是首结点，p.next 是 p 所指向的下一个结点。在函数 Sum(p) 的求解过程中递归调用 Sum(p.next) 语句，它是一个直接递归函数。

（3）问题的求解方法是递归的。有些问题的求解方法是递归的，典型的有 Hanoi（汉诺塔）问题的求解。

例4-9 设有3个分别命名为X、Y和Z的塔座，在塔座X上有n个直径各不相同的盘片，从小到大依次编号为1，2，…，n。现要求将 X 塔座上的这 n 个盘片移到塔座 Z 上并仍按同样的顺序叠放，盘片移动时必须遵守以下规则：每次只能移动一个盘片；盘片可以插在X、Y 和 Z 中的任一塔座；任何时候都不能将一个较大的盘片放在较小的盘片上。图 4-9 所示为 n=8 时的 Hanoi 问题。设计求解该问题的算法。

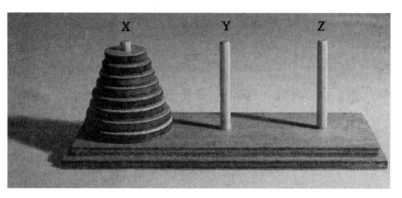

图 4-9　Hanoi 问题（n=8）

解：设 Hanoi(n,X,Y,Z) 表示将 n 个盘片从 X 塔座借助 Y 塔座移动到 Z 塔座上，递归分解的过程如图 4-10 所示。

$$Hanoi(n,X,Y,Z) \quad ==> \quad \begin{array}{l} Hanoi(n-1,X,Z,Y) \\ Move(n,X,Z) \\ Hanoi(n-1,Y,X,Z) \end{array}$$

图 4-10　Hanoi 问题递归分解的过程

Hanoi(n-1,X,Z,Y) 的含义是将 X 塔座上的 n-1 个盘片借助 Z 塔座移动到 Y 塔座上；此时 X 塔座上只有一个盘片，Move(n,X,Z) 的含义是将 X 塔座上的最后一张盘片 n 直接移动到 Z 塔座上；此时，X 塔座上没有盘片。Hanoi(n-1,Y,X,Z) 的含义是将 Y 塔座上的 n-1 个盘片借助 X 塔座移动到 Z 塔座上。由此得到 Hanoi 递归算法如下。

```
def Hanoi(n,X,Y,Z):            #Hanoi 递归算法
    if n==1:                   # 只有一个盘片的情况
        print(" 将第 ",n," 个盘片从 ",X," 移动到 ", Z)
    else:                      # 有两个或多个盘片的情况
        Hanoi(n-1,X,Z,Y)
        print(" 将第 ",n," 个盘片从 ",X," 移动到 ", Z)
        Hanoi(n-1,Y,X,Z)
```

调用 Hanoi(3,'X','Y','Z') 的输出结果如下。

```
将第 1 个盘片从 X 移动到 Z
将第 2 个盘片从 X 移动到 Y
将第 1 个盘片从 Z 移动到 Y
将第 3 个盘片从 X 移动到 Z
```

将第 1 个盘片从 Y 移动到 X
将第 2 个盘片从 Y 移动到 Z
将第 1 个盘片从 X 移动到 Z

例 4-10 分别用递归、循环和迭代方法求 100 以内的斐波那契数列。

解：

（1）使用递归方法的实现代码如下。

```
def Fib(n):
    if n==1 or n==2:
        return 1
    else:
        return Fib(n-1)+Fib(n-2)
for i in range(1,100):
    if Fib(i)<=100:
        print(Fib(i),end =" ")
    else :
        break
```

（2）使用循环方法的实现代码如下。

```
x=1
y=1
print(x,end =" ")
print(y,end =" ")
while(True):
    z=x+y
    x=y
    y=z
    if(z>100):
        break
    print(z,end =" ")
```

（3）使用迭代方法的实现代码如下。

```
def Fib(max):
    a,b=0,1
    while b<max:
        a,b=b,a+b
        print(a,end =" ")
Fib(100)
```

4.2 队　列

队列也是程序设计中一种很常用的数据结构，在进程调度特别是排队模型中有着重要
应用。其数据元素的逻辑关系也是线性关系，但在运算上不同于线性表。

4.2.1 队列的概念及其抽象数据类型

与栈一样，队列（Queue）也是一种特殊的线性表。从逻辑结构角度看，队列与普通
的线性表没有不同。将队列定义为由 n（$n \geqslant 0$）个数据元素构成的有限序列。当 $n=0$ 时，
称为空队列。当队列非空时，可记为 $Q=(a_0, a_1, a_2,..., a_i, ..., a_{n-1})$，其中每个元素有一个固定
的位序号。队列的特殊性是被限制在线性表的一端进行插入，在另一端进行删除，允许插
入的一端称为队尾，通常用 rear 表示，允许删除的另一端称为队首或队头，通常用 front 表示。

插入操作称为入队或进队，删除操作称为出队或退队，队列示意如图 4-11 所示。

图 4-11　队列示意

队列的特点是最先入队的元素最先出队，即具有"先进先出（First In First Out，FIFO）"的特性。因此，队列也被称为先进先出表。例如，一队人在游乐场门口等待检票进入游乐场，最先来的人排在队头最先进入游乐场，而最后来的人排在队尾最后进入游乐场。商店、食堂、影院等服务场所也都按照队列先进先出的原则处理客户请求。

队列的抽象数据类型的定义如表 4-2 所示。

表 4-2　队列的抽象数据类型的定义

数据对象	$D=\{a_i \mid 0 \leqslant i \leqslant n-1,\ n \geqslant 0\}$		
数据关系	$r=\{<a_i,\ a_{i+1}> \mid a_i,\ a_{i+1} \in D,\ i=0,...,\ n-2\}$，这些元素均被限定为仅能在队列的特定端进行特定的操作		
基本操作	序号	操作名称	操作说明
	1	InitQueue(Q)	初始条件：无 操作目的：初始化队列 操作结果：队列 Q 被初始化为空队列
	2	DestroyQueue (Q)	初始条件：队列 Q 已存在 操作目的：销毁队列 Q 操作结果：队列 Q 不存在
	3	IsEmptyQueue (Q)	初始条件：队列 Q 已存在 操作目的：判断当前队列 Q 是否为空队列 操作结果：若为空，则返回 True，若不为空，则返回 False
	4	QueueVisit(Q)	初始条件：队列 Q 已存在 操作目的：输出当前队列 Q 中的某一个元素 操作结果：当前队列 Q 中的某一个元素被输出
	5	EnQueue (Q,e)	初始条件：队列 Q 已存在 操作目的：将元素 e 插入队列尾部 操作结果：元素 e 为新的队尾元素，队列的长度加 1
	6	DeQueue (Q,e)	初始条件：队列 Q 已存在且不为空 操作目的：删除当前队头元素 操作结果：用 e 返回删除的元素值，队列的长度减 1
	7	GetHead(Q,e)	初始条件：队列 Q 已存在且不为空 操作目的：获取队头元素 操作结果：取得队头元素，用 e 返回队头元素的值
	8	LengthQueue(Q)	初始条件：队列 Q 已存在 操作目的：获取队列 Q 中数据元素的个数 操作结果：用 e 返回队列 Q 的长度值
	9	TraverseQueue(Q)	初始条件：队列 Q 已存在 操作目的：遍历当前队列 Q 操作结果：输出队列 Q 内的每一个元素

4.2.2　队列的顺序存储

队列的顺序存储是指采用一组物理上连续的存储单元（本书用列表来表示）来存放队列中的所有元素。为了便于计算队列中的元素个数，通常约定：队头指针 front 指向实际队头元素所在位置的前一位置，队尾指针 rear 指向实际队尾元素所在的位置；或者，队头指针 front 指向实际队头元素所在位置，队尾指针 rear 指向实际队尾元素所在位置的后面一个位置。本书采用后一种方式，顺序队列入队出队过程如图 4-12 所示。最初建立一个空队列，此时 front=rear=0。当 Z 和 X 两个元素入队后，front= 0，rear=2。当元素 Z 出队后，front= 1，rear=2。

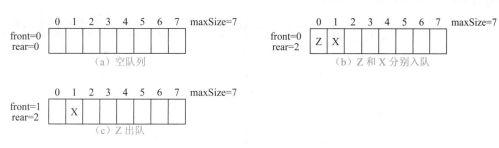

图 4-12　顺序队列入队出队过程

顺序队列中元素个数恒为 rear−front，其中队空条件和队满条件如下。

队空条件：front==rear。

队满条件：rear+1==MaxQueueSize。其中，MaxQueueSize 为列表的最大长度。

接下来，介绍顺序队列的基本操作的实现方法。首先创建一个 .py 文件，在该文件中定义一个用于描述顺序队列及其基本操作的 SequenceQueue 类。接下来，将具体实现 __init__(self)、IsEmptyQueue(self)、EnQueue(self,x)、DeQueue(self)、GetHead(self) 和 CreateQueue(self) 这 6 个函数。读者可根据自己的需要，自行实现其他方法。

1. 初始化队列

调用 SequenceQueue 类的成员函数 __init__ (self) 初始化一个队列，其算法思路和算法实现如下。

【算法思路】

（1）设置长度为 MaxQueueSize 的列表 s 的每个元素为 None，对队列空间进行初始化。

（2）设置队头指针 front 的初值为 0，对队头指针进行初始化。

（3）设置队尾指针 rear 的初值为 0，对队尾指针进行初始化。

【算法实现】

初始化队列函数的实现代码如下。

```python
def __init__(self):
    self.MaxQueueSize=10
    self.s=[None for x in range(0,self.MaxQueueSize)]
    self.front=0
    self.rear=0
```

2. 判断队列是否为空

调用 SequenceQueue 类的成员函数 IsEmptyQueue(self) 来判断当前队列是否为空队列，其算法思路和算法实现如下。

【算法思路】

（1）将队头指针 front 的值与队尾指针 rear 的值相比较。

（2）若两者相等则表示当前队列为空队列，否则表示当前队列不为空。

【算法实现】

判断队列是否为空的函数的实现代码如下。

```
def IsEmptyQueue(self):
    if self.front==self.rear:
        iQueue=True
    else:
        iQueue=False
    return iQueue
```

3. 入队

调用 SequenceQueue 类的成员函数 EnQueue(self,x) 使元素 x 入队，其算法思路和算法实现如下。

【算法思路】

（1）判断队尾指针 rear 的值是否小于 MaxQueueSize-1，即当前队列是否为满队列。

（2）若当前队列未满，将要入队的数据元素存放在队尾指针 rear 所指的位置。

（3）修改队尾指针的值，使其指向队列的下一个空闲位置，结束操作。

（4）若队满，则表示没有空间用于执行入队操作，输出"队列已满，无法入队"的提示信息，并结束操作。

【算法实现】

入队函数的实现代码如下。

```
def EnQueue(self,x):
    if(self.rear<self.MaxQueueSize-1):
        self.s[self.rear]=x
        self.rear=self.rear+1
        print(" 当前入队元素为：",x)
    else:
        print(" 队列已满，无法入队 ")
        return
```

4. 出队

调用 SequenceQueue 类的成员函数 DeQueue(self) 使队头元素出队，其算法思路和算法实现如下。

【算法思路】

（1）调用 IsEmptyQueue() 函数判断队列是否为空，若队空则无法执行出队操作，并输出"队列为空，无法出队"的提示信息，结束操作；否则执行（2）。

（2）用 data 记下当前队头指针 front 所指向的值。

（3）修改队头指针 front 的值，使其指向队列中的下一个元素。

（4）返回待出队元素 data。

【算法实现】

出队函数的实现代码如下。

```
def DeQueue(self):
    if self.IsEmptyQueue():
        print(" 队列为空，无法出队 ")
        return
    else:
        data= self.s[self.front]
```

```
        self.front=self.front+1
        return data
```

5. 获取队头元素

调用 SequenceQueue 类的成员函数 GetHead(self) 获取当前队头元素，其算法思路和算法实现如下。

【算法思路】

（1）调用 IsEmptyQueue() 函数判断当前队列是否为空。

（2）若队列为空，则无法获取队头元素，输出"队列为空，无法输出队头元素"的提示信息，并结束操作；否则执行（3）。

（3）返回当前队头元素 self.s[self.front]。

【算法实现】

获取队头元素函数的实现代码如下。

```
def GetHead(self):
    if self.IsEmptyQueue():
        print(" 队列为空，无法输出队头元素 ")
        return
    else:
        return self.s[self.front]
```

6. 创建队列

调用 SequenceQueue 类的成员函数 CreateQueue(self) 将用户输入的数据进队，从而实现创建队列，其算法思路和算法实现如下。

【算法思路】

（1）接收用户输入并存入变量 data 中。

（2）若用户输入为结束标志（"#"），则算法结束；否则执行（3）。

（3）调用 EnQueue() 函数将用户输入的数据元素进队，并转（1）。

【算法实现】

创建队列函数的实现代码如下。

```
def CreateQueue(self):
    data=input(" 请输入元素 ( 继续输入请按回车，结束输入请按"#"）：")
    while data!='#':
        self.EnQueue(data)
        data=input(" 请输入元素：")
```

分析发现，顺序队列的多次入队和出队操作会造成有存储空间却不能进行入队操作的"假溢出"现象，如图 4-13 所示。

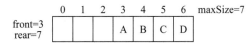

图 4-13　假溢出

顺序队列之所以会出现"假溢出"现象，是因为顺序队列的存储单元没有重复使用机制，为了解决顺序队列因数组下标越界而引起的"溢出"问题，可将顺序序列的首尾相连，形成循环顺序队列。

循环顺序队列进行入队和出队操作的状态变化如图 4-14 所示。

这样，又有新的问题产生，此时队空和队满的判定条件都变为 front==rear，为了解决这一问题，人为规定：队列最多存放 maxSize-1 个数据元素，队空的判定条件为 front==rear，队满的判定条件为 front==(rear+1)%maxSize。

接下来，将介绍循环顺序队列的基本操作。创建一个 .py 文件，在该文件中定义一个用于描述循环顺序队列及其基本操作的 CircularSequenceQueue 类。由于循环顺序队列基本操作中的 __init__(self)、IsEmptyQueue(self) 和 GetHead(self) 与顺序队列完全一样，因此接下来，将只给出 EnQueue(self,x)、DeQueue(self) 和 CreateQueue(self) 这 3 个函数的具体实现。读者可根据自己的需要，自行实现其余方法。

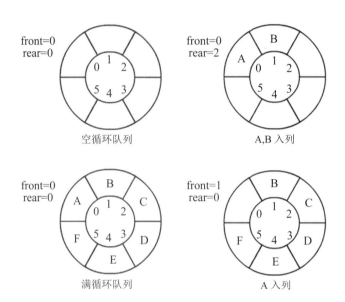

图 4-14　循环顺序队列进行入队和出队操作的状态变化

7. 循环顺序队列入队

CircularSequenceQueue 类的成员函数 EnQueue(self,x) 用于将元素 x 入队，其算法思路和算法实现如下。

【算法思路】

（1）判断当前队列是否为满队列。

（2）若当前队列是满队列，则表示没有空间用于执行入队操作，输出"队列已满，无法入队"的提示信息，并结束操作；否则执行（3）。

（3）将要入队的数据元素存放在队尾指针 rear 所指的位置。

（4）修改队尾指针的值，使其指向队列的下一个空闲位置，并结束操作。

【算法实现】

循环顺序队列入队函数的实现代码如下。

```
def EnQueue(self,x):
    if (self.rear+1)%self.maxSize!=self.front:
        self.s[self.rear]=x
        self.rear=(self.rear+1)%self.maxSize
        print(" 当前入队元素为 : ",x)
    else:
        print(" 队列已满，无法入队 ")
    return
```

8. 循环顺序队列出队

CircularSequenceQueue 类的成员函数 DeQueue(self) 可用于队头元素出队，其算法思路和算法实现如下。

【算法思路】

（1）调用 IsEmptyQueue() 函数判断队列是否为空。

（2）若队列为空，则无法执行出队操作，输出"队列为空，无法出队"的提示信息，并结束操作；否则执行（3）。

（3）用 data 记下当前队头指针 front 所指向的值。

（4）修改队头指针 front 的值，使其指向队列中的下一个元素。

（5）返回待出队元素 data。

【算法实现】

循环顺序队列出队函数的实现代码如下。

```
def DeQueue(self):
    if self.IsEmptyQueue():
        print(" 队列为空，无法出队 ")
        return
    else:
        data= self.s[self.front]
        self.front=(self.front+1)%self.maxSize
        return data
```

9. 创建循环顺序队列

CircularSequenceQueue 类的成员函数 CreateQueue(self) 通过将用户输入的数据入队，从而实现创建循环顺序队列，其算法思路和算法实现如下。

【算法思路】

（1）接收用户输入并存入变量 data 中。

（2）若用户输入为结束标志（"#"），则算法结束；否则执行（3）。

（3）调用 EnQueue() 函数将用户输入的数据元素入队，并转（1）。

【算法实现】

创建循环顺序队列函数的实现代码如下所示。

```
def CreateQueue(self):
    data=input(" 请输入元素 ( 继续输入请按回车，结束输入请按 "#" ) : ")
    while data!='#':
        self.EnQueue(data)
        data=input(" 请输入元素 : ")
```

例 4-11　假设以列表 seqn[m] 存放循环顺序队列的元素，设变量 rear 和 quelen 分别指示循环顺序队列中队尾元素的位置和元素的个数。

（1）写出队满的条件表达式。

（2）写出队空的条件表达式。

（3）设 m=40,rear=13,quelen=19，求队头元素的位置。

（4）写出一般情况下队头元素位置的表达式。

解：

（1）m=quelen。

（2）quelen=0。

（3）队头元素的位置 front=34。

（4）队头元素的位置 front= (rear+m-quelen)%m。

例 4-12　设计一个算法，利用两个栈 s1、s2 模拟一个队列时，如何用栈的运算实现队列的插入、删除运算？

解：

（1）算法分析。使用两个栈，分别按元素加入的顺序和其反序保存元素，在适当的时机将元素在两个栈中进行转移，从而模拟队列的操作。

（2）算法设计。

1）令 s1 中元素的顺序为自底向上与元素添加顺序一致，s2 与其相反。

2）队列入队时，若 s2 不空，则将 s2 中的元素依次出栈，每出栈一个元素，向 s1 中入栈一个；将入队元素入 s1 栈。

3）队列出队时，若 s1 不空，则将 s1 中元素依次出栈，每出栈一个向 s2 中入栈一个，从 s2 栈顶出栈一个，即队列中取出的元素。

（3）算法实现。

```
class Solution:
    def __init__(self):
        self.s1 = []
        self.s2 = []
    def EnQueue(self,node):
        self.s1.append(node)
    def DeQueue(self):
        if self.s2:
            return self.s2.PopStack()
        elif self.s1:
            while self.s1:
                self.s2.append(self.s1.PopStack())
            return self.s2.PopStack()
        else:
            return
```

4.2.3　队列的链式存储

与栈的顺序存储一样，队列的顺序存储不适合某些应用场景。接下来将介绍链式存储结构的队列，链式队列结构如图 4-15 所示。首先，创建一个空链式队列，如图 4-16 所示。该队列没有存入任何元素，因此，队头指针 front 和队尾指针 rear 指向 data 和 next 为空的结点。

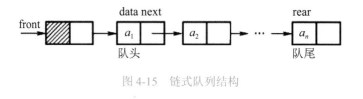

图 4-15　链式队列结构

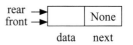

图 4-16　空链式队列

接下来，将介绍链式队列的基本操作。创建一个 .py 文件，在该文件中定义一个 QueueNode 类和 LinkQueue 类。在 QueueNode 类中实现 __init__(self) 函数，在 LinkQueue 类中实现 __init__(self)、IsEmptyQueue(self)、EnQueue(self,data)、DeQueue(self)、GetHead(self)

和 CreateQueue(self) 这 6 个函数，其余方法读者可根据自己的需要实现。

1. 初始化链式队列结点

初始化链式队列结点可调用 QueueNode 类的构造函数 __init__(self) 实现，其算法思路和算法实现如下。

【算法思路】

（1）将结点的数据域 data 初始化为 None。

（2）将结点的指针域 next 初始化为 None。

【算法实现】

初始化链式队列结点函数的实现代码如下。

```
def __init__(self):
    self.data=None
    self.next=None
```

2. 初始化链式队列

初始化链式队列可调用 LinkQueue 类的成员函数 __init__(self) 实现，其算法思路和算法实现如下。

【算法思路】

（1）用 QueueNode 类创建一个新结点 tQueueNode。

（2）初始化队头指针 front 使其指向新结点 tQueueNode。

（3）初始化队尾指针 rear 使其指向新结点 tQueueNode。

【算法实现】

初始化链式队列函数的实现代码如下。

```
def __init__(self):
    tQueueNode=QueueNode()
    self.front=tQueueNode
    self.rear=tQueueNode
```

3. 判断链式队列是否为空

调用 LinkQueue 类的成员函数 IsEmptyQueue(self) 来判断当前队列是否为空，其算法思路和算法实现如下。

【算法思路】

（1）判断队头指针 front 和队尾指针 rear 是否相等。

（2）若相等则表示当前队列为空，否则表示当前队列不为空。

【算法实现】

判断链式队列是否为空函数的实现代码如下。

```
def IsEmptyQueue(self):
    if self.front==self.rear:
        iQueue=True
    else:
        iQueue=False
    return  iQueue
```

4. 链式队列入队

调用 LinkQueue 类的成员函数 EnQueue(self,data) 使元素 data 入队，链式队列入队过程如图 4-17 所示，其算法思路和算法实现如下。

【算法思路】

（1）用 QueueNode 类创建一个新结点 tQueueNode，并将待进队的元素 data 存入该结点的数据域 data 中。

（2）队尾指针指向的结点的指针域 self.rear.next 指向新结点 tQueueNode。

（3）将队尾指针 rear 指向新结点 tQueueNode。

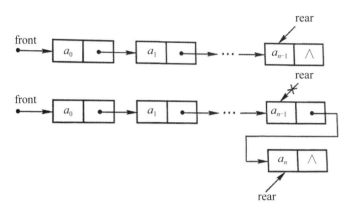

图 4-17　链式队列入队过程

【算法实现】

链式队列入队函数的实现代码。

```
def EnQueue(self,data):
    tQueueNode=QueueNode()
    tQueueNode.data=data
    self.rear.next=tQueueNode
    self.rear=tQueueNode
    print(" 当前入队的元素为：",data)
```

5. 链式队列出队

调用 LinkQueue 类的成员函数 DeQueue(self) 使队头元素出队，链式队列出队过程如图 4-18 所示。

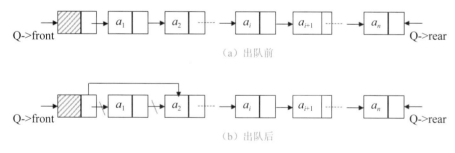

图 4-18　链式队列出队过程

在进行出队操作时，不论队列中有多少个元素，其操作过程都是一致的。但若链式队列中只有一个元素，则进行出队操作后队列为空，此时需要对队尾指针进行处理。链式队列出队操作的算法思路和算法实现如下。

【算法思路】

（1）调用 IsEmptyQueue() 函数判断队列是否为空，若队列为空，则无法执行出队操作，输出"队列为空，无法出队"的提示信息，并结束操作；否则执行（2）。

（2）用 p 记下队头指针 front 指向的结点的下一个结点 self.front.next。

（3）修改队头指针 front 指向的结点的指针域，在其中存入（2）中记下结点 p 的 next

指针域的值。

（4）判断队尾指针 rear 所在结点是否等于（2）中记下的结点 p。

（5）若（4）为真，则修改队尾指针 rear，将其指向队头指针 front 指向的结点（避免队尾指针的丢失）。

（6）返回出队元素。

【算法实现】

链式队列出队函数的实现代码如下。

```python
def DeQueue(self):
    if self.IsEmptyQueue():
        print(" 队列为空，无法出队 ")
        return
    else:
        p=self.front.next
        self.front.next=p.next
        if self.rear == p:
            self.rear=self.front
        return p.data
```

6. 获取链式队列队头元素

调用 LinkQueue 类的成员函数 GetHead(self) 获取当前队头元素，其算法思路和算法实现如下。

【算法思路】

（1）调用 IsEmptyQueue() 函数判断队列是否为空，若队列为空，则无法获取队头元素，输出"队列为空"的提示信息，并结束操作；否则执行（2）。

（2）返回队头元素的值 self.front.next.data。

【算法实现】

获取链式队列队头元素函数的实现代码如下。

```python
def GetHead(self):
    if self.IsEmptyQueue():
        print(" 队列为空 ")
        return
    else:
        return self.front.next.data
```

7. 创建链式队列

调用 LinkQueue 类的成员函数 CreateQueue(self) 创建链式队列，其算法思路和算法实现如下。

【算法思路】

（1）接收用户输入并存入变量 data 中。

（2）若用户输入为结束标志（"#"），则算法结束；否则执行（3）。

（3）调用 EnQueue() 函数将用户输入的数据元素入队，并转（1）。

【算法实现】

创建链式队列函数的实现代码如下。

```python
def CreateQueue(self):
    data=input(" 请输入元素 ( 继续输入请按回车，结束输入请按 "#" ) : ")
    while data!='#':
        self.EnQueue(data)
        data=input(" 请输入元素 : ")
```

例 4-13　设计一个算法，采用链式队列求解约瑟夫环问题。

解：

（1）算法分析。对于有 *n* 个人，每次报数为 *m* 的人出列的约瑟夫环问题，依次将 1～*n* 入队，循环 *n* 次出列 *n* 个人：依次出队 *m*-1 次，将所有出队的元素立即入队，再出队第 *m* 个元素并且输出出列的第 *m* 个人。

（2）算法设计。

1）初始化一个链式队列 q。

2）for i in range(1,n+1)：将第 *i* 个小孩入队 q。

3）for i in range(1,n+1)。

4）j=1。

5）若 j<=m-1，转 6）；否则，转 7）。

6）从队列 q 中出队；将出队元素入队 q；j=j+1；转 5）。

7）出队，输出出队元素。

（3）算法实现。

```
from LinkQueue import LinkQueue
def Jsequence(n,m):                      # 求约瑟夫序列
    qu=LinkQueue()                       # 定义一个链式队列
    for i in range(1,n+1):               # 入队编号为 1 到 n 的 n 个小孩
        qu.EnQueue(i)
    for i in range(1,n+1):               # 共出列 n 个小孩
        j=1
        while j<=m-1:                     # 出队 m-1 个小孩，并将他们入队到队尾
            qu.EnQueue(qu.DeQueue())
            j+=1
        x=qu.DeQueue()                    # 出队第 m 个小孩
        print(x,end=' ')
    print()
```

4.2.4　队列的应用

队列广泛应用于计算机系统的资源分配、数据缓冲和任务调度等场景中。例如，局域网用户申请使用网络打印机、多台终端访问 Web 服务器、键盘输入缓冲、操作系统的作业调度等都是基于队列结构。在程序设计中，队列也经常被用于保存动态生成的多个任务或数据，以确保相应任务或数据按照先进先出的次序进行处理。

队列常见的应用如下。

（1）图结构遍历的广度优先搜索。

（2）离散事件系统模拟。通过计算机程序的运行来模拟真实世界中实际系统的活动情况，帮助理解真实世界中实际系统实际运行中的行为。例如：银行等待服务的顾客，高速公路收费站通道和服务安排，大楼电梯系统的设计与安排，计算机网络中的各种服务系统，等等。

（3）CPU 作业调度时处理先到先执行的服务。

（4）外围设备联机并发处理系统的应用。

（5）文件打印时的打印机管理程序。

（6）万维网服务器处理网络用户的服务请求。

（7）Windows 系统中的消息队列。

下面以一个实际例子介绍队列的应用。

例 4-14 在某车间里，质量管理员老张遇到一个问题：由于工厂中的部分机器已经老化，产品不良率不断升高，他发现每当机器出现大量不良产品时，大部分问题是尺寸不符合要求，但尺寸是比较难快速检验的。后来他换了一种思路——称重，这个测量质量的方法是比较容易操作的。他根据这个情况，结合之前产品的数据，设计了一个移动平均值算法，实时计算连续生产出来的 7 个产品的平均质量，如果数值与标准产品质量超过 3 个标准差，就会触发系统报警，并且停止该机器的生产。测试例子输入的产品质量参数 M 为 500，标准差 C 为 10，因此 3 个标准差范围为 470 ～ 530，截取的一段问题数据为 481、486、497、518、486、490、550、525、520、528、526、539、536，程序将提示机器出错，停止生产，并且输出出错的数据 550、525、520、528、526、539、536，计算可知它们的 7 点移动平均值为 532，确实超出了标准。

解：该问题的核心算法是移动平均值的计算，也就是计算一段区间内数据的平均值，那么 7 点移动平均值就是取连续的 7 个数值计算平均值。结合例子数据，如表 4-3 所示。

表 4-3 7 点移动平均值

数据流													连续 7 个数据的平均值
481	486	497	518	486	490	550	525	520	528	526	539	536	
481	486	497	518	486	490	550							501
	486	497	518	486	490	550	525						507
		497	518	486	490	550	525	520					512
			518	486	490	550	525	520	528				517
				486	490	550	525	520	528	526			518
					490	550	525	520	528	526	539		525
						550	525	520	528	526	539	536	532

构建一个队列，保存连续 7 个测量数据，然后求出队列的平均值。当平均值超过标准差 3 倍时，发出警报，输出队列数据。

算法描述如下。

```
import math
from random import randint
# 使用创建的队列类 LinkQueue
q = LinkQueue()
# 标准产品的参数
M=500        # 平均质量
C =10        # 标准差
point_count = 7    # 测量 7 个点的平均数
# 模拟生成数据，用 randint() 产生随机数，所以程序运行结果不是每一次都一样
# 可以适当调整随机数参数，生产出合适的数据
#input_data = [randint(M-2*C, M+5*C) for i in range(30)]
input_data = [481,486,497,518,486,490,550,525,520,528,526,539,536]
print(" 生产数：",input_data)
for data in input_data:
    q.EnQueue(data)
    # 队列长度是否达到要求
```

```
    if q.LenthQueue()== point_count:
        # 用 sum 表示队列中所有元素之和
        sum=0
        # 求队列中所有元素之和
        p=QueueNode()
        p=q.front.next
        while p!=None:
            sum=sum+p.data
            p=p.next
    #fabs() 求绝对值
    result= math.fabs(sum/point_count - M)
    # 平均值超过标准差 3 倍
    if result > 3*C:
        print(" 机器出错 !"," 错误数据为：")
        p=q.front.next
        while p!=None:
            print(p.data,end='\t')
            p=p.next
        print()
        print(" 平均值为：",result)
        # 停止机器，即中断循环
        break
    else:
    # 程序在循环中若没有中断，就输出数据全部合格
        print(' 数据全部合格 ')
    # 队列中已有 point_count 个元素，因此要把队头数据清除
    q.DeQueue()
```

4.3　串

串在计算机非数值处理中占有重要的地位，例如信息检索系统、文字编辑、自然语言处理、图像识别、视频处理等都以串数据作为处理对象。

4.3.1　串的概念及其抽象数据类型

字符串作为计算机中的非数值处理对象，应用极为广泛。字符串通常被简称为串。

1. 串的定义

串是由数字、字母或其他字符组成的有限序列，一般记为

StringName= "a[0]a[1]a[2]...a[i]...a[n-1]" (n ≥ 0,0 ≤ i ≤ n-1)

其中，StringName 是串名，双引号内的序列是该串的值，n 为串的长度，i 为某一字符在该串中的下标。

2. 串的常用术语

（1）串的长度：串中包含的字符个数即为串的长度。

（2）空串：串中不包含任何字符时被称为空串，此时串的长度为0。

（3）空格串：由一个或多个空格组成的串被称为空格串，它的长度为串中空格的个数。

（4）子串：串中任意个连续字符组成的子序列被称为该串的子串。空串是任意串的子串。

（5）主串：包含子串的串被称为主串。

（6）真子串：串的所有子串中，除其自身外，其他子串都被称为该串的真子串。

（7）子串的位置：子串的第一个字符在主串中对应的位置被称为子串在主串中的位置，简称子串的位置。

（8）串相等：当两个串的长度相等且对应位置的字符依次相同时，称这两个串是相等的。

3. 串的抽象数据类型

串的逻辑结构与线性表很相似，但串的数据元素只能是字符，因此可以认为串是一种特殊的线性表。在串的基本操作中，通常以整体作为操作对象，这和线性表以单个元素作为操作对象不同。串的抽象数据类型的定义如表 4-4 所示。

表 4-4　串的抽象数据类型的定义

数据对象	$D=\{a_i \mid 0 \leqslant i \leqslant n-1,\ n \geqslant 0,\ a_i$ 是任意字符 $\}$		
数据关系	$r=\{<a_i,a_{i+1}> \mid a_i,a_{i+1} \in D,\ i=0, ..., n-2\}$		
	序号	操作名称	操作说明
基本操作	1	InitString(str)	初始条件：无 操作目的：初始化串 操作结果：串 str 被初始化
	2	ClearQueue (str)	初始条件：串 str 已存在 操作目的：清空串 str 操作结果：串 str 成为一个空串
	3	IsEmptyString (str)	初始条件：串 str 已存在 操作目的：判断当前串 str 是否为空 操作结果：若为空，则返回 True；若不为空，则返回 False
	4	StringCopy(str1,str2)	初始条件：串 str1 和串 str2 已存在 操作目的：由串 str2 复制得到串 str1 操作结果：串 str1 和串 str2 的内容相同
	5	StringCompare(str1,str2)	初始条件：串 str1 和串 str2 已存在 操作目的：将串 str1 和串 str2 进行比较 操作结果：若串 str1 大于串 str2，则返回 1；若串 str1 等于串 str2，则返回 0；若串 str1 小于串 str2，则返回 -1
	6	StringLength(str)	初始条件：串 str 已存在 操作目的：获取串 str 的长度 操作结果：返回串 str 的长度值
	7	StringConcat(str1,str2)	初始条件：串 str1 和串 str2 已存在 操作目的：将串 str2 连接到串 str1 操作结果：新的串 str1 由原来的串 str1 和串 str2 组成
	8	SubString (str,pos,len)	初始条件：串 str 已存在 操作目的：从串 str 的指定位置 pos 获取长度为 len 的子串 操作结果：返回获得的子串
	9	IndexString(str1,str2)	初始条件：串 str1 和串 str2 已存在 操作目的：在串 str1 中查找串 str2 操作结果：查找成功，返回 True，否则，返回 False
	10	StringDelete (str,pos,len)	初始条件：串 str 已存在 操作目的：从串 str 的指定位置 pos 删除长度为 len 的子串 操作结果：返回删除后的子串

	序号	操作名称	操作说明
基本操作	11	StringInsert(str1,pos, str2)	初始条件：串 str1 和串 str2 已存在 操作目的：在串 str1 的 pos 位置后插入串 str2 操作结果：返回插入后的新的串
	12	StringReplace (str1, str2,str)	初始条件：串 str1、str2 和串 str 已存在 操作目的：在串 str1 中用串 str 替换串 str2 操作结果：返回替换后的新的串
	13	DestroyString (str)	初始条件：串 str 已存在 操作目的：销毁串 str 操作结果：串 str 被销毁

例 4-15　设 s 是一个长度为 n 的字符串，其中的字符各不相同，则 s 中有多少个子串？

解：对于串 s，空串是其子串，计 1 个；每个字符构成的串是其子串，计 n 个；每 2 个连续的字符构成的串是其子串，计 $n-1$ 个；每 3 个连续的字符构成的串是其子串，计 $n-2$ 个；……；每 $n-1$ 个连续的字符构成的串是其子串，计 2 个；s 是其自身的子串，计 1 个。总的子串个数 $=1+n+(n-1)+ ... +2+1=n(n+1)/2 + 1$。

4.3.2　串的实现

串的存储方式可以是顺序存储，也可以是链式存储。串的顺序存储（以下简称顺序串），就是采用一组物理上连续的存储单元来存放串中所有字符。创建一个 .py 文件，在该文件中定义一个用于描述顺序串及其基本操作的类 StringList。给出 __init__(self)、IsEmptyString(self)、CreateString(self)、StringConcat(self,strSrc) 和 SubString(self,iPos,length) 这 5 个函数的具体实现。读者可根据自己的需要，自行实现其他方法。

1. 初始化串的函数

调用 StringList 类的成员函数 __init__(self) 初始化一个顺序串，其算法思路和算法实现如下。

【算法思路】

（1）设置顺序串能存储的最大字符个数 MaxStringSize 为 256，对串的存储空间大小进行初始化。

（2）设置字符串 chars 为空字符串，并将串的长度设置为 0，对串进行初始化。

【算法实现】

初始化串的函数的实现代码如下。

```python
def __init__(self):
    self.MaxStringSize=256
    self.chars=""
    self.length=0
```

2. 判断串是否为空的函数

调用 StringList 类的成员函数 IsEmptyString(self) 来判断当前串是否为空，其算法思路和算法实现如下。

【算法思路】

（1）判断当前串的长度 self.length 是否等于 0。

（2）若为 0，则表示当前串为空，否则表示当前串不为空。

【算法实现】

判断串是否为空的函数的实现代码如下。

```python
def IsEmptyString(self):
    if self.length==0:
        IsEmpty=True
    else:
        IsEmpty=False
    return IsEmpty
```

3. 创建串的函数

调用 StringList 类的成员函数 CreateString(self) 来创建一个串，其算法思路和算法实现如下。

【算法思路】

（1）用 stringSH 接收用户输入的字符序列。

（2）判断用户输入的字符序列的长度是否大于串的最大存储空间 MaxStringSize。

（3）若（2）为真，则将用户输入的字符序列超过的部分截断后赋值给当前串；否则执行（4）。

（4）将存放在 stringSH 的字符序列赋值给当前串。

【算法实现】

创建串的函数的实现代码如下。

```python
def CreateString(self):
    stringSH=input(" 请输入字符串 , 请按回车结束输入 : ")
    if len(stringSH)>self.MaxStringSize:
        print(" 输入的字符序列超过分配的存储空间，超过部分无法存入当前串中。")
        self.chars=stringSH[:self.MaxStringSize]
    else:
        self.chars=stringSH
```

4. 串连接的函数

调用 StringList 类的成员函数 StringConcat(self,strSrc) 连接两个串，其算法思路和算法实现如下。

【算法思路】

（1）用 lengthSrc 获取待连接串的长度。

（2）用 stringSrc 获取待连接串的字符序列。

（3）计算当前串的长度与待连接串的长度之和，判断其是否小于或等于当前串的最大存储空间 MaxStringSize。

（4）若（3）为真，则将待连接串置于当前串的末尾，使其成为当前串的一部分；否则执行（5）。

（5）用 size 获取当前串的剩余存储空间。

（6）从待连接串的起始位置开始，截取长度为 size 的子串，将其连接到当前串的末尾。

（7）输出当前串。

【算法实现】

串连接的函数的实现代码如下。

```python
def StringConcat(self,strSrc):
    lengthSrc=strSrc.length
```

```
            stringSrc=strSrc.chars
            if lengthSrc+len(self.chars)<=self.MaxStringSize:
                self.chars=self.chars+stringSrc
            else:
                print(" 两个字符串连接后的长度超过分配的内存，超过的部分无法显示。")
                size=self.MaxStringSize-len(self.chars)
                self.chars=self.chars+stringSrc[0:size]
        print(" 连接后的字符串为：",self.chars)
```

5. 获取子串的函数

调用 StringList 类的成员函数 SubString(self,iPos,length)，从串的指定位置 iPos 开始，获取长度为 length 的子串，其算法思路和算法实现如下。

【算法思路】

（1）判断指定的位置及指定的长度是否可以进行子串的获取。

（2）若（1）为假，则输出"无法获取子串"的提示；否则执行（3）。

（3）从指定位置开始获取指定长度的子串，并输出获取的子串。

【算法实现】

获取子串的函数的实现代码如下。

```
def SubString(self,iPos,length):
    if iPos>len(self.chars)or iPos<0 or length<1 or(length>len(self.chars)-iPos):
        print(" 无法获取子串 ")
    else:
        substr=self.chars[iPos:iPos+length]
        print(" 获取的字串为：",substr)
```

在串的链式存储中，每个结点可以存放一个或多个字符，将每个结点存放的字符个数称为结点长度（也称"结点大小"）。有关串的链式存储及运算本文不做介绍，感兴趣的同学可以参考其他书籍。

4.3.3 串的模式匹配

在串 S 中寻找与串 T 相等的子串的过程称为串的模式匹配。其中，串 S 被称为主串或正文串，串 T 被称为模式串。若在串 S 中可以找到与串 T 相等的子串，则匹配成功，输出相匹配的子串中的第一个字符在主串 S 中出现的位置；否则匹配失败。模式匹配不一定是从主串的第一个位置开始，可以指定在主串中查找的起始位置 pos。

1. BF 算法

简单的模式匹配（Bruce-Force，BF）算法的基本思想：从主串 S 查找的起始位置 pos 开始和模式串 T 的第一个字符进行比较，若相等，则继续逐个比较后续字符，否则从串 S 的 pos+1 个字符开始再重新和串 T 进行比较。以此类推，直至串 T 中的每个字符依次和串 S 的一个连续的字符序列相等，则称模式匹配成功，此时串 T 的第一个字符在串 S 中的位置就是串 T 在串 S 中的位置，否则模式匹配不成功。

假设有主串 S="ababcabcacbab"和模式串 T="abcac"，BF 算法从主串 S 的指定位置 pos=1 处开始进行模式匹配，经过 6 次匹配过程，终于在主串 S 中找到了模式串 T。BF 算法匹配的过程如图 4-19 所示。

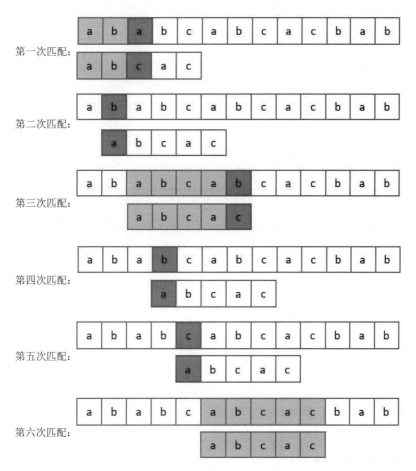

图 4-19　BF 算法匹配的过程

其算法思路和算法实现如下。

【算法思路】

（1）用 i 和 j 分别指示主串 S 和模式串 T 当前待比较字符的位置，初始时，i 为主串 S 的指定位置 pos，j 为模式串 T 的第一个字符的位置。

（2）若模式串 T 中仍存在未比较的字符且主串 S 中剩余未比较的字符序列的长度大于或等于模式串 T 的长度，则执行（3）～（7）；否则执行（8）。

（3）记下当前主串 S 的下标 i。

（4）判断两个串当前位置的字符是否相等。

（5）若（4）为真，则执行（6）；否则执行（7）。

（6）将 i 和 j 分别执行加 1 操作，并转（4）。

（7）将（3）中记下的 i 加 1 并赋值给 i，再将 j 的值修改为 0（此时 j 指示模式串 T 的第一个字符）；转（2），重新进行匹配。

（8）输出模式匹配失败的提示。

【算法实现】

BF 算法的实现代码如下。

```
def IndexBF(self,pos,T):
    count=0   #用于统计匹配次数
    length=T.length
    if len(self.chars)<length:
        print(" 模式串的长度大于主串的长度，无法进行字符串的模式匹配。")
```

```
    else:
        i=pos
        string=T.chars
        while (i<=len(self.chars)-length):
            iT=i
            j=0
            tag=False
            while j<length:
                if self.chars[i]==string[j]:
                    i=i+1
                    j=j+1
                else:
                    break
            if j==length:
                print(" 匹配成功！模式串在主串中首次出现的位置为 ",iT)
                tag=True
                break
            else:
                i=iT+1
                count=count+1
        if tag==False:
            print(" 匹配失败！ ")
        print(" 使用 BF 算法共进行了 ",count+1," 次匹配 ")
```

2. KMP 算法

BF 算法思路简单，便于读者理解，但执行效率太低。例如，在图 4-18 所示的串 S 和串 T 匹配的过程中，当第一次匹配失败后，需再次回退到主串 S 的第二个字符'b'进行匹配。但事实上可以跳过此次匹配，直接开始第三次匹配，因为在第一次匹配中已经匹配成功的字符为主串 S 中的子串 t= "ab"，子串 t 中除第一个字符是 'a' 以外，其他字符均不为 'a'。

那么为什么可以判定子串 t 中只有第一个字符是 'a' 呢？这是因为子串 t 与模式串 T= "abcac" 的前两个字符是匹配的，所以不需要将主串 S 的第二个字符 'b' 与模式串 T 的第一个字符 'a' 进行比较，即再次回退到主串 S 的第二个字符 'b' 进行匹配（第二次匹配）是多余的。

同理，在第三次匹配中，当 i=6、j=4 匹配失败后，第四次匹配时又从 i=3、j=0 重新比较，然而仔细观察会发现第四、五次匹配是不必要的，并且在第六次匹配中，主串中的 'a' 与模式串中的 'a' 的比较也是不必要的。因为从第三次匹配失败后的结果就可知，根据模式串部分匹配结果的情况可以推断主串中的第四、第五和第六个字符必然是 'b'、'c' 和 'a'（即模式串中第二、第三和第四个字符），所以这 3 个字符均不需要与模式串的第一个字符 'a' 进行比较，而仅需将模式串向右移动 3 个字符的位置继续进行比较即可。

基于上述分析，可以考虑对 BF 算法进行改进，即在匹配失败后，重新开始匹配时不改变主串 S 中的 i，只改变模式串 T 中的 j，从而减少匹配的次数，以提高模式匹配的效率。

改进的模式匹配算法是由克努特（D.E.Knuth）、莫里斯（J.H.Morris）和普拉特（V.R.Pratt）同时发现的，所以该算法又被称为克努特 - 莫里斯 - 普拉特算法，简称 KMP 算法。该算法的基本思想是在匹配失败后，无须回到主串和模式串最近一次开始比较的位置，而是在不改变主串已经匹配到的位置的前提下，根据已经匹配的部分字符，从模式串的某一位置开始继续进行串的模式匹配。

通常将模式串在当前位置 j 与主串对应位置的字符匹配失败后应移到的位置记为

ListNext[j]，下面给出其定义。

$$\text{ListNext}[j] = \begin{cases} -1, & j=0 \\ \text{Max}\{k|0<k<j且T[0{\sim}k-1]==T[j-k{\sim}j-1]\}, & \text{当此集合不为空时} \\ 0, & \text{其他情况} \end{cases}$$

当 j=0 时，若匹配失败，以 -1 表示，此时从模式串的第一个位置开始匹配。

给定模式串 T="abaabcac"，其 ListNext 值如表 4-5 所示。

表 4-5　模式串 T 的 ListNext 值

j	0	1	2	3	4	5	6	7
模式串 T	a	b	a	a	b	c	a	c
ListNext[j]	-1	0	0	1	1	2	0	1

在成功计算出 ListNext 值之后，就可以基于 ListNext 值并使用 KMP 算法进行串的模式匹配，其基本思想是：用 i 和 j 分别指示主串和模式串当前待比较的字符，令 i 和 j 的初值分别为 pos 和 0。若在匹配的过程中，i 和 j 指示的字符相等，则将 i 和 j 的值都加 1；否则 i 的值不变，令 j=ListNext[j]，将当前 j 指示的字符与 i 指示的字符再次进行比较，重复以上过程。比较时，若 j 的值为 -1，则需将主串的 i 值加 1，并将 j 回退到模式串起始位置，重新与主串进行匹配。

通过以上分析，可以基于主串 S、主串 S 的指定位置 iPos 和模式串 T，并借助 ListNext 给出 KMP 算法的实现，其算法思路和算法实现如下。

【算法思路】

（1）分别用 i 和 j 指示主串和模式串当前待比较的字符，初始时，i 等于主串 S 的指定位置 pos，j 指示模式串的第一个字符。

（2）若模式串和主串均未比较结束，则执行（3）～（6）；否则执行（7）。

（3）判断 j 的值是否为 -1 或两个串当前位置对应的字符是否相等。

（4）若（3）为真，则执行（5）；否则执行（6）。

（5）将 i 和 j 分别加 1。

（6）修改 j 的值为在当前位置匹配失败后应移到的位置 ListNext[j]，并转（2）。

（7）判断 j 是否等于模式串的长度。

（8）若（7）为真，则输出匹配成功的提示；否则执行（9）。

（9）输出匹配失败的提示。

【算法实现】

KMP 算法的实现代码如下。

```
def IndexKMP(self,pos,T,ListNext):
    i=pos
    j=0
    count=0    #用于统计匹配次数
    length=T.GetStringLength()
    string=T.GetString()
    while i<len(self.chars)and j<length:
        if j==-1 or self.chars[i]==string[j]:
            i=i+1
```

```
            j=j+1
        else:
            j=ListNext[j]
            count=count+1
    if j==length:
        print(" 匹配成功！模式串在主串中首次出现的位置为 ",i-length)
    else:
        print(" 匹配失败！ ")
    print(" 共进行了 ",count+1," 次匹配 ")
```

对于给定的一个模式串，求出 ListNext 值的算法思路和算法实现如下。

【算法思路】

（1）将长度为 n（假定模式串长度为 n）的列表 ListNext 中的所有元素的值初始化为 None，用于存储在位置 j 匹配失败后，下一次匹配时应从模式串开始匹配的位置，将该位置记为 k。

（2）令 ListNext [0]= -1，并令 k= -1。

（3）用变量 j 指示当前匹配到的字符，令 j=0。

（4）判断 j 是否小于当前字符串长度减 1。

（5）若（4）为真，则执行（6）～（10）；否则执行（11）。

（6）判断 k 是否等于 -1 或 j 指示的字符 self.chars[j] 是否等于 k 指示的字符 self.chars[k]。

（7）若（6）为真，则执行（8）～（9）；否则执行（10）。

（8）将 k 和 j 的值分别加 1。

（9）将 ListNext[j] 赋值为 k。

（10）将 ListNext[k] 赋值给 k。

（11）返回 ListNext 列表。

【算法实现】

求 ListNext 值函数的实现代码如下。

```python
def GetListNext(self):  # 由模式串 t 求出 ListNext 值
    ListNext=[None for x in range(0,100)]
    ListNext[0]=-1
    k=-1
    j=0
    while j<len(self.chars)-1:
        if k==-1 or self.chars[j]==self.chars[k]:   #j 遍历后缀，k 遍历前缀
            k=k+1
            j=j+1
            ListNext[j]=k
        else:
            k=ListNext[k]
    return ListNext
```

例 4-16   设模式串 t= "aaaab"，计算模式串 t 的 ListNext 值。

解：模式串 t 的 ListNext 值的求解过程如表 4-6 所示。模式串 t 的 ListNext 值如表 4-7 所示。

表 4-6　模式串 t 的 ListNext 值的求解过程

j	t[j]	t[j] 前面的子串	前缀	后缀	相同串	ListNext[j]
0	a					−1
1	a	a				0
2	a	aa	a	a	a	1
3	a	aaa	a，aa	a，aa	a，aa	2
4	b	aaaa	a，aa，aaa	a，aa，aaa	a，aa，aaa	3

表 4-7　模式串 t 的 ListNext 值

j	0	1	2	3	4
t[j]	a	a	a	a	b
ListNext[j]	−1	0	1	2	3

例 4-17　设主串 s= "aaabaaaab"，模式串 t= "aaaab"，给出采用 KMP 算法进行模式匹配的过程。

解：模式串 t 对应的 ListNext 值如表 4-7 所示。其采用的模式匹配过程如图 4-20 所示。

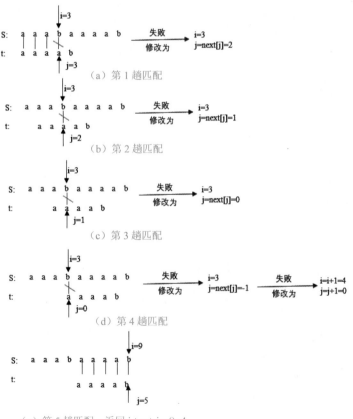

图 4-20　KMP 算法模式匹配的过程

首先，i=0，j=0，匹配到 i=3，j=3 失败为止；i 值不变，修改 j= ListNext[3]=2，匹配失败，i 值不变，继续修改 j= ListNext[2]=1，匹配失败，i 值不变，继续修改 j= ListNext[1]=0，匹

配失败，i 值不变，继续修改 j= ListNext[0]=-1，此时修改 i=i+1=4，j=j+1=0，匹配到 i=9，j=5 结束，最后返回 i-t.getsize()=4。

习　题

一、单选题

1. 栈的输入序列依次为 1，2，3，4，则不可能的出栈序列是（　　）。

　　A. 1243　　　　　B. 1432　　　　　C. 2134　　　　　D. 4312

2. 常用于函数调用的数据结构是（　　）。

　　A. 栈　　　　　　B. 队列　　　　　C. 链表　　　　　D. 数组

3. 在一个具有 n 个单元的顺序栈中，假定以地址低端（即 0 单元）作为栈底，以 top 为栈顶指针，则进行出栈处理时，top 变化为（　　）。

　　A. top++　　　　B. top--　　　　C. top 不变　　　D. top=0

4. 队列是（　　）。

　　A. 先进先出的线性表　　　　　　　B. 先进后出的线性表

　　C. 后进先出的线性表　　　　　　　D. 随意进出的线性表

5. 设计一个判别表达式中左右括号是否配对出现的算法，采用的最佳数据结构为（　　）

　　A. 线性表的顺序存储结构　　　　　B. 队列

　　C. 线性表的链式存储结构　　　　　D. 栈

6. 长度为 n 的链式队列用循环单链表表示，若只设头指针，则出队操作的时间复杂度为（　　）。

　　A. $O(1)$　　　　B. $O(\log_2 n)$　　　C. $O(n)$　　　D. $O(n^2)$

7. 循环队列存储在列表元素 A[0] 至 A[m] 中，则入队时的操作为（　　）。

　　A. rear=rear+1　　　　　　　　　　B. rear=(rear+1)%(m-1)

　　C. rear=(rear+1)%m　　　　　　　　D. rear=(rear+1)%(m+1)

8. 关于栈和队列的说法中正确的是（　　）。

　　A. 栈和队列都是线性结构

　　B. 栈是线性结构，队列不是线性结构

　　C. 栈不是线性结构，队列是线性结构

　　D. 栈和队列都不是线性结构

9. 关于串的叙述，不正确的是（　　）。

　　A. 串是字符的有限序列

　　B. 空串是由空格构成的串

　　C. 替换是串的一种重要运算

　　D. 串既可以采用顺序存储，也可以采用链式存储

10. 模式串"abaabcac"的 ListNext 值是（　　）。

　　A. [0 1 1 2 2 1 1 2]　　　　　　　B. [0 1 1 2 2 3 1 2]

　　C. [0 1 1 2 0 3 1 2]　　　　　　　D. [0 1 1 2 2 3 1 0]

二、填空题

1. 在栈中进行插入和删除操作的一端称为 _____。

2. 向一个栈顶指针为 hs 的链栈中插入一个 s 结点时，应执行操作：s.next=hs；_____。

3. 一个队列的输入序列是 (A,B,C,D)，则该队列的输出序列是 A,B,C,D，设栈 S 和队列 Q 的初始状态为空，元素 e1，e2，e3，e4，e5 和 e6 依次通过栈 S，元素退栈后即进入队列 Q，若 6 个元素的出队序列是 (e2,e4,e3,e6,e5,e1)，则栈 S 的容量至少为 _____。

4. 当利用大小为 n 的数组顺序存储一个队列时，该队列的最大容量为 _____。

5. 带头结点的链式队列的队头和队尾指针分别为 front 和 rear，则判断队空的条件为 _____。

6. 在具有 m 个单元的循环队列中，队头指针为 front，队尾指针为 rear，则队满的条件为 _____。

7. 串是含有零个或多个 _____ 的有限序列。

8. 设字符串 S1= "ABCDEFG"，S2= "PQRST"，则执行 S=CONCAT(SUBSTR(S1,2,LENGTH(S2)),SUBSTR(S1,LENGTH(S2),2)) 后 S 的结果为 _____。

9. 已知串 S= "aaab"，则 ListNext 值为 _____。

10. 若串 S= "software"，其子串的数目是 _____。

三、判断题

1. 栈和队列共同具有的特点是只允许在端点进行操作。　　　　　（　　）

2. 一个栈的输入序列是 (a, b, c, d, e, f)，则序列 (c, d, a, b, e, f) 不可能是栈的输出序列。
　　　　　（　　）

3. 消除递归不一定需要使用栈。　　　　　（　　）

4. 栈是实现过程和函数等子程序所必需的结构。　　　　　（　　）

5. 两个栈共用静态存储空间，每个栈也都存在空间溢出问题。　　　　　（　　）

6. 任何一个递归过程都可以转换成非递归过程。　　　　　（　　）

7. 两个栈共享一片连续内存空间时，为提高内存利用率，减少溢出机会，应把两个栈的栈底分别设在这片内存空间的两端。　　　　　（　　）

8. 栈是非线性数据结构。　　　　　（　　）

9. 空串是含有零个字符或含有空格字符的串。　　　　　（　　）

10. 串的长度是指串中所含字符的个数。　　　　　（　　）

四、综合题

1. 链栈中为何不设置头结点？

2. 在一个算法中需要建立多个栈时，可以选用以下三种方案之一，试问这三种方案各有什么优缺点？

（1）方案一：分别用多个顺序存储空间建立多个独立的顺序栈。

（2）方案二：多个栈共享一个顺序存储空间。

（3）方案三：分别建立多个独立的链栈。

3. 循环队列的优点是什么？如何判别它的空和满（列举多种方法）？

4. 设长度为 n 的链队用循环单链表表示，若设头指针，则入队出队操作的时间复杂度为多少？若只设尾指针呢？

5．一个双向栈 S 是在同一向量空间内实现的两个栈，它们的栈底分别设在向量空间的两端。试为此双向栈设计初始化 __init__(self)、入栈 PushStack(self, i, x) 和出栈 PopStack(self, i) 等算法，其中 i 为 1 或 2，用以表示栈号。

6．设计一个算法利用栈的基本运算将一个整数链栈中所有元素逆置。例如链栈 st 中元素从栈底到栈顶为 1,2,3,4，逆置后为 4,3,2,1。

7．阿克曼（Ackerman）函数定义如下，请写出递归算法。

$$AKM(m,n) = \begin{cases} n+1, & m=0 \\ AKM(m-1,1), & m \neq 0, \ n=0 \\ KM(m-1, AKM(m,n-1)), & m \neq 0, \ n \neq 0 \end{cases}$$

8．采用递归算法求整数数组 a[0,|,...,n-1] 中的最小值。

9．若算法 pow(x,n) 用于计算 xn（n 为大于 1 的整数）。完成以下任务：

（1）采用递归方法设计 pow(x,n) 算法。

（2）问执行 pow(x,10) 发生几次递归调用？ pow(x,n) 对应的算法复杂度是多少？

10．设计一个算法 Strcmp(s,t)，以字典顺序比较两个英文字母串 s 和 t 的大小，假设两个串均以顺序串存储。

第5章 树

树在计算机领域中有着非常广泛的应用，例如：在数据库系统中，用树来组织信息；在编译程序中，用树来表示源程序的语法结构；在分析算法的行为时，用树来描述其执行过程等。

学习目标

- 掌握二叉树的基本概念、性质和存储结构。
- 熟练掌握二叉树的前、中、后序遍历方法。
- 了解线索化二叉树的思想。
- 了解森林与二叉树的转换，树的遍历方法。
- 熟练掌握哈夫曼树的实现方法、构造哈夫曼编码的方法。

5.1 树的定义及相关术语

树形结构是一类非常重要的非线性结构，是以分支关系定义的层次结构。树在维基百科中的定义：树（Tree）是一种无向图（Undirected Graph），其中任意两个顶点间存在唯一一条路径。或者说，只要没有回路的连通图就是树。在计算机科学中，树是一种抽象数据类型或是实现这种抽象数据类型的数据结构，用来模拟具有树形结构性质的数据集合。

1. 树的定义

定义：树 T 是由 n 个（$n \geq 0$）结点组成的有限集合 T，这个集合或者为空（Empty），或者由一个根结点（Root）以及 m 棵不相交的树组成，其中：

（1）有且仅有一个特定的结点 R 称为树 T 的根结点。

（2）若 $n>0$，则除根结点之外，其余结点可被划分为 m（$m \geq 0$）个不相交的子集 T_1，T_2，T_3，…，T_m，每个子集都是树，称为 T 的子树（Subtree），且其相应根结点均为 R 的子结点。子树从左到右排列，其中 T_1 被称为 R 的最左子结点。

显然树是用树来定义的，即树是递归定义的。只有一个结点的树必定仅由根结点组成，如图 5-1 所示，结点 A 是树的根结点。其中图 5-1（a）为只有根结点的树，图 5-1（b）为一般树。

从树的定义可知，树中每个结点都只有有限个子结点或无子结点；没有父结点的结点称为根结点；每一个非根结点有且只有一个父结点；除了根结点外，每个子结点可以分为多个不相交的子树；树里面没有环路（Cycle）。

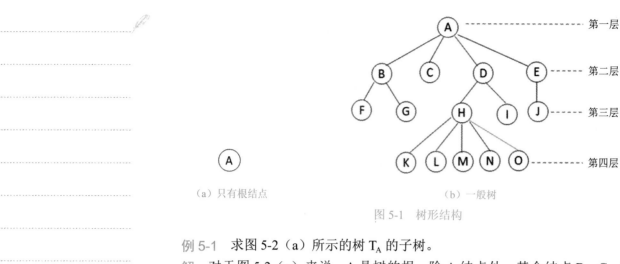

（a）只有根结点 　　　　　　　　　　　（b）一般树

图 5-1　树形结构

例 5-1　求图 5-2（a）所示的树 T_A 的子树。

解：对于图 5-2（a）来说，A 是树的根，除 A 结点外，其余结点 B、C、D、E 分成了 4 棵不相交的子树，故图 5-2（b）～图 5-2（e）都是树 T_A 的子树。

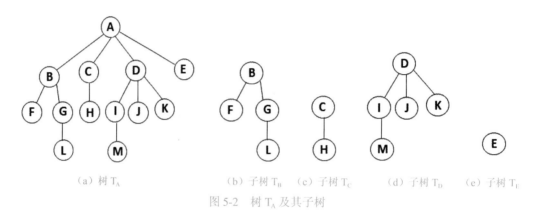

（a）树 T_A 　　　　（b）子树 T_B 　（c）子树 T_C 　　（d）子树 T_D 　　（e）子树 T_E

图 5-2　树 T_A 及其子树

例 5-2　指出图 5-3 所示非树的原因。

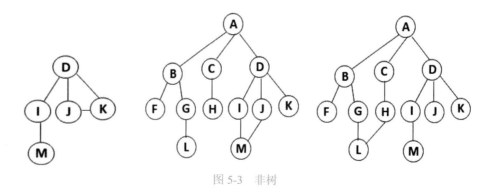

图 5-3　非树

解：在图 5-3 左图中，结点 D 与结点 J、K 产生了交集构成回路，违反了树的定义，故非树；在图 5-3 中图与右图中，I、J 结点来自于同一父结点 D，产生了相同的子集 M，G、H 结点分别来自于不同父结点 B 和 C，也产生了相同的子集 L，二者都有交集，违反了树的定义，故非树。

2. 树的基本术语

树形结构有着广泛的应用，经常被用来定义层次关系。为了进一步掌握树的相关特性，下面给出了树的基本术语。

（1）结点。一个数据元素及其若干指向其子树的分支,称之为结点（Node）。图 5-1（a）中的 A 是结点，图 5-1（b）中 A ～ O 都是结点。

（2）孩子结点、双亲结点。一个结点的子树称为该结点的孩子结点（Child）或子结点；相应地，该结点是其孩子结点的双亲结点（Parent）或父结点。

图 5-1（b）中结点 B、C、D、E 是结点 A 的孩子结点，而结点 A 是结点 B、C、D、E 的父结点；类似地，结点 F、G 是结点 B 的子结点，结点 B 是结点 F、G 的父结点。

（3）层次、兄弟结点、堂兄弟结点。规定树中根结点的层次为 1，其余结点的层次等于其父结点的层次加 1。若某结点在第 i（$i \geq 1$）层，则其子结点在第 $i+1$ 层。

同一父结点的所有孩子结点互称为兄弟结点。图 5-1(b)中结点 B、C、D、E 是兄弟结点；结点 K、L、M、N、O 是兄弟结点。

父结点在同一层上的所有结点互称为堂兄弟结点。图 5-1（b）中结点 F、G 与 H、I 与 J 互为堂兄弟结点。

（4）结点的度。结点所拥有的子树的棵数称为结点的度（Degree），也称为出度（Out Degree）。图 5-1（b）中，结点 A 的度为 4；B、D 的度为 2；E 的度为 1；H 的度为 5；C、F、G、I、J、K、L、M、N、O 的度为 0。

（5）树的度。树中结点的度的最大值称为树的度。图 5-1（b）中树的度为 5。

（6）叶子结点、非叶子结点。树中度为 0 的结点称为叶子（Left）结点（或终端结点）。相对应地，度不为 0 的结点称为非叶子结点（或非终端结点或分支结点）。除根结点外，其余分支结点又称为内部结点。图 5-1（b）中结点 C、F、G、I、J、K、L、M、N、O 的度为 0，它们是叶子结点，而其他结点都是分支结点；B、D、E、H 也称为内部结点。

（7）结点的层次路径、祖先结点、子孙结点。从根结点开始，到达某结点 p 所经过的所有结点成为结点 p 的层次路径（路径有且只有一条）。

结点 p 的层次路径上的所有结点(p 除外)都称为 p 的祖先结点(Ancester)。在图 5-1(b)中，A 到 K 的路径是 ADHK；其中 A、D、H 是 K 的祖先结点。

以某一结点为根的子树中的任意结点称为该结点的子孙结点（Descent）。在图 5-1(b)中，除 A 结点之外，其余结点都是 A 的子孙结点。

（8）树的深度。树的深度（Depth）是指树中结点的最大层次值，又被称为树的高度，图 5-1（b）中树的深度为 4。

（9）有序树和无序树。对于一棵树，若其中每一个结点的子树具有一定的次序，则该树为有序树，否则为无序树。在有序树中，总是从左至右用整数 1，2，…，$m-1$，m 给结点各端子树规定序号。

（10）森林。森林（Forest）定义为 m（$m \geq 0$）棵互不相交的树的集合。显然，若将一棵树的根结点删除，剩余的子树就构成了森林。

5.2 二 叉 树

二叉树（Binary Tree）是树形结构的一个重要类型。许多实际问题抽象出来的数据结构往往是二叉树形式，即使是一般的树也能简单地转换为二叉树，而且二叉树的存储结构及算法都较为简单，因此二叉树特别重要。二叉树的特点是每个结点最多只能有两棵子树，且有左右之分。

5.2.1 二叉树的定义

与树的定义类似，二叉树的定义是递归的。

二叉树是 n（$n \geq 0$）个结点的有限集合。若 $n=0$，则为空树，否则：

（1）有且只有一个结点，称之为树的根结点。

（2）若 $n>1$，其余的结点被分成两个互不相交的子集 T_1、T_2，分别称之为左、右子树，并且左、右子树又都是二叉树。

有关树的相关术语都适用于二叉树。

二叉树是有序树，当某个结点仅有一个孩子结点时，一定要明确是该结点的左孩子结点还是右孩子结点。因此根据二叉树的定义，可以推知二叉树具有 5 种基本形态，如图 5-4 所示。

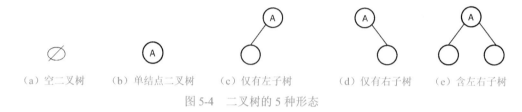

（a）空二叉树　　（b）单结点二叉树　　（c）仅有左子树　　（d）仅有右子树　　（e）含左右子树

图 5-4　二叉树的 5 种形态

例 5-3　具有三个结点的二叉树可有哪几种形态？

解：假设这三个结点不区分数据值，则依据二叉树是有序树的特性，其共有 5 种形态，如图 5-5 所示。

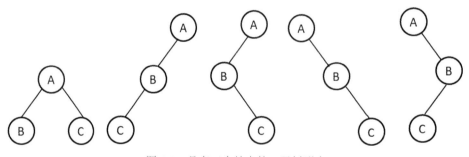

图 5-5　具有三个结点的二叉树形态

从图 5-5 可知，确定某一个结点为另一结点的孩子结点时，必须明确是左孩子结点还是右孩子结点，左右孩子结点不同，则二叉树就不同。

大家可以思考一下，如果是三个结点的普通树，又具有哪几种形态？

二叉树在树形结构中起着非常重要的作用。因为二叉树结构简单，存储效率高，比树的操作算法相对简单，且任何树都很容易转化成二叉树结构（详见 5.3 节）。

5.2.2 二叉树的性质

二叉树的性质主要有五个。

性质 1：在非空二叉树中，第 i 层上至多有 2^{i-1} 个结点（$i \geq 1$）。

性质 1 可用数学归纳法证明。

证明：当 $i=1$ 时，只有一个根结点，$2^{1-1}=2^0=1$，命题成立。

现假设在 $i>1$ 时，处在第 $i-1$ 层上至多有 $2^{(i-1)-1}$ 个结点。

由归纳假设可知，第 i-1 层上至多有 2^{i-2} 个结点。由于二叉树每个结点的度最大为 2，故在第 i 层上最大结点数为第 i-1 层上最大结点数的 2 倍，即 $2 \times 2^{i-2} = 2^{i-1}$，命题成立。

从性质 1，可以推出第 i 层上至少有 1 个结点。

性质 2：深度为 k 的二叉树至多有 2^k-1 个结点（$k \geqslant 1$）。

证明：深度为 k 的二叉树的最大的结点数为二叉树中每层上的最大结点数之和。

由性质 1 可知，二叉树的第 1 层，第 2 层，…，第 k 层上的结点数至多有 2^0，2^1，…，2^{k-1}，总的结点数至多为 $2^0+2^1+\cdots+2^{k-1}=2^k-1$。

从性质 2 可知，深度为 k 的二叉树至少有 k 个结点。

性质 3：对任何一棵二叉树，若其叶子结点数为 n_0，度为 2 的结点数为 n_2，则 $n_0=n_2+1$。

证明：设在二叉树中，度为 1 的结点数为 n_1，总结点数为 N，因为二叉树中所有结点的度，均小于或等于 2，则有 $N=n_0+n_1+n_2$。再看二叉树中的分支数：除根结点外，其余每个结点都有唯一的一个进入分支，而所有这些分支都是由度为 1 和 2 的结点射出的。设 B 为二叉树中的分支总数，则有 $N=B+1$，

$$B = n_1+2n_2$$
$$N=B+1=n_1+2n_2+1$$
$$n_0+n_1+n_2=n_1+2n_2+1$$

即
$$n_0=n_2+1$$

例 5-4 已知二叉树有 65 个叶子结点，则该二叉树的总结点数最少为多少？

解：在二叉树中，设度为 0 的结点数为 N_0，度为 1 的结点数为 N_1，度为 2 的结点数为 N_2，根据性质 3 可知：$N_0 = N_2+1$。所以，有 65 个叶子结点的二叉树，有 64 个度为 2 的结点。若要使该二叉树的结点数最少，度为 1 的结点应为 0 个，即总结点数 $N= N_0 + N_1+ N_2 =129$。

一棵深度为 k 且有 2^k-1 个结点的二叉树为满二叉树（Full Binary Tree）。满二叉树有严格的形状要求：从根结点起每一层从左到右填充，且每一层都是满的。根据满二叉树的定义可知满二叉树具有如下特点。

（1）每一层上的结点数总是最大结点数。

（2）满二叉树的所有的分支结点都有左、右子树。

（3）可对满二叉树的结点进行连续编号，规定从根结点开始，按"自上而下、自左至右"的原则进行。

图 5-6（a）所示就是一棵深度为 4 的满二叉树。

如果深度为 k，有 n 个结点的二叉树，当且仅当其每一个结点都与深度为 k 的满二叉树中编号从 1 到 n 的结点一一对应时，该二叉树被称为完全二叉树（Complete Binary Tree）。或深度为 k 的满二叉树中编号从 1 到 n 的前 n 个结点构成了一棵深度为 k 的完全二叉树，其中 $2^{k-1} \leqslant n \leqslant 2^k-1$。

完全二叉树是满二叉树的一部分，而满二叉树是完全二叉树的特例。

完全二叉树具有以下特点：若完全二叉树的深度为 k，则所有的叶子结点都出现在第 k 层或 k-1 层。对于任一结点，如果其右子树的最大层次为 l，则其左子树的最大层次为 l 或 l+1。完全二叉树有严格的形状要求：从根结点起每一层从左到右填充。一棵深度为 d 的完全二叉树除了第 d-1 层，每一层都是满的，即底层叶结点集中在左边的若干位置上。

图 5-6（b）所示是一棵完全二叉树。

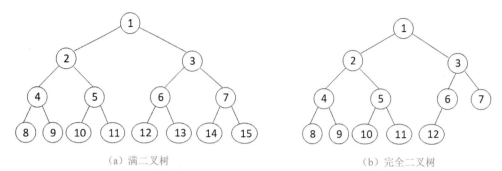

（a）满二叉树　　　　　　　　　　　　　（b）完全二叉树

图 5-6　特殊形态的二叉树

性质 4：具有 n 个结点的完全二叉树的深度为 $\lfloor \log_2 n \rfloor + 1$，其中，符号 $\lfloor x \rfloor$ 表示不大于 x 的最大整数。

证明：假设完全二叉树的深度为 k，则根据性质 2 及完全二叉树的定义有：

$$2^{k-1} - 1 < n \leq 2^k - 1 \quad \text{或} \quad 2^{k-1} \leq n < 2^k$$

取对数得：

$$k-1 < \log_2 n < k$$

因为 k 是整数，所以 $k = \lfloor \log_2 n \rfloor + 1$。

例 5-5　一棵完全二叉树有 1000 个结点，计算出其叶子结点的个数。

解：根据完全二叉树的定义，可知完全二叉树度为 1 的结点数 n_1 只能是 0 或 1，又根据性质 3 可知，度为 0 的结点数 n_0 是度为 2 的结点数 n_2 加 1，即 $n_0 = n_2 + 1$，故

$$1000 = n_0 + n_1 + n_2 = n_1 + 2n_0 - 1$$

由于 n_0，n_1，n_2 均为整数，为使等式成立，n_1 取 1，可计算出 $n_0 = 500$，故叶子结点数为 500。

性质 5：若对一棵有 n 个结点的完全二叉树（深度为 $\lfloor \log_2 n \rfloor + 1$）的结点按层（从第 1 层到第 $\lfloor \log_2 n \rfloor + 1$ 层）顺序自左至右进行编号，则对于编号为 i（$1 \leq i \leq n$）的结点：

（1）若 $i = 1$，则结点 i 是二叉树的根，无父结点；若 $i > 1$，则其父结点的编号是 $\lfloor i/2 \rfloor$。

（2）若 $2i > n$，则结点 i 为叶子结点，无左孩子结点；否则，其左孩子结点编号是 $2i$。

（3）若 $2i+1 > n$，则结点 i 无右孩子结点；否则，其右孩子结点编号是 $2i+1$。

证明：用数学归纳法证明。

首先证明（2）和（3），然后由（2）和（3）导出（1）。

当 $i = 1$ 时，由完全二叉树的定义可知，结点 i 的左孩子结点的编号是 2，右孩子结点的编号是 3。

若 $2 > n$，则二叉树中不存在编号为 2 的结点，说明结点 i 的左孩子结点不存在。

若 $3 > n$，则二叉树中不存在编号为 3 的结点，说明结点 i 的右孩子结点不存在。

现假设对于编号为 j（$1 \leq j \leq i$）的结点，（2）和（3）成立。即：

①当 $2j \leq n$ 时，结点 j 的左孩子结点编号是 $2j$；当 $2j > n$ 时，结点 j 的左孩子结点不存在。

②当 $2j+1 \leq n$ 时，结点 j 的右孩子结点编号是 $2j+1$；当 $2j+1 > n$ 时，结点 j 的右孩子结点不存在。

当 $i=j+1$ 时，由完全二叉树的定义可知，若结点 i 的左孩子结点存在，则其左孩子结点的编号一定等于编号为 j 的右孩子结点的编号加 1，即结点 i 的左孩子结点的编号为 $(2j+1)+1=2(j+1)=2i$，如图 5-7 所示，且有 $2i \leqslant n$。相反，若 $2i>n$，则左孩子结点不存在。同样地，若结点 i 的右孩子结点存在，则其右孩子的编号为 $2i+1$，且有 $2i+1 \leqslant n$。相反，若 $2i+1>n$，则左孩子结点不存在。结论（2）和（3）得证。

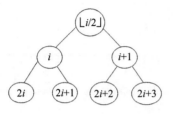
（a）i 和 $i+1$ 结点在同一层

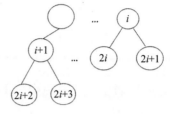
（b）i 和 $i+1$ 结点不在同一层

图 5-7　完全二叉树中结点 i 和 $i+1$ 的左右孩子结点

再由（2）和（3）来证明（1）。

当 $i=1$ 时，显然编号为 1 的是根结点，无父结点。

当 $i>1$ 时，设编号为 i 的结点的父结点的编号为 m，若编号为 i 的结点是其父结点的左孩子结点，则由（2）有：$i=2m$，即 $m=i/2$。若编号为 i 的结点是其父结点的右孩子结点，则由（3）有：$i=2m+1$，即 $m=(i-1)/2$。所以当 $i>1$ 时，其父结点的编号为 $i/2$。结论（1）得证。

5.2.3　二叉树的存储结构

在 Python 中，二叉树既可以用列表、元组实现静态存储，也可用结点类的构造，实现链式动态存储。

1. 列表表示树结构

二叉树是递归定义的，各结点可以视作一个三元组，元素是本结点和左右子树的数据，基于列表类型很容易实现二叉树。

（1）二叉树的列表表示。在二叉树的列表中，若是空二叉树，则用 [ ] 表示；若二叉树非空，将根结点 root 的值存储为列表的第一个元素，列表的第二个元素本身将是一个表示左子树 left 的列表，列表的第三个元素将是表示右子树 right 的另一个列表，这样列表可作为函数将二叉树形式化。二叉树数据结构的定义如下。

```
def BinaryTree(r):
    return [root,left,right]
```

BinaryTree 函数简单地构造一个具有根结点和左右两个孩子结点的二叉树。

图 5-8 所示为一棵二叉树，其相应的列表实现如下。

```
myTree = [ 'A', [ 'B', [ ],
              ['C', ['D', [ ],
                ['E', [ ], 'F' ] ] ] ],
          ['G', ['H', ['I', [ ],
            ['J', [ ], 'K' ] ] ] ] ]
```

树的根是 myTree['A']，根的左子树是 myTree['B']，右子树是 myTree['G']。

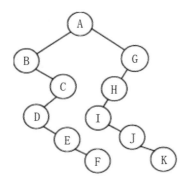

图 5-8   一棵二叉树

（2）在列表表示的二叉树中插入结点。在二叉树中如果要插入一个结点为左子树，则需要在根列表的第二个位置插入一个新的列表。如果在列表中第二个位置已有数据，则需要跟踪它，并且沿着二叉树的左子树向下搜索，直到找到空余位置（左子树为空），此时将待插入结点添加到列表中。同理，可以在二叉树中插入一个新结点作为二叉树的右子树。

在实际操作中，若要插入一个左子树结点，首先获得与当前左子树结点对应的（可能为空的）列表，再添加新的左子树，并将原来的左子树结点作为新左子树结点的左子树结点。这样将允许在任何位置将新结点插入二叉树中。

插入左子树结点算法如下。

```python
def insertLeft(root,newBranch):
    t = root.pop(1)
    if len(t) > 1:
        root.insert(1,[newBranch,t,[]])
    else:
        root.insert(1,[newBranch, [], []])
    return root
```

插入右子树结点算法如下。

```python
def insertRight(root,newBranch):
    t = root.pop(2)
    if len(t) > 1:
        root.insert(2,[newBranch,[],t])
    else:
        root.insert(2,[newBranch,[],[]])
    return root
```

（3）取值操作。对于二叉树的取值操作，可通过访问下面的函数来实现获取根结点的值，获得二叉树的左子树以及右子树。

```python
def getRootVal(root):            # 获取根结点的值
    return root[0]
def setRootVal(root,newVal):     # 设置根结点的值
    root[0] = newVal
def getLeftChild(root):          # 获取左子树
    return root[1]
def getRightChild(root):         # 获取右子树
    return root[2]
```

2. 二叉树链式存储

二叉树的链式存储也称为二叉链表。

（1）结点的表示。二叉树链式存储的每个结点包括结点值、左孩子和右孩子，如图 5-9 所示。

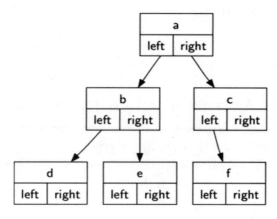

图 5-9　二叉树的链式结构

图 5-9 表示二叉树的链式存储的方法使用了结点和引用。在这种情况下，需定义一个具有根值属性的类，以及左子树和右子树。它的结构类定义如下。

```
class NodeTree:
    def __init__(self, root=None, lchild=None, rchild=None):
        self.root = root
        self.lchild = lchild
        self.rchild = rchild
```

上述二叉树 NodeTree 类的定义中，构造函数获取某种对象存储在根中，即存储结点值的名称作为二叉树的根值，二叉树的根对象可以是对任何对象的引用。lchild 和 rchild 的属性将成为对二叉树 NodeTree 类的其他实例的引用。当在二叉树中插入一个新的左孩子结点时，只需在根结点中修改 self.lchild 来引用新二叉树结点。如使用结点和引用来表示图 5-9 中的二叉树，需创建 NodeTree 类的 6 个实例。

```
nodeTree = NodeTree('a',
            lchild=NodeTree('b',
                    lchild=NodeTree('d'),
                    rchild=NodeTree('e')),
            rchild=NodeTree('c',
                    lchild=NodeTree('f')))
```

（2）在链式存储的二叉树中插入结点。在二叉树中插入一个左子树结点，首先要创建一个新的二叉树对象，并设置二叉树根的左边属性来引用这个新对象。引用时，有两种情况，一是二叉树的根结点没有左子树结点，只需要添加新结点。另一种情况是，二叉树根结点有左子树结点，则需先插入新结点，并将二叉树原左子树的结点放到二叉树中的下一层。

```
def insertLeft(self, newNode):
    if self.lchild == None:
        self.lchild = NodeTree(newNode)
    else:
        t = NodeTree(newNode)
        t.lchild = self.lchild
        self.lchild = t
```

同理，可以在二叉树中插入右子树结点。

```
def insertRight(self,newNode):
    if self.rchild == None:
        self.rchild = NodeTree (newNode)
    else:
        t = NodeTree (newNode)
        t.rchild = self.rchild
        self.rchild = t
```

（3）取值操作。对于二叉树的取值操作，可通过访问下面的函数来实现获取根结点的值，获得二叉树的左子树以及右子树。

```
def getRootVal(self):          # 获取根结点的值
    return self.key
def setRootVal(self,obj):      # 设置根结点的值
    self.key = obj
def getLeftChild(self):        # 获取左子树
    return self.leftChild
def getRightChild(self):       # 获取右子树
    return self.rightChild
```

5.2.4 遍历二叉树

遍历二叉树（Traversing Binary Tree）是指按照一定的规律和次序访问二叉树中的各个结点，每个结点只访问一次。在访问每个结点时，可以输出结点的有关信息，也可以做规定的其他动作，如修改结点信息的值。对每个结点都进行一次访问并将其列出，称为二叉树结点的枚举（Enumeration）。

二叉树是一种非线性结构，每个结点都可能有左、右两棵子树，因此，要遍历二叉树，需要寻找一种规律，对二叉树的各个结点进行排序，使二叉树上的结点能排列在一个线性队列上，从而便于遍历。

二叉树的遍历方法根据树的访问策略可分为很多种，重要的是深度优先遍历和广度优先遍历。

1. 深度优先遍历

深度优先遍历会尽量从根结点访问到叶子结点，再回溯至最近一次有未访问孩子结点的结点，再访问到其叶子结点。令 L 为左孩子结点，D 为根结点，R 为右孩子结点，则对于二叉树的每个结点可有以下 6 种排列方式：DLR、LDR、RDL、DRL、LRD、RLD。如果限定先左后右的次序，则只有 3 种遍历，并以根结点的被访问的先后顺序，称之前序遍历 DLR、中序遍历 LDR 和后序遍历 LRD。

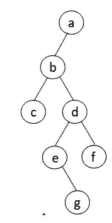

前序遍历二叉树的顺序是根结点、左子树、右子树，对其左右子树仍采用前序遍历。如图 5-10 所示，前序遍历的排序是 abcdegf。

中序遍历二叉树的顺序是左子树、根结点、右子树，对其左右子树仍采用中序遍历。如图 5-10 所示，中序遍历的排序是 cbegdfa。

后序遍历二叉树的顺序是左子树、右子树、根结点，对其左右子树仍采用后序遍历。如图 5-10 所示，后序遍历的排序是 cgefdba。

图 5-10　二叉树

（1）前序遍历，就是按前序排列的次序访问二叉树中的每一个结点，且只访问一次。前序遍历的过程用递归很容易实现，遍历是从根结点开始，遇到每一个结点时，其遍历过程为：①访问根结点；②前序遍历左子树（递归调用本算法）；③前序遍历右子树（递归调用本算法）。

前序遍历的递归算法如下。

```
def pre_order_recursive(self, T):
    if T == None:
        return
    print(T.root, end=' ')
    self.pre_order_recursive(T.lchild)
    self.pre_order_recursive(T.rchild)
```

前序遍历如果采用非递归算法，设 T 是二叉树根结点，则非递归算法的实现过程为：

1）若二叉树根结点 T 为空，说明是空二叉树，遍历结束。

2）若二叉树根结点 T 不为空，初始化堆栈置为空。当 T 不为空或堆栈不为空时：

步骤 I　若是二叉树结点 T 不为空，重复做：T 进栈；访问 T 结点；T=T.lchild，此时若结点 T 不为空，转步骤 I，否则转步骤 II。

步骤 II　将堆栈顶点结点弹出到 T，T=T.rchild，若结点 T 不为空转步骤 I，若为空则转步骤 II。

3）当结点 T 为空，且堆栈空则遍历完成。

前序遍历的非递归算法如下。

```
def pre_order_non_recursive(self, T):  # 借助栈实现前序遍历
    if T == None:
        return
    stack = []
    while T or len(stack) > 0:
        if T:
            print(T.root, end=' ')
            stack.append(T)
            T = T.lchild
        else:
            T = stack[-1]
            stack.pop()
            T = T.rchild
```

在前序遍历的非递归算法中，需要定义一个栈 stack，用以存放已处理的根结点，以备处理该结点的左子树之后，再处理该结点的右子树。显然，开始时栈 stack 为空，栈的容量与二叉树的深度有关，若每个结点需 1 个存储单位，则深度为 k 的二叉树，栈 stack 需要 k 个存储单位。

算法中，两个 while 语句的循环条件都不满足时，循环才结束。因为开始时，堆栈 stack 一定是空的，而二叉树不为空，可以开始循环，此时 if 条件语句满足结点不为空，访问结点，并将结点压入堆栈，然后取结点的左子树结点，直到左子树结点为空；此时结点为空，但堆栈不为空，while 循环继续，此时循环体内的 if 语句条件不满足，故将堆栈 stack 中的结点弹出，获取该结点的右子树结点，直到右子树结点为空，且堆栈为空，算法结束。

例如，按前序遍历图 5-10 所示的二叉树，该二叉树前序遍历的排序为 abcdegf，经前

序遍历的非递归算法之后，各步的栈 stack、结点 T 及处理信息项如表 5-1 所示。

表 5-1　图 5-10 的二叉树前序遍历非递归算法的执行情况

步骤	处理信息项	栈 stack	结点 T
初态		空	a
1	a	a	b
2	b	ab	c
3	c	abc	^（c 无左孩子结点）
4		ab	^（c 无右孩子结点）
5		a	d
6	d	ad	e
7	e	ade	^（e 无左孩子结点）
8		ad	g
9	g	adg	^（g 无左孩子结点）
10		ad	^（g 无右孩子结点）
11		a	f
12	f	af	^（f 无左孩子结点）
13		a	^（f 无右孩子结点）
14		空	^（a 无右孩子结点）

注意：在算法中，访问根结点为向屏幕输出根结点的数据值，在实际应用中，可以根据需求另外定义访问根结点操作的函数。

（2）中序遍历，就是按中序排列的次序访问二叉树中的每一个结点，且只访问一次。中序遍历的过程用递归很容易实现，遍历是从根结点开始，遇到每一个结点时，其遍历过程为：①中序遍历左子树（递归调用本算法）；②访问根结点；③中序遍历右子树（递归调用本算法）。

中序遍历的递归算法如下。

```
def mid_order_recursive(self, T):
    if T == None:
        return
    self.mid_order_recursive(T.lchild)
    print(T.root, end=' ')
    self.mid_order_recursive(T.rchild)
```

中序遍历二叉树的非递归算法与前序遍历二叉树的非递归算法类似，算法如下。

```
def mid_order_non_recursive(self, T):    # 借助栈实现中序遍历
    if T == None:
        return
    stack = []
    while T or len(stack) > 0:
        if T:
            stack.append(T)
            T = T.lchild
```

```
else:
    T = stack.pop()
    print(T.root, end=' ')
    T = T.rchild
```

例如，按中序遍历图 5-10 所示的二叉树，该二叉树中序遍历的排序为 cbegdfa，经中序遍历的非递归算法之后，各步的栈 stack、结点 T 及处理信息项如表 5-2 所示。

表 5-2　图 5-10 的二叉树中序遍历非递归算法的执行情况

步骤	处理信息项	栈 stack	结点 T
初态		空	a
1		a	b
2		ab	c
3		abc	^（c 无左孩子结点）
4	c	ab	^（c 无右孩子结点）
5	b	a	d
6		ad	e
7		ade	^（e 无左孩子结点）
8	e	ad	g
9		adg	^（g 无左孩子结点）
10	g	ad	^（g 无右孩子结点）
11	d	a	f
12		af	^（f 无左孩子结点）
13	f	a	^（f 无右孩子结点）
14	a	空	^（a 无右孩子结点）

现在，分析一下前序遍历和中序遍历算法的效率，假定二叉树结点为 n 个，对每个结点入出栈一次，即入栈、出栈都需要处理 n 次，这样遍历每个结点的时间为 $O(n)$，所需空间为树的深度 k 乘以每个结点所需的空间，即 $O(k)$。

（3）后序遍历，就是按后序排列的次序访问二叉树中的每一个结点，且只访问一次。后序遍历的过程用递归很容易实现，遍历是从根结点开始，遇到每一个结点时，其遍历过程为：①后序遍历左子树（递归调用本算法）；②后序遍历右子树（递归调用本算法）；③访问根结点。

后序遍历的递归算法如下。

```
def post_order_recursive(self, T):
    if T == None:      #T is not None:
        return
    self.post_order_recursive(T.lchild)
    self.post_order_recursive(T.rchild)
    print(T.root, end=' ')
```

对于后序遍历的非递归算法，采用两个栈处理各结点。栈 stack1 记录每一个结点处理的情况，按照先遍历根结点，再遍历左子树，最后是右子树（与前序遍历类似）的顺序将遇到的二叉树结点压入栈 stack1；依照后序遍历规则，当栈 stack1 的元素弹出时，将其压入栈 stack2，根据堆栈的"先进后出"的特点逆序输出结果，实现二叉树的后序遍历。处理步骤如下。

当二叉树不为空时，将栈 stack1 和栈 stack2 的初值设为空，并将二叉树的根结点 T 压入栈 stack1。当栈 stack1 不为空的时候重复下列操作：①弹出栈 stack1 栈顶结点到 node；②判断结点 node 是否有左孩子结点，若有，则 node=node.lchild，将左孩子结点压入栈；③判断结点 node 是否有右孩子结点，若有，则 node=node.rchild，将右孩子结点压入栈；④将栈顶结点 node 压入栈 stack2，回到步骤①，直到栈 stack1 为空。

当栈 stack2 不为空时，弹出栈中元素并处理，其算法如下。

```python
def post_order_non_recursive(self, T):  # 借助两个栈实现后序遍历
    if T == None:
        return
    stack1 = []
    stack2 = []
    stack1.append(T)
    while stack1:
        node = stack1.pop()
        if node.lchild:
            stack1.append(node.lchild)
        if node.rchild:
            stack1.append(node.rchild)
        stack2.append(node)
    while stack2:
        print(stack2.pop().root, end=' ')
    return
```

按后序遍历图 5-10 所示的二叉树，该二叉树后序遍历的排序为 cgefdba，经非递归后序遍历算法之后，各步的栈 stack、结点 T 及处理信息项如表 5-3 所示。

表 5-3　图 5-10 的二叉树后序遍历非递归算法的执行情况

步骤		处理信息项	栈 stack1	栈 stack2	结点 T	说明
初态	1		空	空	空	
	2		a			将根结点 T=a 压入堆栈（循环前）
循环 1	1		b	a	a	a 出栈 1，a 左孩子结点 b 入栈 1，a 无右孩子结点，a 入栈 2
	2		dc	ba	b	b 出栈 1，b 左孩子结点 c 入栈 1，b 右孩子结点 d 入栈 1，b 入栈 2
	3		fec	dba	d	d 出栈 1，d 左孩子结点 e 入栈 1，d 右孩子结点 f 入栈 1，d 入栈 2
	4		ec	fdba	f	f 出栈 1，f 无左孩子结点，f 无右孩子结点，f 入栈 2
	5		gc	efdba	e	e 出栈 1，e 无左孩子结点，e 右孩子结点 g 入栈 1，e 入栈 2
	6		c	gefdba	g	g 出栈 1，g 无左孩子结点，g 无右孩子结点，g 入栈 2
	7		∧	cgefdba	c	c 出栈 1，c 无左孩子结点，c 无右孩子结点，c 入栈 2

续表

o	步骤	处理信息项	栈 stack1	栈 stack2	结点 T	说明
循环 2	8	c	^	gefdba	c	
	9	g	^	efdba	c	
	10	e	^	fdba	c	
	11	f	^	dba	c	
	12	d	^	ba	c	
	13	b	^	a	c	
	14	a	^	^	c	

后序遍历算法的效率：假定二叉树结点为 n 个，对每个结点入出栈两次，即入栈、出栈都需要处理 n 次，这样遍历每个结点的时间为 $O(n)$，所需空间为结点的个数 n 乘以每个结点所需的空间，即 $O(n)$。

2. 广度优选遍历

广度优先遍历二叉树也称为层次遍历二叉树，是从二叉树的最高层根结点开始，按层次次序"自上而下，从左至右"逐层向下访问树中的每一个结点。对于图 5-10 所示的二叉树，其层次遍历为 abcdefg。

为保证是按层次遍历，需设置一个队列（其实是一个栈），初始化时为空。

设 T 是指向根结点的指针变量，层次遍历的非递归算法描述如下。

若二叉树为空，则返回；否则，根结点 T 入队。当队列不为空的时候，做以下操作：①队首元素出队到 node；②访问 node 结点；③将 node 结点的左、右孩子结点依次入队；返回①，直到队空为止。

```python
def level_order(self, T):
    if T == None:
        return
    stack = []
    stack.append(T)
    while stack:
        node = stack.pop(0)  # 实现先进先出
        print(node.root, end=' ')
        if node.lchild:
            stack.append(node.lchild)
        if node.rchild:
            stack.append(node.rchild)
```

例 5-6　遍历二叉树，输出二叉树中的叶子结点。

解：要想输出二叉树中的叶子结点，可在二叉树的遍历算法中增加检测结点的"左右子树是否都为空"。以前序递归遍历为例，在输出结点时，先判断其左右子树是否都为空，若为空则说明该结点为叶子结点，输出，否则不输出，继续遍历。算法如下。

```python
def pre_order_printleaf(self, T):
    if T == None:
        return
    if T.lchild==None and T.rchild==None:  # 判断 T 结点无左右子树
        print(T.root, end=' ')
    self.pre_order_printleaf(T.lchild)
    self.pre_order_printleaf(T.rchild)
```

如果将输出二叉树的叶子结点，改为求二叉树叶子结点的总数，这个算法该如何修改？算法如下。

```
# 求二叉树叶子结点总数
def pre_order_countleaf(self, T):
    if T == None:
        return 0                                    # 空二叉树叶子结点数为 0
    if T.lchild==None and T.rchild==None :          # 判断 T 结点无左右子树
        return 1                                    # 是叶子结点，返回 1
    else:                                           # 返回左、右子树叶子结点之和
    return self.pre_order_printleaf(T.lchild)+ self.pre_order_printleaf(T.rchild)
```

例 5-7　遍历二叉树，输出二叉树的深度。

解：对于二叉树的深度来说，是取左、右子树中的最大值，然后加 1，即 $h=\max(h_L, h_R)+1$，如图 5-11 所示。

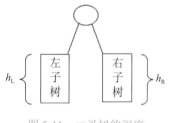

图 5-11　二叉树的深度

以前序递归遍历二叉树为例，返回遍历左、右子树的最大次数加 1，就获取了树的深度，其算法如下。

```
def pre_order_getheight(self, T):
    if T == None:
        return 0                            // 空树深度为 0
    HL=self.pre_order_ getheight (T.lchild)  // 求左子树深度
    HR=self.pre_order_ getheight (T.rchild)  // 求右子树深度
    if HL>HR:                               // 取左右子树较大的深度
        H=HL
    else:
        H=HR
    return H+1                              // 返回二叉树的深度
```

例 5-8　若已知一棵二叉树的前序遍历序列是 BEFCGDH，中序遍历序列是 FEBGCHD，请画出这棵二叉树。

解：前序遍历序列的第一个结点 B 就是根结点，这个根结点 B 能够在中序遍历序列中将其余结点分割成两个子序列 FE 和 GCHD，根结点前面部分 FE 是左子树上的结点，而根结点后面的部分 GCHD 是右子树上的结点。

根据这两个子序列，在前序遍历序列中找到对应的左子序列和右子序列，它们分别对应左子树和右子树。

前序遍历：B EF（左子树）CGDH（右子树）

中序遍历：FE（左子树）B GCHD（右子树）

然后对左子树和右子树分别递归使用相同的方法继续分解。获得的二叉树如图 5-12 所示。

结论：若二叉树中各结点的值均不相同，则由二叉树的前序序列和中序序列，或由其

后序序列和中序序列均能唯一地确定一棵二叉树，但由前序序列和后序序列却不一定能唯一地确定一棵二叉树。

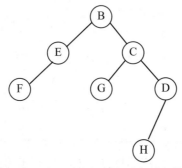

图 5-12　前序遍历序列与中序遍历序列生成的二叉树

5.2.5　线索二叉树

遍历二叉树是按一定的规则将树中的结点排列成一个线性序列，即是对非线性结构的线性化操作，此时可以合理地定义二叉树上某一结点的前驱和后继。

前序遍历实现前驱运算时，对于任意结点，要想找到这个结点的前驱结点，必须遍历这棵二叉树。对于后继运算，如果这个结点是非叶子结点，则是寻求这个结点的左孩子结点，若左孩子结点不存在，那就是该结点的右孩子结点；如果是叶子结点，要找到这个结点的后继结点，就需要再做一次遍历。

中序遍历实现前驱与后继运算时，若这个结点有左孩子结点，针对前驱运算就要从这个结点的左孩子结点开始，顺着左孩子结点的右孩子结点链域找下去，一直到右孩子结点链域为空，最后的结点就是该结点的前驱结点；若这个结点有右孩子结点，针对后继运算就要从这个结点的右孩子结点开始，顺着右孩子结点的左孩子结点链域找下去，一直到左孩子结点链域为空，最后的结点就是该结点的后继结点。其他情况则均需要遍历二叉树，才能找到某结点的前驱和后继结点。

对于后序遍历的前驱运算，如果结点是非叶子结点，则前驱运算是这个结点的右孩子结点，如果右孩子结点不在，则是左孩子结点，其他情况则需要遍历二叉树才能找到该结点的前驱结点。后序遍历的后继运算，不论何种情况，均需遍历二叉树。

为了方便实现前驱和后继运算，可在已有的各结点中增加两个域，分别记录二叉树中该结点的前驱和后继。此处用 plink 表示前驱元素，slink 表示后继元素。

例如，如图 5-13 所示的二叉树，按前序、中序、后序遍历，每个结点的链域的值如表 5-4 所示。

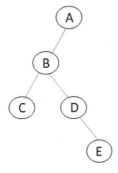

图 5-13　二叉树

表 5-4 二叉树 3 种遍历的各结点链域的值

前序遍历					中序遍历					后序遍历				
value	lchild	rchild	plink	slink	value	lchild	rchild	plink	slink	value	lchild	rchild	plink	slink
A	B	^	^	B	C	^	^	^	B	C	^	^	^	E
B	C	D	A	C	B	C	D	C	D	E	^	^	C	D
C	^	^	B	D	D	^	E	B	E	D	^	E	E	B
D	^	E	C	E	E	^	^	D	A	B	C	D	D	A
E	^	^	D	^	A	B	^	E	^	A	B	^	B	^

能否通过一次遍历记下各个结点的位置，然后找到遍历过程中动态得到的每个结点的直接前驱和直接后继（第一个和最后一个除外）？

一棵二叉树有 n 个结点，则有 $n-1$ 条边（结点连线），而 n 个结点共有 $2n$ 个链域（lchild 和 rchild），显然有 $n+1$ 个空闲链域未用，则可以利用这些空闲的链域来存放结点的直接前驱和直接后继信息。对不是空的链域，仍然放置 lchild 和 rchild。为方便统一，不论哪种情况，均用 lchild 和 rchild 表示，为了区别前驱结点和左孩子结点、后继结点与右孩子结点，增加 2 个标志位 lchild_type 和 rchild_type，其定义如下。

$$\text{lchild\_type} = \begin{cases} 0: & \text{lchild 域指示结点的左孩子结点} \\ 1: & \text{lchild 域指示结点的前驱结点} \end{cases}$$

$$\text{rchild\_type} = \begin{cases} 0: & \text{rchild 域指示结点的右孩子结点} \\ 1: & \text{rchild 域指示结点的后继结点} \end{cases}$$

用这种结点结构构成的二叉树的存储结构叫作线索链表，指向结点前驱和后继的指针叫作线索，按照某种次序遍历，加上线索的二叉树被称为线索二叉树。

线索二叉树的结点结构定义如下。

```
class TreeNode(object):
    def __init__(self, val=-1):
        self.val = val
        self.lchild = None
        self.rchild = None
        # 新增类型指针
        # 规定：
        # 如果 lchild_type==0 表示指向的是左子树，如果是 1 则表示指向前驱结点
        # 如果 rchild_type==0 表示指向的是右子树，如果是 1 则表示指向后继结点
        self.lchild_type = 0
        self.rchild_type = 0
```

图 5-14（b）～图 5-14（d）给出了图 5-14（a）所示的二叉树采用不同遍历的线索二叉树的逻辑形式。

实线指向左右孩子，虚线指向前驱和后继。

普通的二叉树的每个结点最多可以有两个指针，分别指向其左右孩子结点，为每个结点扩充两个分别指向前驱和后继结点的指针，这样包含线索的树称为线索树。但是通常我们可以通过重载已有指针的方式使用两个指针变量和一个标识变量来同时维护后继结点、左孩子结点、右孩子结点信息。其中标识变量标识当前结点的 right 指针代表的是右孩子结点还是后继结点，每个结点最多拥有上述 3 个结点信息中的两个。线索树的插入操作在后面讨论，这里只讨论遍历操作。拥有后继结点、左孩子结点和右孩子结点的线索树可以

进行前序、中序和后序遍历，这里只讨论中序遍历。

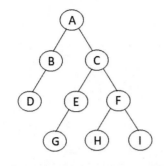
（a）二叉树

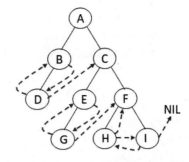
（b）前序遍历线索二叉树的逻辑形式

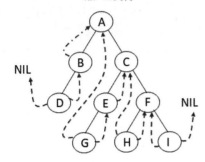
（c）中序遍历线索二叉树的逻辑形式

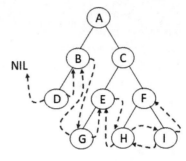
（d）后序遍历线索二叉树的逻辑形式

图 5-14　线索二叉树的逻辑形式

其实现代码如下：

```
class TreeNode(object):
    def __init__(self, val=-1):
        self.val = val
        self.lchild = None
        self.rchild = None
        # 新增类型指针
        # 规定：
        # 如果 lchild_type==0 表示指向的是左子树，如果是 1 则表示指向前驱结点
        # 如果 rchild_type==0 表示指向的是右子树，如果是 1 则表示指向后继结点
        self.lchild_type = 0
        self.rchild_type = 0
class ThreadedBinaryTree(object):
    def __init__(self):
        self.root = None
        # 在递归进行线索化，总是保留前一个结点
        self.pre = None  # 为实现线索化，需要创建指向当前结点的前驱结点指针
    # 添加结点测试
    def add(self, val):
        node = TreeNode(val)
        if self.root is None:
            self.root = node
            return
        queue = [self.root]
        while queue:
            temp_node = queue.pop(0)
            if temp_node.lchild is None:
                temp_node.lchild = node
```

```python
            return
        else:
            queue.append(temp_node.lchild)
        if temp_node.rchild is None:
            temp_node.rchild = node
            return
        else:
            queue.append(temp_node.rchild)
# 中序遍历测试
def in_order(self, node):
    if node is None:
        return
    self.in_order(node.lchild)
    print(node.val, end=' ')
    self.in_order(node.rchild)
# 中序遍历线索二叉树
def threaded_in_order(self, node):
    if node is None:
        return
    temp_node = node
    while temp_node:
    # 循环找到 lchild_type=1 的结点，第一个找到的就是值为 8 的结点
    # 后面随着遍历而变化，因为当 lchild_type=1 时，说明该结点是按照线索化处理后的有效结点
        while temp_node.lchild_type == 0:
        # 从根结点开始向左找，找到第一个 1 停止
            temp_node = temp_node.lchild
        # 打印当前这个结点
        print(temp_node.val, end=" ")
        # 如果当前结点的右指针指向的是后继结点，就一直输出
        while temp_node.rchild_type == 1:
            # 获取到当前结点的后继结点
            temp_node = temp_node.rchild
            print(temp_node.val, end=" ")
        # 如果不等于 1 了，就替换这个遍历的结点
        temp_node = temp_node.rchild
# 二叉树进行中序线索化的方法
def threaded_node(self, node): #node: 就是当前需要线索化的结点
    if node is None:
        return
    # 先线索化左子树
    self.threaded_node(node.lchild)
    # 线索化当前结点
    # 处理当前结点的前驱结点
    if node.lchild is None: # 如果当前结点左孩子结点为空
        node.lchild = self.pre # 让当前结点的左指针指向前驱结点
        node.lchild_type = 1 # 修改当前结点的左指针类型为前驱结点
    # 处理当前结点的后继结点
    if self.pre and self.pre.rchild is None:
        self.pre.rchild = node # 让前驱结点的右指针指向当前结点
        self.pre.rchild_type = 1 # 修改前驱结点的右指针类型
    self.pre = node # 每处理一个结点后，让当前结点是下一个结点的前驱结点
    # 线索化右子树
    self.threaded_node(node.rchild)
```

```
# 测试用例
if __name__ == '__main__':
    # 调用 add 自动创建结点
    t = ThreadedBinaryTree()
    '''
    t.add(1)
    t.add(3)
    t.add(6)
    t.add(8)
    t.add(10)
    t.add(14)
    t.in_order(t.root)
    t.threaded_node(t.root)
    print()
    t.threaded_in_order(t.root)
    '''
    # 手动创建结点 -- 只是为了更好测试线索化有没有成功
    t1 = TreeNode(1)
    t2 = TreeNode(3)
    t3 = TreeNode(6)
    t4 = TreeNode(8)
    t5 = TreeNode(10)
    t6 = TreeNode(14)
    t1.lchild = t2
    t1.rchild = t3
    t2.lchild = t4
    t2.rchild = t5
    t3.lchild = t6
    print(" 原来的二叉树中序遍历为：")
    t.in_order(t1)
    # 线索化二叉树
    t.threaded_node(t1)
    # 测试：以值为 10 的结点来测试
    lchild_node = t5.lchild
    print()
    print("10 的前驱结点是：%d" % lchild_node.val)  #3
    rchild_node = t5.rchild
    print("10 的后继结点是：%d" % rchild_node.val)  #1
    print(" 线索化二叉树的中序遍历结果为：")
    t.threaded_in_order(t1)
```

5.3 树、森林和二叉树

树或森林与二叉树之间有一个自然的一一对应关系。任何一个森林或一棵树可唯一地对应到一棵二叉树；反之，任何一棵二叉树也能唯一地对应到一个森林或一棵树。本节将讨论树及森林与二叉树之间的相互转换。

5.3.1 树与二叉树转换

1. 树转换为二叉树

对于一般的树，可以方便地转换成一棵唯一的二叉树与之对应。树中每个结点最多只有一个最左边的孩子结点（大儿子）和一个右邻的兄弟结点。按照这种关系，很自然地就能将树转换成相应的二叉树，其详细步骤如下。

（1）在树的每层按从左至右的顺序在所有兄弟结点之间加一连线。

（2）对每个结点，除了保留与其最左的第一个孩子结点（大儿子）的连线外，去掉该结点与其他孩子结点的连线。

（3）整理。将树旋转，并向右斜。

树转换为二叉树的过程如图 5-15 所示。

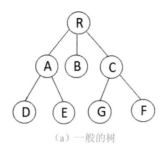
（a）一般的树

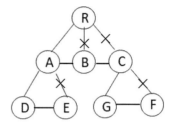
（b）连线，并准备删除的线

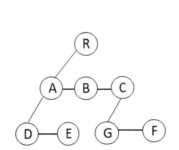

（c）删除除左孩子结点以外与父结点的连线

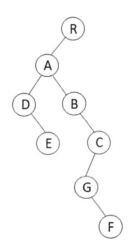
（d）整理转换后的二叉树

图 5-15　树转换为二叉树的过程

从图 5-15 可知，这样转换后的二叉树的特点如下。

（1）转换后的二叉树的根结点没有右子树，只有左子树。

（2）转换后的二叉树的左孩子结点仍然是原来树中相应结点的左孩子结点，而所有沿右链往下的右孩子结点均是原来树中该结点的兄弟结点。

2．二叉树转换为树

二叉树转换为树是树转换为二叉树的逆过程，其详细步骤如下。

（1）加线。若某结点 X 是其父结点的左子树的根结点，则将这个左孩子结点的右孩子结点以及沿右孩子结点链不断地搜索到的所有的右孩子结点，都作为结点 X 的孩子。将结点 X 与这些右孩子结点用线连接起来，如图 5-16（b）所示。

（2）去线。删除原二叉树中所有结点与其右孩子结点的连线，如图 5-16（c）所示。

（3）整理。将图中各结点按层次排列，如图 5-16（d）所示。

二叉树转换为树的过程如图 5-16 所示。

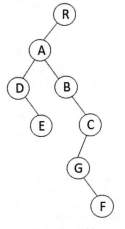

（a）原二叉树

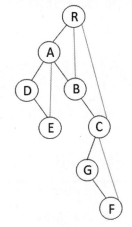

（b）与左子树的右孩子结点连线

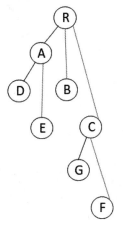

（c）去掉与右孩子结点的连线

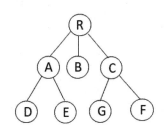

（d）整理得转换后的树

图 5-16 二叉树转换为树的过程

5.3.2 森林与二叉树转换

1. 森林转换为二叉树

当一般的树转换成二叉树后，二叉树的右子树必为空。若把森林中的第二棵树（转换成二叉树后）的根结点作为第一棵树（二叉树）的根结点的兄弟结点，则可导出森林转换成二叉树的转换算法，具体如下。

设 F={T$_1$, T$_2$,...,T$_n$} 是森林，则按以下规则可转换成一棵二叉树 B=(root,LB,RB)。

● 若 *n*=0，则 B 是空树。

● 若 *n*>0，则二叉树 B 的根是森林 T$_1$ 的根 root(T$_1$)，B 的左子树 LB 是 B(T$_{11}$, T$_{12}$, ..., T$_{1m}$)，其中 T$_{11}$，T$_{12}$，…，T$_{1m}$ 是 T$_1$ 的子树（转换后），而其右子树 RB 是从森林 F′={T$_2$, T$_3$, ...,T$_n$} 转换而成的二叉树。

具体方法如下。

（1）将森林 F={T$_1$, T$_2$, ...,T$_n$} 中的每棵树变为二叉树。

（2）因为转换所得的二叉树的根结点的右子树均为空，故可按给出的森林中树的次序，从最后一棵二叉树开始，每棵二叉树作为前一棵二叉树的根结点的右子树，依次类推，则第一棵树的根结点就是转换后生成的二叉树的根结点，将各二叉树的根结点视为兄弟从左至右连在一起，就形成了一棵二叉树。

森林转换为二叉树的过程如图 5-17 所示。

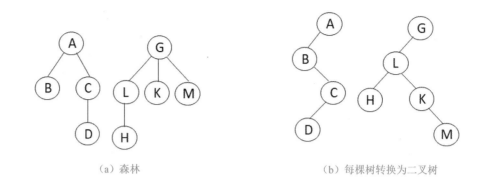

（a）森林   （b）每棵树转换为二叉树

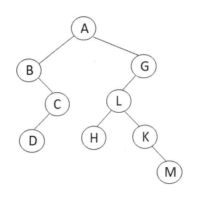

（c）将每棵二叉树连接构成森林对应的二叉树

图 5-17   森林转换为二叉树的过程

2. 二叉树转换为森林

若一棵二叉树 B=(root,LB,RB) 的根结点有右孩子结点，则可以将其转换成由若干棵树构成的森林：F={T$_1$, T$_2$, ..., T$_n$}。

二叉树转换为森林，就是森林转换为二叉树的逆过程，其具体的还原步骤如下。

（1）从根结点开始，若右孩子结点存在，则把与右孩子结点以及沿右孩子结点链方向的所有右孩子结点的连线删除，得到若干棵孤立的二叉树，每一棵就是原来森林中的树依次对应的二叉树。

（2）二叉树的还原。将各棵孤立的二叉树按二叉树转换为树的方法还原成一般的树。

二叉树转换为森林的过程如图 5-18 所示。

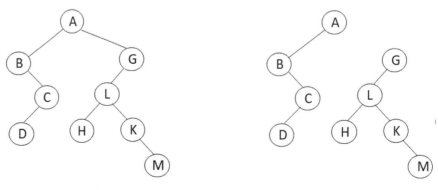

（a）二叉树   （b）去掉根结点与右孩子的连线后二叉树

图 5-18（一）   二叉树转换为森林的过程

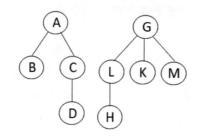

（c）将每棵二叉树还原为树

图 5-18（二） 二叉树转换为森林的过程

注意：树和二叉树是两种不同的数据结构，树实现起来比较麻烦，但是树可以转换为二叉树进行处理，处理完以后再从二叉树还原为树。

5.4 树 的 应 用

树形结构广泛应用于分类、检索、数据库、人工智能、信息管理等领域。

5.4.1 二叉排序树

当查找表以线性表的形式组织时，若对查找表进行插入、删除或排序操作，就必须移动大量的记录，当记录数很多时，这种移动的代价很大。

利用二叉树的形式组织查找表，可以对查找表进行动态高效的查找。

1. 二叉排序树的概念

二叉排序树（Binary Sort Tree/Binary Search Tree，BST）的定义：二叉排序树或是空树，或是满足如下性质的二叉树。

（1）若其左子树非空，则左子树上所有结点的值均小于根结点的值。

（2）若其右子树非空，则右子树上所有结点的值均大于等于根结点的值。

（3）其左右子树本身又各是一棵二叉排序树。

结论：若按中序遍历一棵二叉排序树，所得到的结点序列是一个递增序列。

图 5-19（a）所示就是一棵二叉排序树，所有左子树的结点值都小于其根结点的值，右子树的结点值都大于根结点的值，且中序遍历之后得到关键字递增序列的值：10，30，33，35，45，50，55，60，66，70，85，88，90。如图 5-19（b）所示，在图 5-19（a）中值为 90 的结点插入值为 87 的右结点之后，违反了所有右子树的值大于其根结点的性质，故该二叉树就不是二叉排序树了。

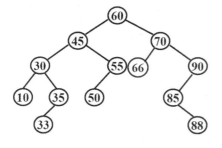

（a）二叉排序树

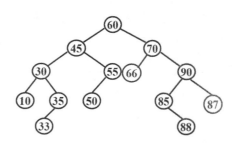

（b）非二叉排序树

图 5-19 二叉排序树及非二叉排序树示例

二叉排序树仍然可以用二叉链表来存储，结点的定义如下。

```
class Node:  # 定义结点
  def __init__( self,data) :
    self.data = data
    self.lchild = None
    self.rchild = None
```

2. 二叉排序树查找

在二叉排序树中进行数据查找，类似于折半查找，其算法思路及算法实现如下。

【算法思路】

若二叉排序树为空，则查找不成功；否则进行以下操作。

（1）若给定值等于根结点的关键字，则查找成功。

（2）若给定值小于根结点的关键字，则进一步在左子树上进行查找。

（3）若给定值大于根结点的关键字，则进一步在右子树上进行查找。

【算法实现】

二叉排序树查找函数的实现代现如下。

```
def search(self,data):       # 查找 data
    bt = self.root
    while bt:
        entry = bt.data
        if data < entry:        #data 小于根结点，沿左子树查找
            bt = bt.lchild
        elif data > entry:      #data 大于根结点，沿右子树查找
            bt = bt.rchild
        else:
            return entry        # 找到，返回找到的结点
    return False                # 没有找到，返回失败
```

在随机情况下，二叉排序树的平均查找长度 ASL 和 $\log_2 n$（树的深度）是等数量级的。

3. 二叉排序树的插入

在二叉排序树中插入一个新结点，要保证插入后仍满足二叉排序树的性质，其算法思路及算法实现如下。

【算法思路】

若二叉排序树为空，则插入结点应为根结点，否则继续在其左、右子树上查找；若树中已有，不再插入，若树中没有，查找至某个叶子结点的左子树或右子树为空为止，则插入结点应为该叶子结点的左孩子结点或右孩子结点，故插入的元素一定在叶子结点上。

【算法实现】

二叉排序树的插入函数的实现代码如下。

```
def insert(self,data):      # 插入新结点 data
    bt = self.root
    if not bt:        # 二叉树为空，插入为空结点
        self.root = Node(data)
        return
    while True:
        entry = bt.data
        if data < entry:            # 小于根结点，插入左子树
            if bt.lchild is None:
```

```
            bt.lchi1d=Node( data)
            return
        bt = bt.lchild
    elif data > entry:          #大于根结点，插入右子树
        if bt.rchild is None:
            bt.rchild = Node(data)
            return
        bt = bt.rchild
    else:
        bt.data = data
        return
```

由算法可知，每次插入的新结点都是二叉排序树的叶子结点，即在插入时不必移动其他结点，仅需修改某个结点的指针。

利用二叉排序树的插入操作，可以从空树开始逐个插入每个结点，从而建立一棵二叉排序树，算法如下。

```
class BST:  # 创建二叉排序树
    def __init__(self, node_list):
        self.root = None
        for node in node_list:
            self.insert(node)
```

例 5-9 在图 5-20 所示的二叉排序树中插入数据值为 40 的结点。

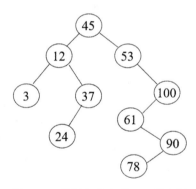

图 5-20 待插入结点的二叉排序树

解：插入过程如图 5-21 所示。

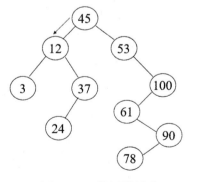

（a）40<45，沿左子树查找

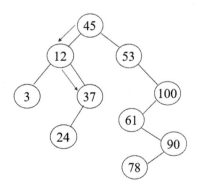

（b）40>12，沿右子树查找

图 5-21（一） 插入过程

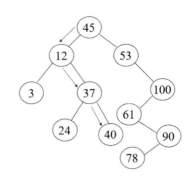

（c）40>37，沿右子树查找，右子树为空，插入 40

图 5-21（二）　插入过程

例 5-10　按照二叉排序树生成算法，给出关键字为 9，5，30，26，42，6，8 生成二叉排序树的过程。

解： 二叉排序树的生成过程如图 5-22 所示。

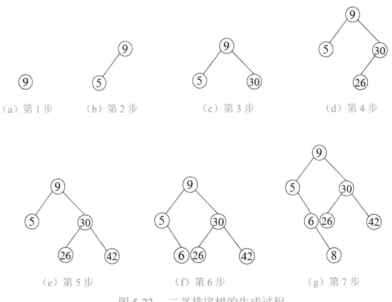

（a）第 1 步　　（b）第 2 步　　　（c）第 3 步　　　　（d）第 4 步

（e）第 5 步　　　　　（f）第 6 步　　　　　（g）第 7 步

图 5-22　二叉排序树的生成过程

　　由例 5-10 可知，对于一个无序序列，可以通过构造一棵二叉排序树而变成一个有序序列。在例 5-10 生成的二叉排序树，采用中序遍历得关键字有序序列为 (5,6,8,9,26,30,42)。

　　4. 二叉排序树的删除

　　从二叉排序树上删除一个结点，仍然要保证删除后满足二叉排序树的性质，其算法思路及算法实现如下。

　　【算法思路】

　　二叉排序树的删除操作比较复杂，分为以下 3 种情况。

　　（1）删除叶子结点。如果删除的结点为叶子结点，删除结点不影响二叉排序树的结构就可以直接删除该结点，将其父结点中相应孩子的值改为"空"，如图 5-23（b）所示。

　　（2）被删除结点仅有一个孩子结点。此时仅需要将被删除结点的孩子结点补到被删除结点的位置就可使得二叉排序树的特征不变，即其父结点的相应的值改为被删除结点的左子树或右子树的值，如图 5-23（c）所示。

　　（3）被删除结点有左右孩子结点。有两种做法，一种是选择被删除结点的左子树的最大值来补上（中序遍历的前驱），另一种是选择被删除结点的右子树的最小值来补上（中序遍历的后继）。即以其前驱或后继替代之，然后再删除该前驱或后继结点，注意需要将最大值的父结点的右孩子结点置为 None，或者将最小值的父结点的左孩子结点置为 None，还要注意补上的结点要继承被删除结点的左右孩子结点和父结点的链接，如图 5-23（d）所示。

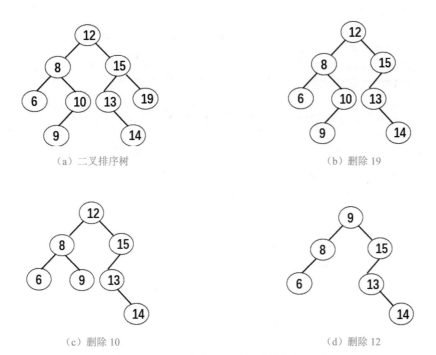

（a）二叉排序树　　　　　　　　　　　　　（b）删除 19

（c）删除 10　　　　　　　　　　　　　（d）删除 12

图 5-23　二叉排序树删除结点的各种情况

【算法实现】

二叉排序树的删除函数的实现代码如下。

```
def delete(self,data):  # 删除 data 结点
    parent,node = None,self.root
    if not node:              # 二叉树为空，删除失败
      print("the tree is null")
      return False
    while node and node.data != data: # 二叉排序树不为空，且找到被删结点
      parent = node
      if data < node.data:
        node = node.lchild
      else:
        node = node.rchild
      if not node:
        return       # 没有找到被删结点
    if parent != None and parent.lchild == node:   # 被删结点是左孩子结点
      if node. lchild is None and node.rchild is None: # 被删结点是叶子结点
        parent.lchild = None
        del node
      elif node.lchild != None and node.rchild is None:  # 被删结点仅有左孩子结点
        parent.lchild = node.lchild
        del node
```

```
        elif node.rchild != None and node.lchild is None: # 被删结点仅有右孩子结点
            parent.lchild = node.rchild
            del node
        elif node.rchild != None and node.lchild != None: # 被删结点有左右孩子结点
            r = node.lchild
            p = node
            while r.rchild :
                p = r
                r = r.rchild
            r.lchild = node.lchild
            r.rchild = node.rchild
            parent.lchild = r
            p.rchild = None
            del node
    elif parent != None and parent.rchild == node:  # 被删结点是右孩子结点
        if node. lchild is None and node.rchild is None:
            parent.rchild = None
        elif node.lchild != None and node.rchild is None:
            parent.rchild = node.lchild
        elif node.rchild != None and node.lchild is None:
            parent.rchild = node.rchild
        elif node.rchild != None and node.lchild != None:
            r = node.lchild
            p = node
            while r.rchild :
                p = r
                r = r.rchild
            r.lchild = node.lchild
            r.rchild = node.rchild
            parent.lchild = r
            p.rchild = None
            del node
    elif parent is None:
        r =node. lchild
        p = node
        while r.rchild:
            p = r
            r = r.rchild
            #return r.data, node.data
        r.lchild = node.lchild
        r.rchild = node.rchild
        p.rchild = None
        self.root = r
        del node
```

5. 二叉排序树查找性能分析

二叉排序树的形态完全由一个输入序列决定。

设有一组相同的关键字，输入顺序分别为 45，24，55，12，28 和 12，24，28，45，55，可得图 5-24（a）与图 5-24（b）所示的 2 棵形态不同的二叉排序树。

(a) 二叉排序树 1　　　　　　　　(b) 二叉排序树 2

图 5-24　同组关键字不同输入序列产生形态各异的二叉排序树

在进行查找时,第 i 层结点需比较 i 次。在等概率的前提下,图 5-24(a)与图 5-24(b)所示的二叉排序树的平均查找长度分别为:

$$图\ 5\text{-}24(a):\sum_{i=1}^{n}p_ic_i=(1+2\times2+3\times2)/5=2.2$$

$$图\ 5\text{-}24(b):\sum_{i=1}^{n}p_ic_i=(1+2+3+4+5)/5=3$$

由此可见,平均查找长度和二叉树的形态有关:在最好的情况下,二叉排序树的形态和折半查找的判定树相同,平均查找次数和 $\log_2n$ 成正比;在最差的情况下,当关键字有序时,树的深度为 n(单斜枝),其平均查找次数为 $(n+1)/2$。

5.4.2　平衡二叉树

二叉排序树是一种查找效率比较高的组织形式,但其平均查找长度受树的形态影响较大,形态比较均匀时查找效率很好,形态明显偏向某一方向时其效率就大大降低。因此,希望有更好的二叉排序树,其形态总是均衡的,查找时能得到最好的效率,这就是平衡二叉树(Balanced Binary Tree),也称为 AVL 树。

对于二叉树中任一结点 T,其平衡因子(Balance Factor,BF)定义为 $BF(T)=h_L-h_R$,其中 h_L 和 h_R 分别为 T 的左、右子树的深度。

平衡二叉树或者是一棵空树,或者是具有下列性质的非空二叉排序树:任一结点左、右子树深度差的绝对值不超过 1,即 $|BF(T)|\leqslant1$。

如图 5-25 所示,图 5-25(a)中的结点数据 1、8 的平衡因子是 -1,结点数据 2、5、9 的平衡因子是 0,结点数据 4、6 的平衡因子是 1,故图 5-25(a)所示是平衡二叉树。图 5-25(b)中的结点数据 2 的平衡因子是 -1,结点数据 1、4、5、6、8 的平衡因子是 0;但结点数据 7 的平衡因子为 2,故图 5-25(b)是非平衡二叉树。

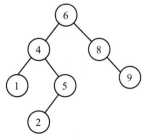
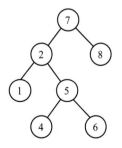

(a) 平衡二叉树　　　　　　　　　(b) 非平衡二叉树

图 5-25　平衡二叉树的判定

在对平衡二叉树进行插入或删除一个结点后，通常会影响从根结点到插入（或删除）结点的路径上的某些结点，这些结点的子树可能发生变化。以插入结点为例，影响有以下几种可能性。

- 以某些结点为根的子树的深度发生了变化。
- 某些结点的平衡因子发生了变化。
- 某些结点失去平衡。

沿着插入结点上行到根结点就能找到某些结点，这些结点的平衡因子和子树深度都会发生变化，这样的结点称为失衡结点。因此，在必要的时候需要进行平衡操作。效率最低的办法是将所有数据放入一个列表中，通过二叉排序树的生成算法将列表中数据排序，通过特定的方式重建树。比较高效的平衡树算法是 DSW 算法（Day Stout Warren Algorithm）。

DSW 算法的核心操作是平衡旋转，即将一个结点 C 围绕其父结点 B 进行左旋转或者右旋转。第一阶段该算法将树旋转退化为类似链结构，并从根结点到孩子结点递增，第二阶段创建完全平衡树。该算法创建主链最多需要 $O(n)$ 次旋转，创建完全平衡树也只需要 $O(n)$ 次旋转。

根据插入点的位置，平衡旋转有以下 4 种。

（1）LL 平衡旋转。如图 5-26（a）所示，B 是 A 的左孩子结点，在结点 A 的左孩子结点 B 的左子树上插入结点 C，结果如图 5-26（b）所示，插入使结点 A 失去平衡。插入前 A 的平衡因子是 1，插入后的平衡因子是 2。B 在插入前的平衡因子只能是 0，插入后的平衡因子是 1。此时需要进行一次顺时针旋转（以 B 为旋转轴），用 B 取代 A 的位置，A 成为 B 的右子树的根结点，插入的 C 作为 B 的左子树的根结点，结果如图 5-26（c）所示。

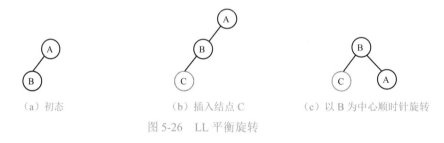

　（a）初态　　　　　　　　（b）插入结点 C　　　　　　（c）以 B 为中心顺时针旋转

图 5-26　LL 平衡旋转

（2）RR 平衡旋转。如图 5-27（a）所示，B 是 A 的右孩子结点，在结点 A 的右孩子结点 B 的右子树上插入结点 C，结果如图 5-27（b）所示，插入使结点 A 失去平衡，A 的平衡因子从 -1 变为 -2。要进行一次逆时针旋转，和 LL 平衡旋转正好对称。

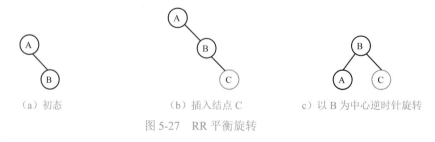

　（a）初态　　　　　　　　（b）插入结点 C　　　　　　c）以 B 为中心逆时针旋转

图 5-27　RR 平衡旋转

（3）LR 平衡旋转。如图 5-28（a）所示，B 是 A 的左孩子结点，在结点 A 的左孩子结点 B 的右子树上插入结点 C，结果如图 5-28（b）所示，插入使结点 A 失去平衡。A 插入前的平衡因子是 1，插入后的平衡因子是 2。B 在插入前的平衡因子只能是 0，插入后的平衡因子是 -1；C 在插入前的平衡因子只能是 0，否则 C 就是失衡结点。

平衡过程：先以 C 为中心进行一次逆时针旋转，即将以 B 为根的子树旋转为以 C 为根，如图 5-28（c）所示，再以 C 为中心进行一次顺时针旋转，将整棵子树旋转为以 C 为根，B 是 C 的左子树，A 是 C 的右子树，结果如图 5-28（d）所示；如果结点 C 有右子树，则将右子树移到 A 的左子树位置，如果结点 C 有左子树，则将左子树移到 B 的右子树位置。

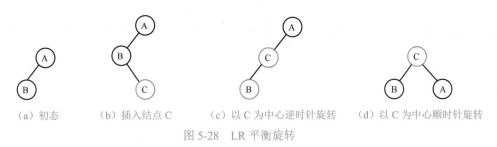

（a）初态　　　　（b）插入结点 C　　　（c）以 C 为中心逆时针旋转　　　（d）以 C 为中心顺时针旋转

图 5-28　LR 平衡旋转

（4）RL 平衡旋转。如图 5-29（a）所示，B 是 A 的右孩子结点，在结点 A 的右孩子结点 B 的左子树上插入结点 C，如图 5-29（b）所示。插入使结点 A 失去平衡，与 LR 平衡旋转正好对称。对于结点 A，插入前的平衡因子是 -1，插入后的平衡因子是 -2。B 在插入前的平衡因子只能是 0，插入后的平衡因子是 1；同样，C 在插入前的平衡因子只能是 0，否则 C 就是失衡结点。

平衡过程：先以 C 为中心进行一次顺时针旋转，即将以 B 为根的子树旋转为以 C 为根，如图 5-29（c）所示，再以 C 为中心进行一次逆时针旋转，如图 5-29（d）所示。即将整棵子树（以 A 为根）旋转为以 C 为根，A 是 C 的左子树，B 是 C 的右子树；如果 C 有右子树，则将右子树移到 B 的左子树位置，如果 C 有左子树，则将左子树移到 A 的右子树位置。

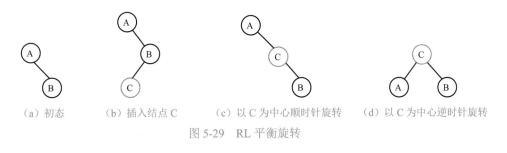

（a）初态　　　　（b）插入结点 C　　　（c）以 C 为中心顺时针旋转　　　（d）以 C 为中心逆时针旋转

图 5-29　RL 平衡旋转

通常我们在对树进行操作时只需要对树的部分进行平衡操作。平衡二叉树也被称作可容许树，要求每个结点的左右子树深度差为 1。平衡二叉树的深度 h 受限于：$\lg(n+1) \leqslant h < 1.44\lg(n+2)-0.328$。对于比较大的 n，平均查找次数为 $\lg n + 0.25$。平衡二叉树在进行插入和删除操作时都必须实时更新平衡因子，当平衡因子的绝对值大于 1 时，通过旋转的方式对二叉树不平衡的这部分进行平衡调整，并继续向父结点更新平衡因子，直至当某个结点的平衡因子不发生变化或者到根结点时停止操作。

例 5-11　从空树开始，构建由字符序列 (t,d,e,s,u,g,b,j,a,k) 构成的平衡二叉树。

解：平衡二叉树的构造过程如图 5-30 所示。

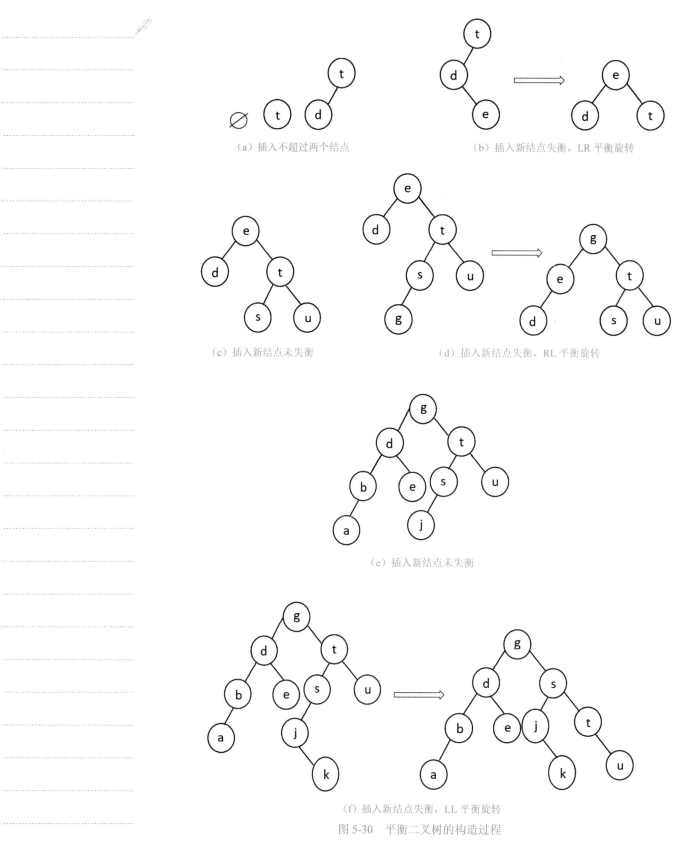

（a）插入不超过两个结点　　　　　　（b）插入新结点失衡，LR 平衡旋转

（c）插入新结点未失衡　　　　　　（d）插入新结点失衡，RL 平衡旋转

（e）插入新结点未失衡

（f）插入新结点失衡，LL 平衡旋转

图 5-30　平衡二叉树的构造过程

注意：平衡二叉树可以扩展，平衡因子阈值可以调高，阈值越高，其平均查找效率越低，平均平衡效率越高。

5.4.3　哈夫曼树

哈夫曼（Huffman）树又被称为最优树，是一种带权路径长度最短的树，在数据通信中有着广泛的应用。

1. 问题提出

先看一个简单例子。

在某门课程的考核中，假设考试成绩为 s（0 ≤ s ≤ 100），考核结果会根据考试成绩值的大小，得到不同的结果。现假设考核规则如表 5-5 所示。

表 5-5　考核规则

考试成绩	s ＜ 60	60 ≤ s ＜ 70	70 ≤ s ＜ 80	80 ≤ s ＜ 90	s ≥ 90
考核结果	不及格	及格	中等	良好	优秀

针对这个考核，可采用如下条件嵌套语句描述。

```
if s<60:
    state= 不及格
elif s<70:
    state= 及格
elif s<80:
    state= 中等
elif s<90:
    state= 良好
else
    state= 优秀
```

上述程序段的判定过程，可采用图 5-31（a）所示的规则判定树表述。

如果考虑考试成绩的特点，即预测出每种条件占总条件的百分比，可得考试成绩分布情况，现假设考试成绩分布情况如表 5-6 所示。

表 5-6　考试成绩分布情况

考试成绩	s ＜ 60	60 ≤ s ＜ 70	70 ≤ s ＜ 80	80 ≤ s ＜ 90	s ≥ 90
分布比例	5%	15%	40%	30%	10%

如果考试成绩分布值按表 5-6 分布，采用图 5-31（a）所示的成绩规则判定树，80%以上需要 3 次判定，其查找效率为 $0.05 \times 1 + 0.15 \times 2 + 0.4 \times 3 + 0.3 \times 4 + 0.1 \times 4 = 3.15$；如果修改判定树为图 5-31（b）所示，相应的条件嵌套语句如下。

```
if s>=70 and s<80:
    state= 中等
elif s>=80 and s<90:
    state= 良好
elif s>=60 and s<70:
    state= 及格
elif s<60:
    state= 不及格
else
    state= 优秀
```

则查找效率为 $0.05 \times 3 + 0.15 \times 3 + 0.4 \times 2 + 0.3 \times 2 + 0.1 \times 2 = 2.2$。

由此可见，同一问题，采用不同的逻辑判定结构，计算的效率是不一样的，通过比较推断，图 5-31（b）所示的判定结构，对于概率大的数据有更少的比较次数，计算效率得到了提高。如何找到判定的最优结构呢？这就是哈夫曼树要解决的问题。

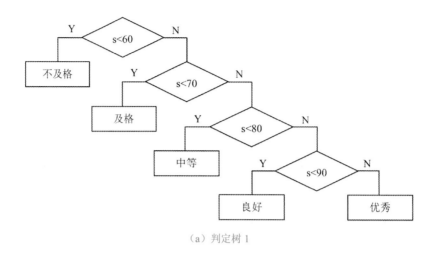

（a）判定树 1

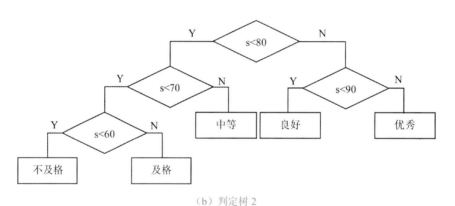

（b）判定树 2

图 5-31   成绩规则判定树

2. 哈夫曼树的构造

哈夫曼树是带权路径长度最短的树，权值较大的结点离根结点较近。给定 N 个权值作为 N 个叶子结点，怎样构造一棵带权路径长度达到最小的二叉树？

（1）路径长度。在树中，从一个结点到另一个结点之间的分支构成这两个结点之间的路径；结点路径上的分支数目称为路径长度；从树的根结点到每一个叶子结点的路径长度之和称为树的路径长度。

在图 5-32 中，a 到 h 结点路径是 abdh，路径长度为 3；a 到 i 结点路径是 abdi，路径长度为 3；a 到 e 结点路径是 abe，路径长度为 2；a 到 f 结点路径是 acf，路径长度为 2；a 到 g 结点路径是 acg，路径长度为 2。

如果一棵二叉树有 n 个叶子结点，每个叶子结点带有权值 w_i，从根结点到每个叶子结点的长度为 l_i，则每个叶子结点的带权路径长度之和就是这棵树的带权路径长度（Weighted Path Length，WPL），即 $\mathrm{WPL} = \sum_{i=0}^{n} w_i l_i$。其中，$n$ 为叶子结点的个数；w_i 为第 i 个结点的权值；l_i 为第 i 个结点的路径长度。

具有 n 个叶子结点（每个结点的权值为 w_i）的二叉树不止一棵，但在所有的这些二叉树中，必定存在一棵 WPL 值最小的树，称这棵树为哈夫曼树。

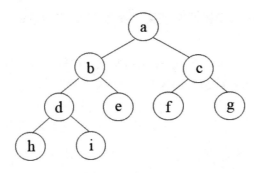

图 5-32 二叉树的路径

在解决许多判定问题时，利用哈夫曼树可以得到最佳判断算法。

图 5-33 所示是权值分别为 2、3、6、7，具有 4 个叶子结点的二叉树，它们的带权路径长度分别为：

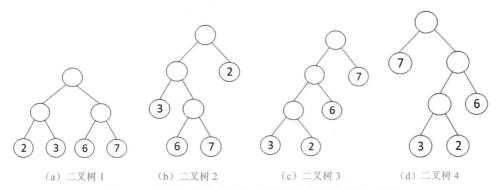

| （a）二叉树 1 | （b）二叉树 2 | （c）二叉树 3 | （d）二叉树 4 |

图 5-33 具有相同叶子结点，不同带权路径长度的二叉树

（a）WPL=2×2+3×2+6×2+7×2=36；

（b）WPL=2×1+3×2+6×3+7×3=47；

（c）WPL=7×1+6×2+2×3+3×3=34；

（d）WPL=7×1+6×2+2×3+3×3=34。

其中（c）与（d）的带权路径长度最小，可以说明其是哈夫曼树，同时也可以说明哈夫曼树可以有多棵。

（2）哈夫曼树的构造。根据哈夫曼树的定义，构造一棵哈夫曼树就必须使得该二叉树的带权路径长度最小，即必须使得权值越大的结点越靠近根结点。假设有 n 个权值，则构造出的哈夫曼树有 n 个叶子结点，n 个权值分别设为 w_1，w_2，…，w_n，则哈夫曼树的构造规则如下。

1）将 w_1，w_2，…，w_n 看成是有 n 棵树的森林，每棵树仅有一个结点，n 棵二叉树的森林 F={$T_1,T_2,...,T_n$}，在这个森林中每棵二叉树只有一个权值为 w_i 的根结点，没有左、右子树。

2）在森林中选出两个根结点的权值最小的树合并，作为一棵新树的左、右子树，且新树的根结点权值为其左、右子树根结点权值之和。

3）从森林中删除选取的两棵树，并将新树加入森林。

4）重复 2）、3）步骤，直到森林 F 中只剩一棵树为止，该树即为所求得的哈夫曼树。

构造哈夫曼树时，为了规范，规定 F={$T_1,T_2,...,T_n$} 中权值小的二叉树作为新构造的二叉树的左子树，权值大的二叉树作为新构造的二叉树的右子树；在取值相等时，深度大的二叉树作为新构造的二叉树的左子树，深度小的二叉树作为新构造的二叉树的右子树。

图 5-34 是权值集合 $W=\{8, 2, 3, 6, 5\}$ 构造哈夫曼树的过程；所构造的哈夫曼树的带权路径长度为 $=5\times2+6\times2+8\times2+2\times3+3\times3=53$。

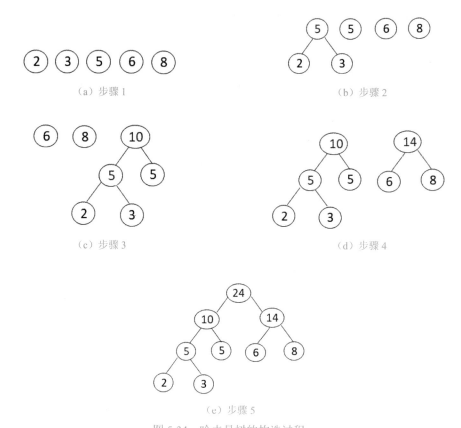

（a）步骤 1

（b）步骤 2

（c）步骤 3

（d）步骤 4

（e）步骤 5

图 5-34　哈夫曼树的构造过程

哈夫曼树主要用于解决最优化问题，由哈夫曼树构成的哈夫曼编码可用于构造代码总长度最短的电文编码方案。

3. 哈夫曼编码

在电报收发等数据通信中，常需要将传输的文字转换成由二进制字符 0、1 组成的字符串来传输。这些二进制字符串就是字符编码。常见的字符编码有等长编码和不等长编码。

等长编码：这种编码方式的特点是每个字符的编码长度相同（编码长度就是每个编码所含的二进制位数）。假设字符集只含有 4 个字符 A，B，C，D，用二进制两位表示的编码分别为 00，01，10，11。若现在有一段电文为 ABACCDA，则应发送二进制序列 00010010101100，总长度为 14 位。当接收方接收到这段电文后，将按两位一段进行译码。这种编码的特点是译码简单且具有唯一性，但编码长度并不是最短的。

不等长编码：在传输电文时，为了使其二进制位数尽可能地少，可以将每个字符的编码设计为不等长的，使用频度较高的字符分配一个相对比较短的编码，使用频度较低的字符分配一个比较长的编码。例如，可以为 A，B，C，D 分别分配 0，00，1，01，并可将上述电文用二进制序列 000011010 发送，其长度为 9 位，但随之带来了一个问题，接收方接到这段电文后无法进行译码，因为无法断定前面 4 个 0 是 4 个 A，还是 1 个 B、2 个 A，或是 2 个 B，即译码不唯一，故这种编码方法不可使用。

在数据通信中，为了提高收发的速度，就要求字符编码要尽可能地短。因此，要设计长短不等的编码，此时，还必须考虑编码的唯一性，即在建立不等长编码时必须使任何一个字符的编码都不是另一个字符的前缀，这种编码称为前缀编码（Prefix Code）。

哈夫曼编码树（Huffman Coding Tree）是一棵没有分支为 1 的二叉树，其每个叶子结点对应一个字母，叶子结点的权重为对应字母的出现频率。哈夫曼编码树有着最小外部路径权重（Minimum External Path Weight），即对于给定的叶子结点集合，具有最小加权路径长度。

哈夫曼编码树的构造方法如下。

（1）利用字符集中每个字符的使用频率作为权值构造一个哈夫曼树。

（2）从根结点开始，为到每个叶子结点路径上的左分支赋予 0，右分支赋予 1，并从根结点到叶子结点方向形成该叶子结点的编码。

图 5-35 所示是权值集合 W={8, 2, 3, 6, 5} 构造哈夫曼编码树的过程。

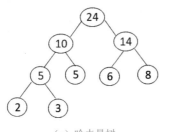

（a）哈夫曼树

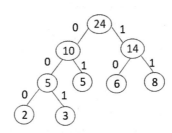
（b）哈夫曼编码树

图 5-35　哈夫曼编码树的构造过程

各权值的编码如表 5-7 所示。

表 5-7　各权值的编码

权值	2	3	5	6	8
编码	000	001	01	10	11

4. 哈夫曼编码的代码设计

在哈夫曼代码设计中，为了不失一般性，用字符串 string 表示传输的字符序列，二叉树的结点由数据域和左、右孩子域构成，其中数据域由字符和出现的频度（次数）组成，频度越小优先权越大。其操作步骤是：

（1）调用 freChar 函数统计各个字符在字符串中出现的次数，并按次数非递减顺序排序。

（2）利用 creatnodeQ 函数将结点按次数排序（从小到大）进队。

（3）构造哈夫曼树 creatHuffmanTree：

1）将队列的前 2 个结点出队，分别构成左右子树结点，其次数之和构成新的结点。

2）将新结点通过 addQ 函数加入队列，并保证出现的次数是由小到大排列。

3）返回 1），直到队列中仅有一个结点。

（4）调用 HuffmanCodeDic 函数获得到哈夫曼编码表。

```python
# 树结点类构建
class TreeNode(object):
    def __init__(self, data):
        self.val = data[0]
        self.priority = data[1]        // priority 优先权
        self.leftChild = None
        self.rightChild = None
```

```python
    self.code = ""
# 创建树结点队列函数
def createnodeQ(codes):
  q = []
  for code in codes:
    q.append(TreeNode(code))
  return q
# 为队列添加结点元素，并保证优先度从大到小排列
def addQ(queue, nodeNew):
  if len(queue) == 0:
    return [nodeNew]
  for i in range(len(queue)):
    if queue[i].priority >= nodeNew.priority:
      return queue[:i] + [nodeNew] + queue[i:]
  return qucuc + [nodeNew]
# 结点队列类定义
class nodeQueue(object):
  def __init__(self, code):
    self.que = createnodeQ(code)
    self.size = len(self.que)
  def addNode(self,node):
    self.que = addQ(self.que, node)
    self.size += 1
  def popNode(self):
    self.size -= 1
    return self.que.pop(0)
# 各个字符在字符串中出现的次数，即计算优先度
def freChar(string):
  d = {}
  for c in string:
    if not c in d:
      d[c] = 1
    else:
      d[c] += 1
  return sorted(d.items(),key=lambda x:x[1])
# 创建哈夫曼树
def createHuffmanTree(nodeQ):
  while nodeQ.size != 1:
    node1 = nodeQ.popNode()
    node2 = nodeQ.popNode()
    r = TreeNode([None, node1.priority+node2.priority])
    r.leftChild = node1
    r.rightChild = node2
    nodeQ.addNode(r)
  return nodeQ.popNode()
codeDic1 = {}
codeDic2 = {}
# 由哈夫曼树得到哈夫曼编码表
def HuffmanCodeDic(head, x):
  global codeDic, codeList
  if head:
    HuffmanCodeDic(head.leftChild, x+'0')
```

```
        head.code += x
        if head.val:
            codeDic2[head.code] = head.val
            codeDic1[head.val] = head.code
        HuffmanCodeDic(head.rightChild, x+'1')
# 字符串编码
def TransEncode(string):
    global codeDic1
    transcode = ""
    for c in string:
        transcode += codeDic1[c]
    return transcode
# 字符串解码
def TransDecode(StringCode):
    global codeDic2
    code = ""
    ans = ""
    for ch in StringCode:
        code += ch
        if code in codeDic2:
            ans += codeDic2[code]
            code = ""
    return ans
```

5. 应用程序实现

为验证哈夫曼编码，输入一串字符"AABBCDDDAAACCCCCEEEEEEEE"，其中，
字符 A 出现 5 次；字符 B 出现 2 次；字符 C 出现 6 次；字符 D 出现 5 次；字符 E 出现 8 次。

```
string = "AABBCDDDAAACCCCCEEEEEEEE"
t = nodeQueue(freChar(string))
tree = createHuffmanTree(t)
HuffmanCodeDic(tree, '')
print(codeDic1,codeDic2)
a = TransEncode(string)
print(a)
aa = TransDecode(a)
print(aa)
print(string == aa)
```

运行结果如下。

```
,{'B',: '000', 'D':, '001', 'A': '01', 'C': '10', 'E': '11'} {'000': 'B', '001': 'D', '01': 'A', '10': 'C', '11': 'E'}
01010000001000100100101010iioi010101011111111111111111AABBCDDDAAACCCCCEEEEEEEE
True
```

习　　题

一、单选题

1. 在一棵完全二叉树中，编号为 i 的结点存在左孩子结点，则左孩子结点的编号为
（　　），假定根结点的编号为 0。

　　A．$2i$　　　　　　　B．$2i-1$　　　　　　C．$2i+1$　　　　　　D．$2i+2$

2．设某棵二叉树中有 40 个结点，则该二叉树的最小深度为（　　）。

　　A．3　　　　　　　B．4　　　　　　　C．5　　　　　　　D．6

3．深度为 k 的完全二叉树中最少有（　　）个结点。

　　A．$2^{k-1}-1$　　　B．2^k-1　　　　C．$2^{k-1}+1$　　　D．2^{k-1}

4．设某哈夫曼树中有 199 个结点，则该哈夫曼树中有（　　）个叶子结点。

　　A．99　　　　　　　B．100　　　　　　C．101　　　　　　D．102

5．设二叉排序树有 n 个结点，则在二叉排序树上查找结点的平均时间复杂度为（　　）。

　　A．$O(n)$　　　　　B．$O(n^2)$　　　　C．$O(n\log_2 n)$　　　D．$O(\log_2 n)$

6．树最适合用来表示（　　）。

　　A．有序数据元素　　　　　　　　　　B．无序数据元素

　　C．元素之间具有分支层次关系的数据　D．元素之间无联系的数据

7．二叉树的第 k 层的结点数最多为（　　）。

　　A．2^k-1　　　　　B．2^k+1　　　　C．2^{k+1}　　　　D．2^{k-1}

8．设某棵二叉树的中序遍历序列为 ABCD，前序遍历序列为 CABD，则后序遍历该二叉树得到的序列为（　　）。

　　A．BADC　　　　　B．BCDA　　　　　C．CDAB　　　　　D．CBDA

9．设某棵二叉树中有 2000 个结点，则该二叉树的最小深度为（　　）。

　　A．9　　　　　　　B．10　　　　　　　C．11　　　　　　　D．12

10．设一棵二叉树的深度为 k，则该二叉树中最多有（　　）个结点。

　　A．$2k-1$　　　　　B．2^k　　　　　　C．2^{k-1}　　　　D．2^k-1

11．设某二叉树中度数为 0 的结点数为 N_0，度数为 1 的结点数为 N_1，度数为 2 的结点数为 N_2，则下列等式成立的是（　　）。

　　A．$N_0=N_1+1$　　B．$N_0=N_1+N_2$　　C．$N_0=N_2+1$　　D．$N_0=2N_1+1$

12．在二叉排序树中插入一个结点的时间复杂度为（　　）。

　　A．$O(1)$　　　　　B．$O(n)$　　　　　C．$O(\log_2 n)$　　　D．$O(n^2)$

二、填空题

1．对于一棵具有 n 个结点的树，则该树中所有结点的度之和为 _____。

2．在一棵二叉树中，度为 0 的结点的个数为 n_0，度为 2 的结点的个数为 n_2，则 $n_0=$ _____。

3．在二叉树的顺序存储中，对于下标为 5 的结点，它的父结点的下标为 _____，若它存在左孩子结点，则左孩子结点的下标为 _____，若它存在右孩子结点，则右孩子结点的下标为 _____。

4．在一棵二叉排序树中，按 _____ 遍历得到的结点序列是一个有序序列。

5．由分别带权为 3，9，6，2，5 的 5 个叶子结点构成一棵哈夫曼树，则带权路径长度为 _____。

6．假定在一棵二叉树中，双分支结点数为 15 个，单分支结点数为 32 个，则叶子结点数为 _____。

7．在一棵深度为 h 的完全二叉树中，最少含有 _____ 个结点，假定根结点的深度为 0。

8．假定一棵二叉树的结点数为 18 个，则它的最小深度为 _____。

9. 在一棵二叉树中第 5 层上的结点数最多为 _____。

10. 在一棵具有 5 层的满二叉树中，结点总数为 _____。

11. 已知 8 个数据元素为 34，76，45，18，26，54，92，65，按照依次插入结点的方法生成一棵二叉排序树后，最后两层上的结点总数为 _____。

12. 如果结点 A 有 3 个兄弟，而且 B 是 A 的双亲，则 B 的出度是 _____。

13. 一个深度为 L 的满 K 叉树有如下性质：第 L 层上的结点都是叶子结点，其余各层上每个结点都有 K 棵非空子树。如果按层次顺序从 1 开始对全部结点编号，编号为 n 的有右兄弟的条件是 _____。

14. 在完全二叉树中，当 i 为奇数且不等于 1 时，结点 i 的左兄弟是结点 _____，否则没有左兄弟。

15. 某二叉树 T 有 n 个结点，设按某种遍历顺序对 T 中的每个结点进行编号，编号值为 1，2，…，n，且有如下性质：T 中任一结点 V，其编号等于左子树上的最小编号减 1，而 V 的右子树的结点中，其最小编号等于 V 左子树上的最大编号加 1。此二叉树是按 _____ 遍历排序编号的。

16. 对一棵二叉排序树进行中序遍历时，得到的结点序列是一个 _____。

17. 从一棵二叉排序树中查找一个元素时，若元素的值等于根结点的值，则表明 _____，若元素的值小于根结点的值，则继续向 _____ 查找，若元素的值大于根结点的值，则继续向 _____ 查找。

18. 如果一棵哈夫曼树中有偶数或奇数个叶子结点，则树中总结点的个数必为 _____ 个。

三、判断题

1. 对于一棵具有 n 个结点，深度为 h 的任何二叉树，进行任一种次序遍历的时间复杂度均为 $O(h)$。   （ ）

2. 由树转换成二叉树，其根结点的右子树总是空的。   （ ）

3. 后序遍历树和中序遍历与该树对应的二叉树，其结果不同。   （ ）

4. 有一个结点是某二叉树子树的中序遍历序列中的最后一个结点，则它必是该子树的前序遍历序列中的最后一个结点。   （ ）

5. 若一棵树的叶子结点是某子树的中序遍历序列中的最后一个结点，则它必是该子树的前序遍历序列中的最后一个结点。   （ ）

6. 已知二叉树的前序遍历和后序遍历序列并不能唯一地确定这棵树，因为不知道树的根结点是哪一个。   （ ）

7. 在哈夫曼编码中，当两个字符出现的频率相同时，其编码也相同，对于这种情况应作特殊处理。   （ ）

8. 中序遍历二叉排序树的结点就可以得到排好序的结点序列。   （ ）

9. 在二叉排序树上插入新的结点时，不必移动其他结点，仅需改动某个结点的指针，由空变为非空即可。   （ ）

四、综合题

1. 对于二叉排序树，在所有结点的权值都相等的情况下，最佳二叉排序树有何特点？

2. 分别写出对二叉树进行中序遍历和先序遍历的非递归算法（不允许使用转向语句）。

3．已知一组元素为 46，25，78，62，18，34，12，40，73，试画出按元素排列顺序输入而生成的一棵二叉排序树。

4．已知一棵树的边的集合表示为：(L,N)，(G,K)，(G,L)，(G,M)，(B,E)，(B,F)，(D,G)，(D,H)，(D,I)，(D,J)，(A,B)，(A,C)，(A,D)。画出这棵树，并回答下列问题：

（1）树的根结点是哪个结点？哪些是叶子结点？哪些是分支结点？

（2）树的度是多少？各个结点的度是多少？

（3）树的深度是多少？各个结点的层数是多少？以结点 G 为根结点的子树的深度是多少？

（4）对于结点 G，它的父结点是哪个结点？它的祖先结点是哪些结点？它的孩子结点是哪些结点？它的子孙结点是哪些结点？它的兄弟结点和堂兄弟结点分别是哪些结点？

5．设深度为 h 的二叉树上只有度为 0 和度为 2 的结点，则该二叉树的结点数可能达到的最大值和最小值为多少？

6．设二叉树的存储结构如下。

	1	2	3	4	5	6	7	8	9	10
Lchild	0	0	2	3	7	5	8	0	10	1
data	J	H	F	D	B	A	C	E	G	I
Rchild	0	0	0	9	4	0	0	0	0	0

（1）根据二叉树 BT 的存储结构，试画出此二叉树的图形表示。

（2）写出前序、中序、后序遍历序列。

（3）画出后序遍历线索二叉树。

7．已知一棵二叉树的先序遍历结果为 ABCDEFGHIJ，中序遍历的结果为 CBEDAHGIJF，试画出该二叉树。

8．有 7 个带权结点，其权值分别为 3，7，8，2，6，10，14，试以它们为叶子结点生成一棵哈夫曼树，求出该树的带权路径长度和深度，假定根结点的深度为 0。

9．采用链式存储方式创建完整的二叉树结构，并查看存储在 key、left 和 right 中的一些值。假设 a 为根结点，结点 b 和 c 分别添加为左右孩子结点。

10．已知二叉树的前序遍历序列是 AEFBGCDHIKJ，中序遍历序列是 EFAGBCHKIJD，画出此二叉树，并画出它的后序遍历线索二叉树。

第6章　图

在计算机系统中，图是一种复杂的网状数据结构，"图论"可用于许多科学技术领域，应用极为广泛，已渗入诸如语言学、逻辑学、物理、化学、计算机科学以及数学的其他分支。

学习目标

- 掌握图的基本概念及相关术语和性质。
- 熟练掌握图的邻接矩阵和邻接表两种存储表示方法。
- 熟练掌握图的两种遍历方法 DFS 和 BFS，以及 DFS 算法的实现。
- 熟练掌握最短路径算法（Dijkstra 算法）的实现。
- 掌握最小生成树的两种算法的思想及拓扑排序算法的思想。

6.1　图的基本概念

图是一种比树形结构更为复杂的非线性结构。在图中，任意两个结点之间都可能有关联，也可能存在某种特定关系。

6.1.1　图的定义

图（Graph）是一种网状数据结构，描述了一组对象，这些对象在某种意义上是"相关的"。这些对象称为顶点（Vertex），连接每个相关顶点的线段称为边（Edge）。故图是由非空的顶点集合和一个描述顶点之间关系的边集合组成的，用 $G=(V,E)$ 来表示。其中，V 是顶点集合，E 是边集合，V 与 E 互不相交。它们亦可写成 $V(G)$ 和 $E(G)$。其中边集 E 的元素都是二元组，用 (x,y) 表示，x,y 属于顶点集合 V，即 $x,y \in V$；顶点总数记为 $|V|$，边的总数记为 $|E|$；若 $E(G)$ 为空，表示图只有顶点没有边；$V(G)$ 为空，表示空图。如图 6-1 所示的图中，顶点集合 $V=\{a,b,c,d,e,f\}$，$|V|=6$；边集合 $E=\{(a,b),(a,c),(a,e),(b,e),(c,f),(d,e)\}$，$|E|=6$。

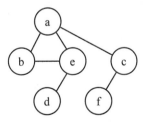

图 6-1　图的结构

6.1.2 图的基本术语

为了描述的准确，需要对图涉及的许多术语给出明确的定义或约定，这小节主要介绍图的基本概念以及图的常用术语。

1. 无向图和有向图

图分为有向图和无向图两类。无向图中的边没有方向，是顶点的无序对；有向图中的边具有方向性，是顶点的有序对。

在图 G 的边集合 $E(G)$ 中，顶点偶对 (x,y) 的 x 和 y 之间是无序的，称图 G 是无向图（Undirected Graph），如图 6-2（a）所示。在无向图中，若 $(x,y) \in E(G)$，$(y,x) \in E(G)$，即 $E(G)$ 是对称的，则用无序对 (x,y) 表示 x 和 y 之间的一条边，因此 (x,y) 和 (y,x) 代表的是同一条边。对于图 6-2（a）所示的无向图 G1：

```
G1=(V1,E1)
V1={a,b,c,d}
E1={(a,b),(a,c),(a,d),(b,c),(b,d),(c,d)}
```

若在图 G 的关系集合 $E(G)$ 中，顶点 $<x, y>$ 的 x 和 y 之间是有序的，称图 G 是有向图（Directed Graph），如图 6-2（b）所示。有向图的边亦称为弧（Arc），其中：x 称为弧尾（Tail）或始点（Initial Node），y 称为弧头（Head）或终点（Terminal Node）。对于图 6-2（b）所示的有向图 G2：

```
G2=(V2,E2)
V2={A,B,C,D,E,F}
E2={<A,B>,<A,D>,<B,C>,<B,E>,<C,F>,<D,B>,<D,E>,<F,E>}
```

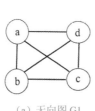

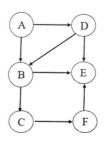

（a）无向图 G1　　　　　　　　　　（b）有向图 G2

图 6-2　有向图和无向图

2. 完全无向图和完全有向图

对于无向图，图中顶点数为 n，边的数目为 e，则 $e \in [0,n(n-1)/2]$。具有 $n(n-1)/2$ 条边的无向图称为完全无向图（Complete Undirected Graph）。或者说，对于无向图 G=(V,E)，若 $v_i, v_j \in V$，当 $v_i \neq v_j$ 时，有 $(v_i, v_j) \in E$，即图中任意两个不同的顶点间都有一条无向边，这样的无向图称为完全无向图。图 6-2（a）所示的图 G1 就是完全无向图。

对于有向图，图中顶点数为 n，弧的数目为 e，则 $e \in [0,n(n-1)]$。具有 $n(n-1)$ 条边的有向图称为完全有向图（Complete Directed Graph）。或者说，对于有向图 G=(V,E)，若 $v_i, v_j \in V$，当 $v_i \neq v_j$ 时，有 $<v_i, v_j> \in E \land <v_j, v_i> \in E$，即图中任意两个不同的顶点间都有一条弧，这样的有向图称为完全有向图。图 6-3 所示就是一个完全有向图。

3. 稀疏图和稠密图

仅有很少的边或弧（$e < n\log n$）的图称为稀疏图（Sparse Graph），反之，边数较多的图称为稠密图（Dense Graph）。

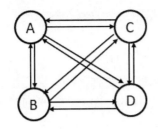

图 6-3 完全有向图 G

4. 子图

设有图 G=(V, E) 和 G'=(V', E')，若 V' ⊆ V 且 E' ⊆ E，则称图 G' 是 G 的子图。若 V'=V 且 E' ⊆ E，则称图 G' 是 G 的一个生成子图，图 6-4 给出了图 6-2 中 G1 和 G2 的部分子图示例。

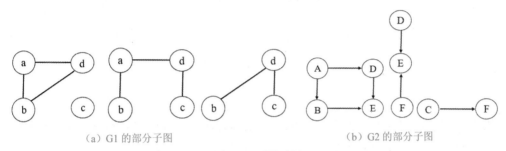

（a）G1 的部分子图   （b）G2 的部分子图

图 6-4 子图示例

5. 邻接点

对于无向图 G=(V,E)，若边 (v,w) ∈ E，则称顶点 v 和 w 互为邻接点（Adjacent），即 v 和 w 相邻接。边 (v,w) 依附于顶点 v 和 w。

对于有向图 G=(V,E)，若有向弧 <v,w> ∈ E，则称顶点 v "邻接到"顶点 w，顶点 w "邻接自"顶点 v，弧 <v,w> 与顶点 v 和 w "相关联"。

6. 度、入度和出度

对于无向图 G=(V,E)，v_i ∈ V，图 G 中依附于 v_i 的边的数目称为顶点 v_i 的度（Degree），记为 $TD(v_i)$；对于有向图 G=(V,E)，若 v_i ∈ V，则图 G 中以 v_i 作为起点的有向边（弧）的数目称为顶点 v_i 的出度（Outdegree），记为 $OD(v_i)$；以 v_i 作为终点的有向边（弧）的数目称为顶点 v_i 的入度（Indegree），记为 $ID(v_i)$。顶点 v_i 的出度与入度之和称为 v_i 的度，记为 $TD(v_i)$，即 $TD(v_i)=OD(v_i)+ID(v_i)$。

注意：在无向图中，所有顶点度的和是图中边的 2 倍，即 $\sum_{i=1}^{n}TD(v_i)=2e$，e 为图的边数。

7. 路径、路径长度

对无向图 G=(V,E)，若从顶点 v_i 经过若干条边能到达 v_j，则称顶点 v_i 和 v_j 是连通的，又称顶点 v_i 到 v_j 有路径（Path）；对有向图 G=(V,E)，从顶点 v_i 到 v_j 有有向路径，指的是从顶点 v_i 经过若干条有向边（弧）能到达 v_j。或者说路径是图 G 中连接两顶点之间所经过的顶点序列，即

Path=$v_{i0}v_{i1} ... v_{im}$，v_{ij} ∈ V 且 $(v_{ij}-1, v_{ij})$ ∈ E，j=1,2,...,m（无向图路径）

或

Path=$v_{i0}v_{i1} ... v_{im}$，v_{ij} ∈ V 且 $<v_{ij}-1, v_{ij}>$ ∈ E，j=1,2,...,m（有向图路径）

路径上边或有向边（弧）的数目称为该路径的长度。

8. 回路、环

在一条路径中，若没有重复相同的顶点，该路径称为简单路径；第一个顶点和最后一个顶点相同的路径称为回路（Cycle），也称为环；在一个回路中，若除第一个与最后一个顶点外，其余顶点不重复出现，这样的回路称为简单回路（简单环）。

9. 连通、连通图、连通分量

对无向图 $G=(V,E)$，$v_i, v_j \in V$，v_i 和 v_j 都是连通的，则称图 G 是连通图，否则称为非连通图。若 G 是非连通图，则极大连通子图称为 G 的连通分量，如图 6-5 所示。

 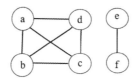 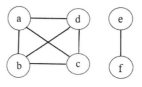

（a）连通图 G1　　　　　（b）非连通图 G2　　　　　（c）G2 的 2 个连通分量

图 6-5　连通分量

10. 强连通图、强连通分量

对有向图 $G=(V,E)$，若 $v_i, vj \in V$，都有以 v_i 为起点，v_j 为终点以及以 v_j 为起点，v_i 为终点的有向路径，则称图 G 是强连通图，否则称为非强连通图。若 G 是非强连通图，则极大强连通子图称为 G 的强连通分量，如图 6-6 所示。

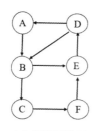 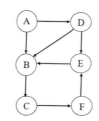 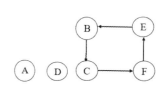

（a）强连通图 G1　　　　（b）非强连通图 G2　　　　（c）图 G2 的 3 个强连通分量

图 6-6　强连通与强连通分量

注意："极大"的含义是对子图再增加图 G 中的其他顶点，子图就不再连通。

将有向图的所有有向边替换为无向边，所得到的图称为原图的基图。如果一个有向图的基图是连通图，则该有向图是弱连通图。图 6-2 中的 G2 就是一个弱连通图。

11. 生成树、有向树、生成森林

一个连通图（无向图）的生成树是一个极小连通子图，它含有图中全部 n 个顶点和只有足以构成一棵树的 n-1 条边，称为图的生成树。图 6-2 中 G1 的 3 棵生成树如图 6-7 所示。

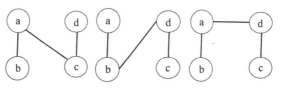

图 6-7　G1 的部分生成树

关于无向图的生成树，有以下几个结论。

（1）一棵有 n 个顶点的生成树有且仅有 n-1 条边。

（2）如果一个图有 n 个顶点和小于 $n-1$ 条边，则是非连通图。

（3）如果多于 $n-1$ 条边，则一定有环。

（4）有 $n-1$ 条边的图不一定是生成树。

（5）生成树可以有多棵。

只有一个顶点的入度为 0，其余顶点的入度均为 1 的有向图，称为有向树。

有向图的生成森林是这样一些子图的集合，它由若干棵有向树组成，含有图中全部顶点。图 6-6 中 G2 的生成森林如图 6-8 所示。

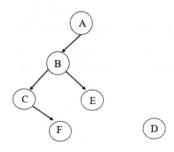

图 6-8 生成森林

12. 权和网

权（Weight）是与图的边和弧相关的数值，可以表示从一个顶点到另一个顶点的距离或耗费。每个边（或弧）都附加了一个权值的图，称为带权图。带权的连通图称为网或网络，如图 6-9 所示。网或网络是工程上常用的一个概念，用来表示一个工程或某种流程。

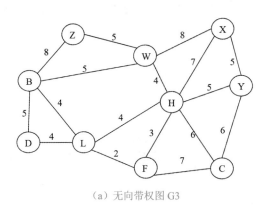

（a）无向带权图 G3

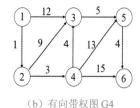

（b）有向带权图 G4

图 6-9 带权的图

6.1.3 图的抽象数据类型定义

6.1.1 与 6.1.2 小节介绍了图和与图有关的数学结构与数学定义。在计算机中，图实质上是一种数据结构，再加上一组基本操作就构成了图的抽象数据类型。

图的抽象数据类型定义及相关操作见表 6-1。

表 6-1 图的抽象数据类型的定义及操作

数据对象	数据对象 V：具有相同特性的数据元素的集合，称为顶点集
数据关系	数据关系 R：$R=\{E\}$ $E=\{<x,y>\|x,y \in V \wedge p(x,y)\}$ $<x,y>$ 表示从 x 到 y 的弧，$p(x,y)$ 定义了弧 $<x,y>$ 的相关信息

续表

序号	操作名称	操作说明
1	Create_Graph(self) 图的创建操作	初始条件：V 是顶点的集合，E 是边（弧）的集合 操作结果：按 V 和 E 的定义生成一个新图 G
2	GetVex(G, v) 求图中的顶点 v 的值	初始条件：图 G 存在，v 是图中的一个顶点 操作结果：返回图 G 中顶点 v 的值
3	vertex_num(self) 求图中顶点的个数	初始条件：图 G 存在 操作结果：返回图 G 中顶点的个数
4	edge_num(self) 求图 G 边（弧）的数目	初始条件：图 G 存在 操作结果：返回图 G 中边（弧）的数目
5	add_vertex(self, vertex) 在图 G 中添加 vertex 顶点	初始条件：图 G 存在 操作结果：将顶点 vertex 添加到图 G 中
6	add_edge(self,v1,v2) 添加 v1 到 v2 的边	初始条件：图 G 存在，且有顶点 v1 和 v2 操作结果：将 v1 到 v2 的边添加到图 G 中
7	out_edge(self,v) 求顶点 v 的所有出边	初始条件：有向图 G 存在，且有顶点 v 操作结果：求从顶点 v 出发的所有的边
8	Degree(self,v) 求顶点 v 的度	初始条件：图 G 存在，且有顶点 v 操作结果：返回顶点 v 的度
9	DFStraver(G,V) 从 v 出发对图 G 深度优先遍历	初始条件：图 G 存在 操作结果：对图 G 深度优先遍历，每个顶点访问且只访问一次
10	BFStraver(G,V) 从 v 出发对图 G 广度优先遍历	初始条件：图 G 存在 操作结果：对图 G 广度优先遍历，每个顶点访问且只访问一次

（左侧竖栏：基本操作）

6.2 图的存储结构

图的存储结构比较复杂，其复杂性主要表现在：一是任意顶点之间可能存在联系，无法以数据元素在存储区中的物理位置来表示元素之间的关系；二是图中各顶点的度不一样，有的可能相差很大，若按度数最大的顶点设计结构，则会浪费很多存储单元，如果按每个顶点自己的度设计不同的结构，又会影响操作。

实质上，图在物理存储上采用邻接矩阵和邻接表两种形式。

6.2.1 图的邻接矩阵

邻接矩阵（Adjacency Matrix）表示顶点间的相邻关系，采用方阵表示顶点和边关系的关联。对于有 n 个顶点的图 G，用 vertex [n] 存储顶点信息，用 edge[n][n] 存储顶点之间关系的信息。在邻接矩阵中，以顶点在 vertex [n] 中的下标代表顶点，邻接矩阵中的元素 edge[i][j] 存放的是顶点 i 到顶点 j 之间关系的信息。

1. 图的邻接矩阵的定义

对于图 G，其邻接矩阵的定义为：

$$\text{edge}_{ij} = \begin{cases} 1, & (v_1, v_2) \in E, \ 顶点\ v_1\ 到顶点\ v_2\ 有边 \\ 0, & (v_1, v_2) \notin E, \ 顶点\ v_1\ 到顶点\ v_2\ 无边 \end{cases}$$

对于带权图 G，其邻接矩阵的定义为：

$$edge_{ij} = \begin{cases} w_{ij}, & (v_1, v_2) \in E, \ 顶点\ v_1\ 到顶点\ v_2\ 有边，且权值为\ w_{ij} \\ \infty, & (v_1, v_2) \notin E, \ 顶点\ v_1\ 到顶点\ v_2\ 无边 \end{cases}$$

图 6-2 所示的两个图 G1 和 G2 的邻接矩阵分别为 edge1 和 edge2（其中字母 a ～ d 对应下标 0 ～ 3，A ～ F 对应下标 0 ～ 5）。

$$edge1_{ij} = \begin{pmatrix} 0 & 1 & 1 & 1 \\ 1 & 0 & 1 & 1 \\ 1 & 1 & 0 & 1 \\ 1 & 1 & 1 & 0 \end{pmatrix} \qquad edge2_{ij} = \begin{pmatrix} 0 & 1 & 0 & 1 & 0 & 0 \\ 0 & 0 & 1 & 0 & 1 & 0 \\ 0 & 0 & 0 & 0 & 0 & 1 \\ 0 & 1 & 0 & 0 & 1 & 0 \\ 0 & 0 & 0 & 0 & 0 & 0 \\ 0 & 0 & 0 & 0 & 1 & 0 \end{pmatrix}$$

图 6-9 中 G3 和 G4 的邻接矩阵分别为 edge3 和 edge4（其中字母 B、C、D、F、H、L、W、X、Y、Z 对应下标 1 ～ 10）。

$$edge3_{ij} = \begin{pmatrix} 0 & \infty & 5 & \infty & \infty & 4 & 5 & \infty & \infty & 8 \\ \infty & 0 & \infty & 7 & 6 & \infty & \infty & \infty & 6 & \infty \\ 5 & \infty & 0 & \infty & \infty & 4 & \infty & \infty & \infty & \infty \\ \infty & 7 & \infty & 0 & 3 & 2 & \infty & \infty & \infty & \infty \\ \infty & 6 & \infty & 3 & 0 & 4 & 4 & 7 & 5 & \infty \\ 4 & \infty & 4 & 2 & 4 & 0 & \infty & \infty & \infty & \infty \\ 5 & \infty & \infty & \infty & 4 & \infty & 0 & 8 & \infty & 5 \\ \infty & \infty & \infty & \infty & 7 & \infty & 8 & 0 & 5 & \infty \\ \infty & 6 & \infty & \infty & 5 & \infty & \infty & 5 & 0 & \infty \\ 8 & \infty & \infty & \infty & \infty & \infty & 5 & \infty & \infty & 0 \end{pmatrix}$$

$$edge4_{ij} = \begin{pmatrix} 0 & 1 & 12 & \infty & \infty & \infty \\ \infty & 0 & 9 & 3 & \infty & \infty \\ \infty & \infty & 0 & \infty & 5 & \infty \\ \infty & \infty & 4 & 0 & 13 & 15 \\ \infty & \infty & \infty & \infty & 0 & 4 \\ \infty & \infty & \infty & \infty & \infty & 0 \end{pmatrix}$$

显而易见，无向图的邻接矩阵有以下特点：

（1）邻接矩阵是对称方阵。

（2）对于顶点 v_i，其度数是第 i 行的非 0 元素的个数。

（3）无向图的边数是上（或下）三角形矩阵中非 0 元素的个数。

有向图的邻接矩阵有以下特点。

（1）对于顶点 v_i，第 i 行的非 0 元素的个数是其出度 $OD(v_i)$；第 i 列的非 0 元素的个数是其入度 $ID(v_i)$。

（2）邻接矩阵中非 0 元素的个数就是图的弧的数目。

2. 图的邻接矩阵的实现

图中包含 2 类元素，图的顶点和图的边（弧）。邻接矩阵是表示图中顶点间邻接关系的方阵。对于有 n 个顶点的图 G=(V,E)，其邻接矩阵是一个方阵，图中每个顶点（按顺序）对应矩阵里的一行和一列，矩阵元素表示图中的邻接关系。一般对于不带权值的图，用 1 表示顶点有边，用 0 表示顶点无边。对于带权图，矩阵元素值即为边的权值，可用 0 或 ∞

表示两顶点不相连。

　　邻接矩阵存储在 mat 中，mat 是一个二层嵌套的列表，是图的基本架构。当确定顶点个数之后，构造函数基于给定的矩阵参数建立一个图，并对参数矩阵进行复制。图的有关定义及相关操作如下。

```python
class Graph :
    def __init__ ( self,mat,unconn=e) :    #e 为顶点最小数，一般为 0
        vnum=len( mat)
        if len(x ) !=vnum:
            raise ValueError(" 参数错误 ")
        self._mat=[mat[i][: ] for i in range(vnum)] # 复制
        self._unconn=unconn
        self._vnum=vnum
    # 顶点个数
    def vertex_num( self):
        return self._vnum
    # 顶点是否无效
    def _invalid(self,v):
        return v<e or v>=self._vnum
    # 添加边
    def add_edge( self,vi, vj,val=1):
        if self._invalid(vi) or self._invalid(vj):
            raise ValueError(str(vi)+" or "+str(vj)+" 不是有效的顶点 ")
        self._mat[vi][vj]=val
    # 获取边的值
    def get_edge( self,vi, vj):
        if self._invalid(vi) or self._invalid(vj):
            raise ValueError(str(vi)+" or "+str(vj)+" 不是有效的顶点 ")
        return self._mat[vi][vj]
    # 获得一个顶点的各条出边
    def out_edges(self,vi):
        if self._invalid(vi):
            raise ValueError(str(vi)+" 不是有效的顶点 ")
        return self._out_edges( self._mat[vi],self._unconn)
    @staticmethod
    def _out_edges ( row, unconn ) :
        edegs=[]
        for i in range(len( row ) ):
            if row[i] !=unconn :
                edegs.append( ( i,row[i]))
        return edegs
    def __str__ ( self):
        return "[\n"+", \n".join(map(str,self._mat))+"\n]"+"\nUnconnected: "+str(self._unconn)
```

　　注意：该图类没有定义添加顶点的操作，因为添加顶点时，要横向和纵向扩充邻接矩阵，操作不便。

　　构造一个具有 n 个顶点 e 条边的无向网的时间复杂度为 $O(n^2+ne)$。其一是对邻接矩阵的初始化使用了 $O(n^2)$ 的时间；另外一个 $|V| \times |V|$（$|V|$ 是图顶点的集合）方阵，如果从 v_i 到 v_j 存在一条边，则对第 i 行的第 j 个元素进行标记。邻接矩阵的每个元素需占用一位，但如果希望用数值来标记每条边（如标记两个顶点之间的权或距离），则矩阵的每个元素必须占足够大的空间来存储这个数值。不论哪种情况，邻接矩阵的空间代价均为 $O(|V|^2)$。

可见用邻接矩阵表示图的方式所需的空间开销是和图的顶点数的平方成正比的，如果图的顶点数比较多，并且图的每个顶点的度并不多，这样邻接矩阵就是一个稀疏矩阵，其中大部分元素都是无用的，将耗费大量的存储空间。另外，采用邻接矩阵不便于添加顶点。

6.2.2　图的邻接表

图的邻接矩阵表示法中，空间代价均为 $O(|V|^2)$，当图为稀疏图时，空间浪费比较大，改进的方法就是采用邻接表（Adjacency List）表示。

1. 图的邻接表表示

图的邻接表对图的每个顶点 v_i 用一个列表（长度不一定相等）对象表示，存储该顶点所有邻接顶点及其相关信息。元素的形式为（v_j,w），其中 v_j 表示顶点 v_i 到 v_j 边的终点，w 为 v_i 到 v_j 的权值。

图 6-2 中的 G1 图和图 6-9（b）中的 G4 的邻接表可以表示为图 6-10 与图 6-11。

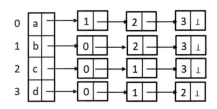

图 6-10　无向图 G1 的邻接表

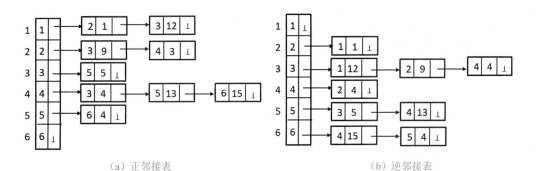

（a）正邻接表　　　　　　　　　　　（b）逆邻接表

图 6-11　有向带权图 G4 的邻接表

从图 6-10 和图 6-11 可知，第 i 个列表表示依附于顶点 V_i 的边（对有向图是以顶点 V_i 为头或尾的弧），如果有权值，则增加一个数据域用于表示权值。

用邻接表存储图时，对无向图，其邻接表是唯一的，如图 6-10 所示；对有向图，其邻接表有两种形式，如图 6-11 所示。图 6-11（a）以出度为主，出度直观，第 i 个列表描述了顶点 V_i 的出度，称为正邻接表；图 6-11（b）以入度为主，入度直观，第 i 个列表描述了顶点 V_i 的入度，称为逆邻接表。

2. 邻接表法的特点

（1）表头向量中每个分量就是一个单链表的头结点，分量个数就是图中的顶点数目。

（2）在边或弧稀疏的条件下，用邻接表表示比用邻接矩阵表示节省存储空间。

（3）对于无向图，顶点 v_i 的度是第 i 个列表的结点数。

（4）对有向图可以建立正邻接表或逆邻接表。正邻接表是以顶点 v_i 为出度（即为弧的起点）而建立的邻接表；逆邻接表是以顶点 v_i 为入度（即为弧的终点）而建立的邻接表。

（5）在有向图中，第 i 个列表中的结点数是顶点 v_i 的出（或入）度；求入（或出）度，需遍历整个邻接表。

（6）在邻接表上容易找出任一顶点的第一个邻接点和下一个邻接点。

邻接表是一个以链表为元素的数组，该数组包含 $|V|$ 个元素，其中第 i 个元素存储的是一个指针，指向顶点 v_i 的边构成的链表，此链表存储顶点 v_i 的邻接点。邻接表的空间代价与图中边的数目和顶点数目均有关系。每个顶点都要占据一个数组元素的位置（即使该顶点没有邻接点），且每条边必须出现在其中某个顶点的边链表中。所以，邻接表的空间代价为 $O(|V|+|E|)$。

3. 图的邻接表的实现

```python
class GraphAL(Graph):     # 继承 Graph 类
    def _init_( self,mat=[],unconn=0):
        vnum = len(mat)
        for x in mat:
            if len(x) != vnum:
                raise ValueError(" 参数错误 ")
        self._mat=[Graph._out_edges(mat[i],unconn) for i in range( vnum)]
        self._unconn = unconn
        self._vnum = vnum
    # 添加顶点
    # 返回该顶点编号
    def add_vertex ( self):
        self._mat.append([])
        self._vnum+=1
        return self._vnum-1
    # 添加边
    def add_edge(self,vi, vj,val=1):
        if self._vnum==0:
            raise valueError(" 不能向空图添加边 ")
        if self._invalid( vi) or self._invalid(vj):
            raise ValueError(str(vi)+" or "+str(vj)+" 不是有效的顶点 ")
        row=self._mat[vi]
        i=0
        while i<len(row ):
            if row[i][e]==vj:
                self._mat[vi][i]=(vj,val) # 如果原来有到 vj 的边，修改 mat[vi][vj] 的值
                return
            if row[i][e]>vj:# 原来没有到 vj 的边，退出循环后加入边
                break
            i+=1
        self._mat[vi].insert(i, ( vj,val))
    # 获取边的值
    def get_edge(self,vi,vj):
        if self._invalid(vi) or self._invalid(vj):
            raise ValueError(str(vi)+" or "+str(vj)+" 不是有效的顶点 ")
        for i,val in self._mat[vi]:
            if i==vj:
                return val
        return self._unconn
    # 获得一个顶点的各条出边
    def out_edges(self,vi):
        if self._invalid(vi):
```

```
        raise ValueError(str(vi)+" 不是有效的顶点 ")
        return self._mat[vi]
```

例 6-1　已知某网的邻接（出边）表如图 6-12 所示，请画出该网。

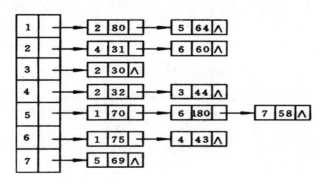

图 6-12　某网的邻接表

解：从图 6-12 可知，G=(V,E) 是个带权值的有向网，其中：

V={1,2,3,4,5,6,7}

E={<1,2>,<1,3>,<2,4>,<2,6>,<3,2>,<4,2>,<4,3>,<5,1>,<5,6>,<5,7>,<6,1>,<6,4>,<7,5>}

在对应的弧给出相关的权值，可得有向网，如图 6-13 所示。

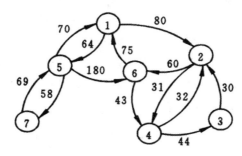

图 6-13　与图 6-12 对应的有向网

注意：在图的存储结构中，采用哪种表示方法存储效率更高取决于图中边的数目。邻接矩阵不需要结构性开销，图越密集，邻接矩阵的空间效率相应地也越高；对稀疏图则使用邻接表可获得较高的空间效率。与邻接表相比，邻接矩阵在图的算法中常常导致相对较高的渐进时间代价。其原因是访问某个顶点所有邻接点的操作在图的算法中相当普遍。使用邻接表只需检查连接此顶点与其相邻顶点的实际存在的边，而使用邻接矩阵则必须查看所有 n 个顶点可能的边，导致其总时间代价为 $O(n^2)$，而使用邻接表的时间代价为 $O(n+e)$。

6.2.3　图在 Python 中的实现

在图的存储结构实际操作中，主要关注的是边和顶点的关系、顶点和顶点的邻接关系，存储方式不同，各种操作的效率会相差比较大。

在 Python 中实现图的数据结构比较多，输入图中各顶点和边的方式也多，常用的有邻接集合、邻接列表、邻接字典和嵌套字典 4 种方法。

1. 邻接集合

邻接集合就是把顶点的邻接点放在一个集合中，采用列表与集合结合的方式实现。在列表中每个集合就是每个顶点的邻接点集合。图 6-2（b）中 G2 的邻接集合表示如下。

```
A, B, C, D, E, F = range(1,7)
```

```
N = [{'B', 'D'},
     {'C', 'E'},
     {'F'},
     {'B','E'},
     {},
     {'E'}]
```

2. 邻接列表

邻接列表和邻接集合差不多，就是将顶点的邻接点放在一个列表中，采用列表嵌套的方式实现。在列表中嵌套的每个列表就是每个顶点的邻接点集合。图 6-2（b）中 G2 的邻接列表表示如下。

```
A, B, C, D, E, F = range(1,7)
N = [['B', 'D'],
     ['C', 'E'],
     ['F'],
     ['B','E'],
     [],
     ['E']]
```

邻接列表和邻接集合唯一的不同是其用列表来储存每个顶点的邻接点。

3. 邻接字典

邻接字典将列表与字典结合，不仅采用字典来储存顶点键值对，同时用键值对中的 value 表示边的权值信息。邻接字典主要用来表示带权值的图。图 6-9（b）中 G4 的邻接字典表示如下。

```
a, b, c, d, e, f = range(1,7)
N = [{'2':1, '3':12},
     {'3':9, '4':3},
     {'5':5},
     {'3':4, '5':13, '6':15},
     {'6':4},
     {}]
```

4. 嵌套字典

顶点及与顶点有关的所有信息都采用字典表示，图 6-9（b）中 G4 的嵌套字典表示如下。

```
N = {'1':{'2':1, '3':12},
     '2':{'3':9, '4':3},
     '3':{'5':5},
     '4':{'3':4, '5':13, '6':15},
     '5':{'6':4},
     '6':{}}
```

6.3 图 的 遍 历

图的遍历（Traversing Graph）是指从图的某一顶点出发，访问图中的其余顶点，且每个顶点仅被访问一次。图的遍历可以系统地访问图中的每个顶点，因此，图的遍历算法是图的最基本、最重要的算法，许多有关图的操作都是在图的遍历基础之上加以变化来实现的。

图的遍历算法有深度优先搜索算法和广度优先搜索算法，采用的数据结构是（正）邻接表。

6.3.1 深度优先搜索

深度优先搜索（Depth First Search，DFS）遍历类似于树的先序遍历，是树的先序遍历的推广。

1. 算法思想

设初始状态时图中的所有顶点未被访问，则：

（1）从图中某个顶点 v_i 出发，访问 v_i；然后找到 v_i 的一个邻接顶点 v_{i1}。

（2）从 v_{i1} 出发，深度优先搜索访问和 v_{i1} 相邻接且未被访问的所有顶点。

（3）转（1），直到和 v_i 相邻接的所有顶点都被访问为止。

（4）继续选取图中未被访问的顶点 v_j 作为起始顶点，转（1），直到图中所有顶点都被访问为止。

2. 算法实现

由算法思想可知，这是一个递归过程，可设置一个堆栈，采用非递归方式实现递归。从某个编号为 source 的顶点开始深度优先搜索，遍历前将 source 压入堆栈，存放被访问过的顶点的列表 travel 为空。

当堆栈不为空时，说明还有顶点可能没有被访问，将栈顶顶点出栈，判断刚出栈的顶点是否被访问，若没有，则将其加入 travel 列表，表示访问过；然后，按邻接矩阵存储方式搜索从该顶点出发的所有邻接点，如果没有被访问，则将其压入堆栈，重复执行堆栈不为空的操作，直到堆栈为空。

图 6-9（b）中的 G4 采用邻接表存储，从顶点 1 出发进行深度优先搜索得到的序列为123564。

```python
def dfsTravel(graph, source):
    # 传入的参数为邻接表存储的图和一个开始遍历的源顶点
    travel = []                    # 存放访问过的顶点的列表
    stack = [source]               # 构造一个堆栈
    while stack:                   # 堆栈空时结束
        current = stack.pop()      # 堆栈顶点出队
        if current not in travel:  # 判断当前顶点是否被访问过
            travel.append(current) # 如果没有被访问过，则将其加入访问列表
        for next_adj in graph[current]:   # 遍历当前顶点的下一级
            if next_adj not in travel:    # 没有被访问过的全部入栈
                stack.append(next_adj)
    return travel


# 测试样例图6-9（b）中的G4
if __name__ == "__main__":
    graph = {}
    graph['1'] = ['3','2']
    graph['2'] = ['4','3']
    graph['3'] = ['5']
    graph['4'] = ['6','5','3']
    graph['5'] = ['6']
    graph['6'] = []
    print(dfsTravel(graph, '1'))
```

3. 算法分析

深度优先搜索算法可以保证生成至少一棵以上的生成树，因为从某个顶点出发常常

无法遍历完整个图，或者有不相连的子图存在，则不止一棵树。该算法的时间复杂度为 $O(n+e)$。

注意：如果图是连通的，可能只需要调用一次 dfsTravel() 函数，如果图是非连通的，则需要调用多次 dfsTravel() 函数。

6.3.2 广度优先搜索

广度优先搜索（Breadth First Search，BFS）遍历类似于树的层次遍历的过程。

1. 算法思想

设初始状态时图中的所有顶点未被访问，则：

（1）从图中某个顶点 v_i 出发，访问 v_i。

（2）访问所有与 v_i 相邻接且未被访问的所有顶点 v_{i1}，v_{i2}，…，v_{im}。

（3）以 v_{i1}，v_{i2}，…，v_{im} 的次序，以 v_{ij}（$1 \leqslant j \leqslant m$）依次作为 v_i，转（1）。

（4）继续选取图中未被访问的顶点 v_k 作为起始顶点，转（1），直到图中所有顶点都被访问为止。

2. 算法实现

由算法思想可知，可采用队列方式实现。从某个编号为 source 的顶点开始广度优先搜索，遍历前将 source 入队，存放被访问过的顶点的列表 travel 为空。

当队列不为空时，说明还有顶点可能没有被访问，将队头顶点出队放入 frontiers，按邻接矩阵存储方式搜索从该顶点出发的所有邻接点，即遍历与 frontiers 层次邻接的顶点，若没有被访问，将其加入 nexts 列表；然后，将 nexts 的队头顶点设置为 frontier，直到 frontiers 为空。

图 6-9（b）中的 G4 采用邻接表存储，从顶点 1 出发进行广度优先搜索得到的序列为 123456。

```python
def bfsTravel(graph, source):
    # 传入的参数为邻接表存储的图和一个开始遍历的源结点
    frontiers = [source]              # 表示前驱顶点
    travel = [source]                 # 表示遍历过的顶点
    # 当前驱结点为空时停止遍历
    while frontiers:
        nexts = []     # 当前层的顶点（相比 frontier 是下一层）
        for frontier in frontiers:
            for current in graph[frontier]:   # 遍历当前层的结点
                if current not in travel:      # 判断是否被访问过
                    travel.append(current)     # 没有被访问过则加入已访问
                    nexts.append(current)      # 当前结点作为前驱结点
        frontiers = nexts    # 更改前驱结点列表
    return travel
# 测试样例图 6-9（b）中的 G4
if __name__ == "__main__":
    graph = {}
    graph['1'] = ['2','3']
    graph['2'] = ['3','4']
    graph['3'] = ['5']
    graph['4'] = ['3','5','6']
    graph['5'] = ['6']
    graph['6'] = []
    print(bfsTravel(graph, '1'))
```

3. 算法分析

用广度优先搜索算法遍历图与用深度优先搜索算法遍历图的唯一区别是邻接点搜索次序不同，广度优先搜索算法遍历图的总时间复杂度为 $O(n+e)$。

6.4 图 的 应 用

图的应用基本上都是基于图的遍历操作。

6.4.1 最小生成树

从任意点出发按深度优先搜索算法得到的生成树 G′ 被称为深度优先生成树；按广度优先搜索算法得到的 G′ 被称为广度优先生成树。

连通图通过深度优先搜索算法或广度优先搜索算法可以得到至少一棵生成树（Spanning Tree）。如果连通图是一个带权图，则其生成树中的边也带权，生成树中所有边的权值之和称为生成树的代价。最小生成树（Minimum Spanning Tree，MST）即带权连通图中代价最小的生成树。

最小生成树在实际中具有重要用途，如设计"公路村村通问题"。设图的顶点表示乡村，边表示两个乡村之间的公路，边的权值表示建造公路的费用。n 个乡村之间最多可以建 $n(n-1)/2$ 条线路，如何选择其中的 $n-1$ 条，使总的建造费用最低？"公路村村通问题"就转化为寻找最小生成树问题。例如有 10 个乡村，村与村之间的公路如图 6-14 所示，现在要求修建公路使得建造费用最低，又能通达每个乡村。

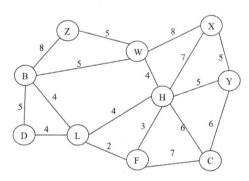

图 6-14　带权值的图

图 6-15 给出了不同权值的生成树。

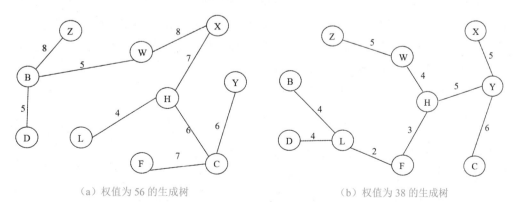

（a）权值为 56 的生成树　　　　　　　　（b）权值为 38 的生成树

图 6-15　不同权值的生成树

最小生成树的性质：设 G=(V,E) 是一个带权连通图，U 是顶点集合 V 的一个非空子集。若 u∈U，v∈V-U，且 (u, v) 是 U 中顶点到 V-U 中顶点之间权值最小的边，则必存在一棵包含边 (u, v) 的 MST。

可用反证法证明 MST 的性质。

设图 G 的任何一棵 MST 都不包含边 (u,v)。设 T 是 G 的一棵生成树，则 T 是连通的，从 u 到 v 必有一条路径 (u, … ,v)，当将边 (u,v) 加入 T 中时就构成了回路，则路径 (u, … ,v) 中必有一条边 (u′,v′)，满足 u′∈U，v′∈V-U。删去边 (u′,v′) 便可消除回路，同时得到另一棵生成树 T′。

由于 (u,v) 是 U 中顶点到 V-U 中顶点之间权值最小的边，故 (u,v) 的权值不会高于 (u′,v′) 的权值，T′ 的代价也不会高于 T，T′ 是包含 (u,v) 的一棵 MST，与假设矛盾，故结论成立。

构造 MST 的算法有很多，常见的算法有克鲁斯卡尔（Kruskal）算法和普里姆（Prim）算法，其基本原则都是：尽可能选取权值最小的边，但不能构成回路；选择 n-1 条边构成最小生成树。

1. 克鲁斯卡尔（Kruskal）算法

Kruskal 算法是一种不断选择最小边构造最小生成树的简单算法。

（1）Kruskal 算法思想。Kruskal 算法的基本思想如下。

设 G=(V,E) 是具有 n 个顶点的连通网，初始时取包含 G 中所有 n 个顶点但没有任何边的孤立点子图 T=(V,{})，T 里的每个顶点自成一个连通分量。

对 G 中的边集合 E 按权值大小从小到大递增的顺序排序，依次选取。

1）在构造中的每一步，都顺序地检查 E 这个边序列集合，找到一条最短的 (v_i,v_j) 且两端点是位于 T 的两个不同连通分量的最短的边 e，若边 (v_i,v_j) 加入 TE（最小生成树边的集合）后形成回路，则舍弃该边 (v_i,v_j)；否则将该边并入 TE 中，即 TE=TE ∪ {(v_i,v_j)}。由于 e 加入 TE，这使得两个连通分量由于边 e 的连接变成了一个连通分量。

2）重复 1），每重复操作 1 次，T 减少一个连通分量。不断重复操作 1）加入新边，直到 T 中所有顶点都包含在一个连通分量里为止，即 TE 中包含有 n-1 条边，这个连通分量就是 G 的一棵最小生成树。

（2）算法实现。Kruskal 算法是对所有的权重进行排序，使用贪心算法的思想。通过对权重排序，从权重最小的边开始遍历，直至图中的所有顶点都连在同一棵树上，此时即为最小生成树。

以图 6-14 为例，采用 Kruskal 算法的步骤如下。

步骤 1：按 [begin_node, end_node, weight] 形式对所有的边进行排序，当权重相等时，以开始顶点的 ASCII 码排序，构造具有 n 个顶点的列表 group，如图 6-16（a）所示。

步骤 2：遍历所有边，选择最小边 [F,L,2]，加入最小生成树中，将 F、L 两顶点合并为一个列表（称为已选顶点列表），剩下的为未选顶点，如图 6-16（b）所示。

步骤 3：继续遍历剩下的边，FH 为最小边，加入最小生成树中，H 添加至已选顶点，剩下的为未选顶点，如图 6-16（c）所示。

步骤 4：继续遍历剩下的边，BL、DL、HL、HW 权重相等皆为最小边。按排序规则，依次选择符合条件的最小边分别是 BL、DL、HW，将 B、D、W 添加至已选顶点，剩下的为未选顶点，如图 6-16（d）～图 6-16（f）所示。

注意：这里 HL 的权值虽然与其他三边的权值相同，但 H、L 顶点都已加入已选顶点列表，将构成回路，故舍弃 HL 边。

步骤 5：继续遍历剩下的边，依次得到的有效最小边分别是 HY、WZ、XY、CH。将 Y、Z、X、C 添加至已选顶点，过程如图 6-16（g）～图 6-16（j）所示。此时未选顶点为空，说明已获得最小生成树，如图 6-16（j）所示。

group: [[B], [C], [D], [F], [H], [L], [W], [X], [Y], [Z]]

（a）步骤 1

group: [[B], [C], [D], [F,L], [H], [], [W], [X], [Y], [Z]]

（b）步骤 2

group: [[B], [C], [D], [F,L,H], [], [], [W], [X], [Y], [Z]]

（c）步骤 3

group: [[B,F,L,H], [C], [D], [], [], [], [W], [X], [Y], [Z]]

（d）步骤 4（一）

group: [[], [C], [D,B,F,L,H], [], [], [], [W], [X], [Y], [Z]]

（e）步骤 4（二）

group: [[], [C], [D,B,F,L,H,W], [], [], [], [], [X], [Y], [Z]]

（f）步骤 4（三）

group: [[], [C], [D,B,F,L,H,W,Y], [], [], [], [], [X], [], [Z]]

（g）步骤 5（一）

group: [[], [C], [D,B,F,L,H,W,Y,Z], [], [], [], [], [X], [], []]

（h）步骤 5（二）

图 6-16（一）　Kruskal 算法实现过程

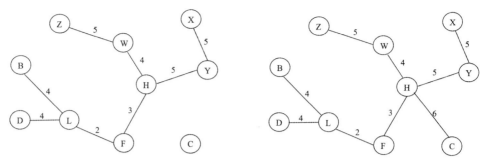

group: [[], [C], [], [], [], [], [], [X,D,B,F,L,H,W,Y,Z], [], []] group: [[], [C, X,D,B,F,L,H,W,Y,Z], [], [], [], [], [], [], [], []]

（i）步骤 5（三）　　　　　　　　　　　　　　（j）获得最小生成树

图 6-16（二）　　Kruskal 算法实现过程

　　在 Kruskal 算法的实现中，关键是当一条边加入 TE 的集合后，如何判断是否构成回路？简单的解决方法是定义一个 group 列表，存放图 T 中每个顶点所在的连通分量的编号。

　　初值：group[i]=[[i]]，表示每个顶点各自组成一个连通分量，连通分量的编号简单地使用顶点在图中的位置（编号）。

　　当往 T 中增加一条边 (v_i, v_j) 时，先检查 group[i] 和 group[j] 值：

　　若 group [i]= group [j]：表明 v_i 和 v_j 处在同一个连通分量中，加入此边会形成回路；

　　若 group [i] ≠ group [j]，则加入此边不会形成回路，将此边加入生成树的边集合中。

　　加入一条新边后，将两个不同的连通分量合并，即在一个连通分量的编号中加入另一个连通分量的编号。

　　Kruskal 算法实现代码如下。

```python
class Graph(object):
  def __init__(self, maps):
    self.maps = maps
    self.nodenum = self.get_nodenum()
    self.edgenum = self.get_edgenum()
  def get_nodenum(self):
    return len(self.maps)
  def get_edgenum(self):
    count = 0
    for i in range(self.nodenum):
      for j in range(i):
        if self.maps[i][j] > 0 and self.maps[i][j] < 9999:
          count += 1
    return count
  def kruskal(self):
    res = []
    if self.nodenum <= 0 or self.edgenum < self.nodenum-1:
      return res
    edge_list = []
    for i in range(self.nodenum):
      for j in range(i,self.nodenum):
        if self.maps[i][j] < 9999:
          edge_list.append([i, j, self.maps[i][j]])          # 按 [begin_node, end_node, weight] 形式加入
    edge_list.sort(key=lambda a:a[2])                         # 已经排好序的边集合
    group = [[i] for i in range(self.nodenum)]               # 获取图顶点连通分量
    for edge in edge_list:
```

```
      for i in range(len(group)):
        if edge[0] in group[i]:
          m = i
        if edge[1] in group[i]:
          n = i
      if m != n:                              # 不构成回路，加边
        res.append(edge)
        group[m] = group[m] + group[n]        # 添加到已选顶点
        group[n] = []
    return res
```

根据图 6-14 测试用例。

注意：为了通用，将各顶点按 ASCII 码值大小，依次编号为 0 ～ n-1。

```
max_value = 9999  # 对于没有连线的两结点，设置最大值
row0 = [0,max_value,5,max_value,max_value,4,5,max_value,max_value,8]
row1 = [max_value,0,max_value,7,6,max_value,max_value,max_value,6,max_value]
row2=[5,max_value,0,max_value,max_value,4,max_value,max_value,max_value,max_value]
row3 = [max_value,7,max_value,0,3,2,max_value,max_value,max_value,max_value]
row4 = [max_value,6,max_value,3,0,4,4,7,5,max_value]
row5 = [4,max_value,4,2,4,0,max_value,max_value,max_value,max_value]
row6 = [5,max_value,max_value,max_value,4,max_value,0,8,max_value,5]
row7 = [max_value,max_value,max_value,max_value,7,max_value,8,0,5,max_value]
row8 = [max_value,6,max_value,max_value,5,max_value,max_value,5,0,max_value]
row9=[8,max_value,max_value,max_value,max_value,max_value,5,max_value,max_value,0]
maps = [row0, row1, row2,row3, row4, row5,row6,row7,row8,row9]
graph = Graph(maps)
print(' 邻接矩阵为 : \n%s'%graph.maps)
print(' 结点数据为 %d，边数为 %d\n'%(graph.nodenum, graph.edgenum))
print('------ 最小生成树 kruskal 算法 ------')
print(graph.kruskal())
```

（3）算法分析。设带权连通图有 n 个顶点，e 条边，则算法的主要执行如下。

构成边的集合，时间复杂度为 $O(e)$；边表按权值排序的时间复杂度为 $O(eloge)$（这里实际上由 Python 中排序函数的复杂度决定）。for 循环：最大执行频度是 $O(n)$，其中包含修改连通分量，共执行 $n-1$ 次，时间复杂度是 $O(n_2)$。故整个算法的时间复杂度是 $O(eloge+n^2)$。

2. 普里姆（Prim）算法

Prim 算法是以顶点为中心，从连通网 N=(U,E) 中的某个顶点出发，寻找最小生成树 T=(U,TE) 的算法。

（1）Prim 算法思想。设 selected node 为已选顶点集合，TE 为最小生成树边的集合，candidate node = V-selected_node 为剩余顶点的集合。

1）若从顶点 v_0 出发构造最小生成树，初值则为：selected_node={v_0}，TE={}。

2）先找权值最小的边 (u,v)，其中 $u \in$ selected_node 且 $v \in$ candidate_node，并且子图不构成环，则 $U=U \cup \{v\}$，TE=TE $\cup \{(u,v)\}$。

3）重复 2），直到 selected_node=V 为止。则 TE 中必有 $n-1$ 条边，T=(U,TE) 就是最小生成树。

（2）Prim 算法实现。Prim 算法思想很简单，选定开始顶点后，每步都沿着最小权重的边向前搜索，找到一条权重最小的可以安全添加的边，将边添加到树中。

以图 6-14 为例，采用 Prim 算法的步骤如下。

步骤 1：选定开始顶点，这里，选定 ASCII 码值最小的顶点 B，并将 B 加入已选顶点集合 selected_node。

步骤 2：由当前顶点 B 出发，向未选顶点进行遍历，找出最小的边，从顶点 B 开始遍历到的边有 BD、BL、BW、BZ，最小边为 BL，将 L 添加至已选顶点中，并从未选顶点中删去，进入下一步循环，结果如图 6-17（a）所示。

步骤 3：分别由顶点 B 和 L 出发，遍历到相连的边有 BD、BW、BZ、LD、LF、LH，最小边为 LF，将 F 添加至已选顶点中，并从未选顶点中删去，进入下一步循环，结果如图 6-17（b）所示。

步骤 4：分别由顶点 B、L、F 出发，遍历到相连的边有 BD、BW、BZ、LD、LH、FH、FC，最小边为 FH，将 H 添加至已选顶点中，并从未选顶点中删去，进入下一步循环，结果如图 6-17（c）所示。

步骤 5：分别由顶点 B、L、F、H 出发，遍历到相连的边有 BD、BW、BZ、LD、LH、FC、HC、HW、HX、HY，最小边为 LD，将 D 添加至已选顶点中，并从未选顶点中删去，进入下一步循环，结果如图 6-17（d）所示。

步骤 6：分别由顶点 B、L、F、H、D 出发，遍历到相连的边有 BD、BW、BZ、LH、FC、HC、HW、HX、HY，最小边为 HW，将 W 添加至已选顶点中，并从未选顶点中删去，进入下一步循环，结果如图 6-17（e）所示。

步骤 7：分别由顶点 B、L、F、H、D、W 出发，遍历到相连的边有 BD、BW、BZ、LH、FC、HC、HX、HY、WX、WZ，最小边为 HY，将 Y 添加至已选顶点中，并从未选顶点中删去，进入下一步循环，结果如图 6-17（f）所示。

步骤 8：分别由顶点 B、L、F、H、D、W、Y 出发，遍历到相连的边有 BD、BW、BZ、LH、FC、HC、HX、WX、WZ、YX、YC，最小边为 WZ，将 Z 添加至已选顶点中，并从未选顶点中删去，进入下一步循环，结果如图 6-17（g）所示。

步骤 9：分别由顶点 B、L、F、H、D、W、Y、Z 出发，遍历到相连的边有 BD、BW、BZ、LH、FC、HC、HX、WX、YX、YC，最小边为 YX，将 X 添加至已选顶点中，并从未选顶点中删去，进入下一步循环，结果如图 6-17（h）所示。

步骤 10：分别由顶点 B、L、F、H、D、W、Y、Z、X 出发，遍历到相连的边有 BD、BW、BZ、LH、FC、HC、HX、WX、YX、YC，最小边为 HC，将 C 添加至已选顶点中，并从未选顶点中删去，此时未选顶点集合已空，说明已得最小生成树，结果如图 6-17（i）所示。

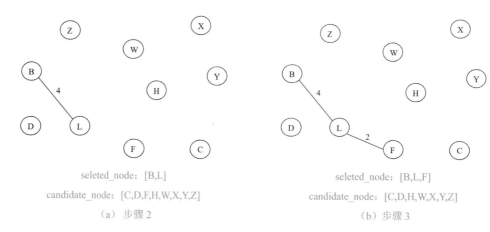

图 6-17（一） Prim 算法最小生成树的过程

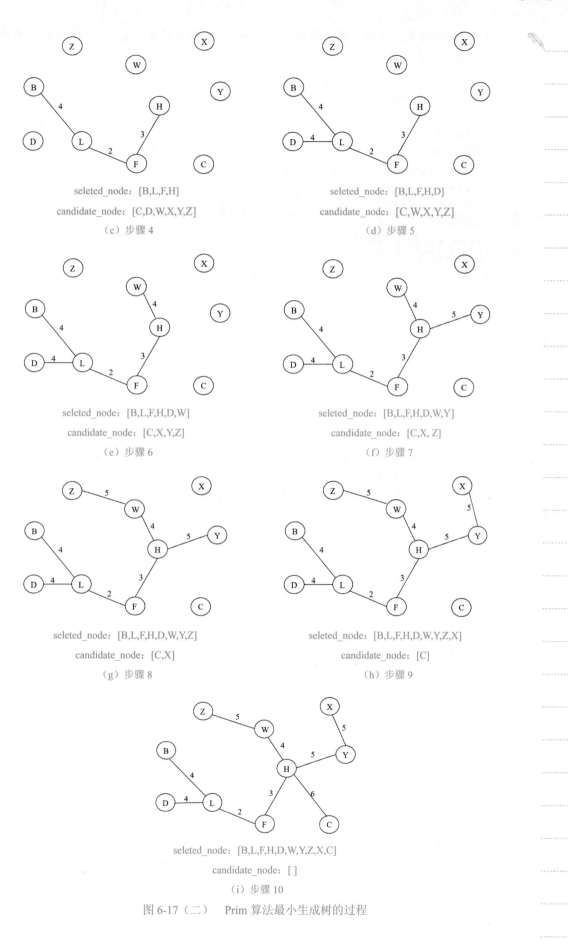

selected_node: [B,L,F,H]
candidate_node: [C,D,W,X,Y,Z]

（c）步骤 4

selected_node: [B,L,F,H,D]
candidate_node: [C,W,X,Y,Z]

（d）步骤 5

selected_node: [B,L,F,H,D,W]
candidate_node: [C,X,Y,Z]

（e）步骤 6

selected_node: [B,L,F,H,D,W,Y]
candidate_node: [C,X, Z]

（f）步骤 7

selected_node: [B,L,F,H,D,W,Y,Z]
candidate_node: [C,X]

（g）步骤 8

selected_node: [B,L,F,H,D,W,Y,Z,X]
candidate_node: [C]

（h）步骤 9

selected_node: [B,L,F,H,D,W,Y,Z,X,C]
candidate_node: [ ]

（i）步骤 10

图 6-17（二） Prim 算法最小生成树的过程

注意：在选择最小边的时候按照先权重 weight，后开始顶点 begin 的 ASCII 码值选择。
Prim 算法实现代码如下。

```python
class Graph(object):
 def __init__(self, maps):
   self.maps = maps
   self.nodenum = self.get_nodenum()
   self.edgenum = self.get_edgenum()
 def get_nodenum(self):
   return len(self.maps)
 def get_edgenum(self):
   count = 0
   for i in range(self.nodenum):
     for j in range(i):
       if self.maps[i][j] > 0 and self.maps[i][j] < 9999:
         count += 1
   return count
def prim(self):
  res = []
  if self.nodenum <= 0 or self.edgenum < self.nodenum-1:
    return res
  res = []
  selected_node = [0]     # 设定开始顶点，构成已选顶点集合
  candidate_node = [i for i in range(1, self.nodenum)] # 未选顶点集合
  while len(candidate_node) > 0:
    begin, end, minweight = 0, 0, 9999
    for i in seleted_node:               # 在已选顶点中寻找开始顶点
      for j in candidate_node:           # 在未选顶点中寻找结束顶点
        if self.maps[i][j] < minweight:
          # 求起点在已选顶点，终点在未选顶点中权值最小的边
          minweight = self.maps[i][j]
          begin = i
          end = j
    res.append([begin, end, minweight])   # 添加最小边
    selected_node.append(end)             # 修改集合已选顶点，添加 end 顶点
    candidate_node.remove(end)            # 修改集合未选顶点，删除 end 顶点
  return res
```

根据图 6-14 测试用例。

注意：为了通用，将各顶点按 ASCII 码值大小，依次编号为 0 ~ n-1。

```python
max_value = 9999
row0 = [0,max_value,5,max_value,max_value,4,5,max_value,max_value,8]
row1 = [max_value,0,max_value,7,6,max_value,max_value,max_value,6,max_value]
row2=[5,max_value,0,max_value,max_value,4,max_value,max_value,max_value,max_value]
row3 = [max_value,7,max_value,0,3,2,max_value,max_value,max_value,max_value]
row4 = [max_value,6,max_value,3,0,4,4,7,5,max_value]
row5 = [4,max_value,4,2,4,0,max_value,max_value,max_value,max_value]
row6 = [5,max_value,max_value,max_value,4,max_value,0,8,max_value,5]
row7 = [max_value,max_value,max_value,max_value,7,max_value,8,0,5,max_value]
row8 = [max_value,6,max_value,max_value,5,max_value,max_value,5,0,max_value]
row9=[8,max_value,max_value,max_value,max_value,max_value,5,max_value,max_value,0]
```

```
maps = [row0, row1, row2,row3, row4, row5,row6,row7,row8,row9]
graph = Graph(maps)
print(' 邻接矩阵为 \n%s'%graph.maps)
print(' 结点数据为 %d, 边数为 %d\n'%(graph.nodenum, graph.edgenum))
print('------ 最小生成树 prim 算法 ')
print(graph.prim())
```

（3）算法分析。设带权连通图有 n 个顶点，则算法的主要执行是多重循环：修改未选顶点 candidate_node 集合，频度为 n；求权值最小的边 minweight，频度为 $n-1$。因此，整个算法的时间复杂度是 $O(n^2)$，与边的数目无关。

6.4.2 最短路径

在连通图 G 中从某一个顶点 v_0 到其他顶点可能存在多条路径。如果每一条边有一个权重值 weight，则存在从顶点 v_0 到其他顶点的最少权重 weight 总和的值，这类问题就称为最短路径问题。

最短路径在交通查询系统中有着重要运用。比如要从 A 地到达 B 地，希望中转站最少，假设每经过一个顶点需要换乘，反映到带权连通图中，可设权值都为 1，只要经过的路径最少就行。实际上，不同的人，往往关心的可能不一样。如旅客甲要从 A 地到达 B 地，可能希望节省交通费用，可将每条边的权重值设为价格，求其最短路径（路费最低）；而旅客乙要从 A 地到达 B 地，可能希望尽快到达目的地，则可将每条边的权重值设为时间，求其最短路径（耗时最低）；司机希望路线最短，则可将每条边的权重值设为公里数，然后求其最短路径（公里数最小）。

一般最短路径的讨论内容主要有两种：单源多目标最短路径与多源多目标最短路径。

1. 单源多目标最短路径

对于给定的有向图 G=(V,E) 及单个源点 v_s，求 v_s 到 G 的其余各顶点的最短路径，称为单源最短路径（Single-source Shortest Paths）。

针对单源点的最短路径问题，迪杰斯特拉（Dijkstra）提出了一种按路径长度递增次序产生最短路径的算法，即迪杰斯特拉算法。

（1）算法思想。从图的给定源点到其他各个顶点之间客观上应存在一条最短路径，在这组最短路径中，按其长度的递增次序，依次求出到不同顶点的最短路径和路径长度。

计算时按长度递增的次序生成各顶点的最短路径，即先求出长度最短的一条最短路径，然后求出长度第二短的最短路径，依次类推，直到求出长度最长的最短路径。

Dijkstra 算法的主要特点是以起始点为中心向外层扩展（广度优先搜索思想），直到扩展到终点为止。

设给定源点为 v_i，graph 为已求得最短路径的终点集合，开始时令 graph 为图的邻接矩阵。当求得第一条最短路径 (v_s,v_i) 后，直接修改邻接矩阵的值 graph。根据以下结论可求下一条最短路径。

设下一条最短路径终点为 v_j，则 v_j 只有：

①源点到终点有直接的弧 $<v_s,v_j>$；

②从 v_i 出发到 v_j 的这条最短路径所经过的所有中间顶点必定在矩阵中，即只有这条最短路径的最后一条弧才是从矩阵某个顶点 v_k 连接到顶点 v_k。

（2）算法实现。建立带权的邻接矩阵表示有向图 graph，对图中每个顶点 v_i 按以下原则赋初值：

$$\text{graph}[i][j]=\begin{cases}0, & \text{顶点 } i = \text{顶点 } j \\ w_{ij}, & w_{ij}\text{为顶点 } i \text{ 到顶点 } j \text{ 的权值} \\ \infty, & \text{顶点 } i \text{ 到顶点 } j \text{ 没有路径，权值为无穷大}\end{cases}$$

输入源点 v_i，对图中的每个顶点 v_j，修改源点 v_i 到 v_k 的距离 graph[i][j]，方法如下。

graph[i][j]=min{graph[i][j] , (graph[i][k]+graph[k][j]) }

Dijkstra 算法实现代码如下：

```
from os import path
from wordcloud import wordCloud
from matplotlib import pyplot as plt
values=[]
N=int(input())                              # 输入图中顶点个数
nodes=[x for x in range(N)]                 # 产生顶点列表
for y in range(N):
    values.append([eval(x) for x in input().split()])   # 按图的邻接矩阵输入权重值，空格隔开
distances1 = {x:list(y) for x,y in zip(nodes, zip(*values))}
distances=dist(distances1)
unvisited = {node: 999 for node in nodes}   # 把 999 作为无穷大使用
visited = {}                                # 用来记录已经计算过的最短距离
current = int(input())                       # 输入源点，求该点到其他顶点的距离
currentDistance = 0
unvisited[current] = currentDistance         # 源点到源点的距离记为 0
while True:
    for neighbour, distance in distances[current].items( ) :
        if neighbour not in unvisited: continue          # 被访问过了，跳出本次循环
        newDistance = currentDistance + distance         # 新的距离
        if unvisited[neighbour] is 999 or unvisited[neighbour] > newDistance:
        # 如果两个顶点之间的距离之前是无穷大或者新距离小于原来的距离
            unvisited[neighbour] = newDistance            # 更新距离
    visited[ current] = currentDistance      # 这个顶点已经计算，记录
    del unvisited[ current]                   # 从未访问过的顶点，字典中将这个顶点删除
    if not unvisited: break                   # 如果所有顶点都计算，跳出此次循环
    candidates = [node for node in unvisited.items() if node[1]]
    # 找出目前还有哪些顶点未计算
    current,currentDistance = sorted(candidates,key = lambda x: x[1])[0]
    # 找出目前可以计算的顶点
print(visited)   # 输出源点对其他顶点的最短路径
```

对图 6-18 所示的带权有向图，用 Dijkstra 算法求从顶点 1 到其余各顶点的最短路径，newDistance 和 current 的变化如表 6-2 所示。

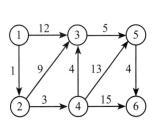

$$\begin{pmatrix} 0 & 1 & 12 & \infty & \infty & \infty \\ \infty & 0 & 9 & 3 & \infty & \infty \\ \infty & \infty & 0 & \infty & 5 & \infty \\ \infty & \infty & 4 & 0 & 13 & 15 \\ \infty & \infty & \infty & \infty & 0 & 4 \\ \infty & \infty & \infty & \infty & \infty & 0 \end{pmatrix}$$

图 6-18　带权有向图及其邻接矩阵

表 6-2　求顶点 1 到各顶点最短路径时各分量的变化情况

步骤		顶点					已求顶点
		2	3	4	5	6	
初态	newDistance	2	12	∞	∞	∞	{1}
	current	1	1	1	1	1	
1	newDistance	2	10	4	∞	∞	{1,2}
	current	1	2	2	1	1	
2	newDistance	2	8	4	17	19	{1,2,4}
	current	1	4	2	4	4	
3	newDistance	2	8	4	13	19	{1,2,4,3}
	current	1	4	2	3	4	
4	newDistance	2	8	4	13	17	{1,2,4,3,5}
	current	1	4	2	3	5	
5	newDistance	2	8	4	13	17	{1,2,4,3,5,6}
	current	1	4	2	3	5	

（3）算法分析。Dijkstra 算法的主要执行是：图的创建，时间复杂度是 $O(n)$；求最短路径的二重循环，时间复杂度是 $O(n^2)$；因此，整个算法的时间复杂度是 $O(n^2)$。

2. 多源多目标最短路径

用 Dijkstra 算法也可以求得有向图 $G=(V,E)$ 中每一对顶点间的最短路径，方法是每次以一个不同的顶点为源点重复 Dijkstra 算法，便可求得每一对顶点间的最短路径，时间复杂度是 $O(n^3)$。

弗洛伊德（Floyd）提出了另一个算法，其时间复杂度仍是 $O(n^3)$，但算法形式更为简明，步骤更为简单，数据结构仍然是基于图的邻接矩阵。

（1）算法思想。设顶点集 S（初值为空），用图中的每个元素 graph[i][j] 保存从 v_i 只经过 S 中的顶点到达 v_j 的最短路径长度，具体步骤如下。

1）初始时令 $S=\{\}$，graph[i][j] 赋初值的方式如下。

$$\text{graph}[i][j]=\begin{cases} 0, & \text{顶点 } i = \text{顶点 } j \\ w_{ij}, & i \neq j \text{ 且} \langle v_i, v_j \rangle \in E, w_{ij} \text{ 为弧的权值} \\ \infty, & i \neq j \text{ 且} \langle v_i, v_j \rangle \text{不属于 } E \end{cases}$$

2）将图中一个顶点 v_k 加入 S 中，修改 graph[i][j] 的值，由于从 v_i 只经过 S 中的顶点（v_k）到达 v_j 的路径长度可能比原来不经过 v_k 的路径更短，因此修改方法如下。

graph[i][j]=min{graph[i][j]，(graph[i][k]+graph[k][j]) }

3）重复 2），直到图中的所有顶点都加入 S 中为止。

（2）算法实现。定义列表 path[n][n]（n 为图的顶点数），元素 path[i][j] 保存从 v_i 到 v_j 的最短路径所经过的顶点。

若 path[i][j]=k，从 v_i 到 v_j 经过 v_k，最短路径序列是 $(v_i, ..., v_k, ..., v_j)$，则路径子序列 $(v_i, ..., v_k)$ 和 $(v_k, ..., v_j)$ 一定是从 v_i 到 v_k 和从 v_k 到 v_j 的最短路径。从而可以根据 path[i][k] 和 path[k][j] 的值再找到该路径上所经过的其他顶点，依次类推。

初始化 path[i][j]=-1，表示从 v_i 到 v_j 不经过任何中间顶点。当某个顶点 v_k 加入后使 graph[i][j] 变小时，令 path[i][j]=k。

算法实现代码如下。

```python
def back_path(path,i,j):        # 递归回溯
    while(-1 != path[i][j]):
        back_path(path,i,path[i][j])
        back_path(path,path[i][j],j)
        print(path[i][j],)
        return;
    return;
def Floyd_path():
    for k in range(N):
        for i in range(N):
            for j in range(N):
                if graph[i][j] > graph[i][k] + graph[k][j]:
                    graph[i][j] = graph[i][k] + graph[k][j]
                    path[i][j] = k
    return
# 测试用例
graph=[]
N=int(input())        # 图中顶点个数
for y in range(N):
    graph.append([eval(x) for x in input().split()]) # 按行输入图的邻接矩阵，用空格隔开
path=[[-1]*N]*N        # 记录路径，最后一次经过的点，初始设为 -1
print ("Graph:\n",graph)
floyd_path()
print ("Shortest distance:\n",graph)
print ("Path:\n",path)
print ("Points pass-by:")
for i in range(N):
    for j in range(N):
        print ("%d -> %d:" % (i,j),)
        back_path(path,i,j)
        print ("\n",)
```

利用上述算法可求出图 6-19 中带权有向图的每对顶点的最短路径。表 6-3 给出了产生最短路径的中间过程。

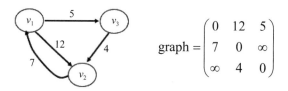

图 6-19　带权有向图及其邻接矩阵

表 6-3　多源点最短路径执行过程

步骤	初态	$k=0$	$k=1$	$k=2$
最短路径值	$\begin{pmatrix} 0 & 12 & 5 \\ 7 & 0 & \infty \\ \infty & 4 & 0 \end{pmatrix}$	$\begin{pmatrix} 0 & 12 & 5 \\ 7 & 0 & 12 \\ \infty & 4 & 0 \end{pmatrix}$	$\begin{pmatrix} 0 & 12 & 5 \\ 7 & 0 & 12 \\ 11 & 4 & 0 \end{pmatrix}$	$\begin{pmatrix} 0 & 9 & 5 \\ 7 & 0 & 12 \\ 11 & 4 & 0 \end{pmatrix}$
最短路径经过顶点	$\begin{pmatrix} -1 & -1 & -1 \\ -1 & -1 & -1 \\ -1 & -1 & -1 \end{pmatrix}$	$\begin{pmatrix} -1 & -1 & -1 \\ -1 & -1 & 1 \\ -1 & -1 & -1 \end{pmatrix}$	$\begin{pmatrix} -1 & -1 & -1 \\ -1 & -1 & 1 \\ 2 & -1 & -1 \end{pmatrix}$	$\begin{pmatrix} -1 & 3 & -1 \\ -1 & -1 & 1 \\ 2 & -1 & -1 \end{pmatrix}$
顶点集合	{ }	{1}	{1 2}	{1 2 3}

根据上述过程中 path 列表，得出：

v_1 到 v_2：最短路径是 {1,3,2}，路径长度是 9；

v_1 到 v_3：最短路径是 {1,3}，路径长度是 5；

v_2 到 v_1：最短路径是 {2,1}，路径长度是 7；

v_2 到 v_3：最短路径是 {2,1,3}，路径长度是 12；

v_3 到 v_1：最短路径是 {3,2,1}，路径长度是 11；

v_3 到 v_2：最短路径是 {3,2}，路径长度是 4。

（3）算法分析。Floyd 算法主要用在计算各对顶点之间的最短路径，故时间复杂度为 $O(n^3)$。

6.4.3　拓扑排序

图可以用来描述一个工程系统运行的过程。除最简单的工程之外，几乎所有的工程都可以分成若干个被称为活动（Activity）的子工程。在整个工程中，有些活动必须在其他有关活动完成之后才能开始，也就是说，一个活动的开始是以它的所有前序活动的结束为先决条件的，但有些活动没有先决条件，可以安排在任何时间开始。当这些活动全部完成，整个工程也就完成了。

1. 拓扑排序概念

为了形象地反映出整个工程中各个活动之间的先后关系，可用一个有向无环图（Directed Acyclic Graph，DAG）来表示，图中的顶点代表活动，图中的有向边代表活动的先后关系，即有向边起点的活动是终点活动的前序活动，只有当起点活动完成之后，其终点活动才能进行。通常，我们把这种以顶点表示活动、边表示活动间先后关系的有向图称为顶点活动（Activity on Vertex，AOV）网。图 6-20 所示就是一个简单的 AOV 网。

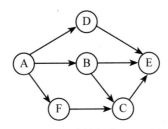

图 6-20　一个简单的 AOV 网

在 AOV 网中，若顶点 i 到顶点 j 之间有路径，则称顶点 i 为顶点 j 的前驱，顶点 j 为顶点 i 的后继；若顶点 i 到顶点 j 之间为一条有向边，则称顶点 i 为顶点 j 的直接前驱，顶点 j 为顶点 i 的直接后继。

在 AOV 网中，若不存在回路，则所有活动可排列成一个线性序列，使得图中任意一对顶点 u 和 v，若边 <u,v> ∈ E(G)，则 u 在线性序列中一定出现在 v 之前，即每个活动的所有前驱活动都排在该活动的前面。这样的线性序列叫作拓扑序列（Topological Order），由 AOV 网构造拓扑序列的过程叫作拓扑排序（Topological Sort）。拓扑排序是由某个集合上的一个偏序得到该集合上的一个全序。AOV 网的拓扑序列不是唯一的，满足上述定义的任一线性序列都称作它的拓扑序列。图 6-20 所示的 AOV 网的拓扑序列有 ABDFCE、ABFDCE、ADBFCE、ADFBCE、AFBDCE、AFBCDE、AFDBCE 共 7 种。

2. 拓扑排序算法

对 AOV 网进行拓扑排序的基本思路如下。

（1）从 AOV 网中选择一个入度为 0 的顶点输出。

（2）然后删除此顶点，并删除以此顶点为尾的弧。

（3）重复（1）和（2）直到输出全部顶点或 AOV 网中不存在入度为 0 的顶点为止。

拓扑排序算法的实现代码如下。

```python
def topoSort(graph):
    in_degrees = dict((u,0) for u in graph)   # 初始化所有顶点入度为 0
    num = len(in_degrees)
    for u in graph:
        for v in graph[u]:
            in_degrees[v] = in_degrees[v] + 1   # 计算每个顶点的入度
    Q = [u for u in in_degrees if in_degrees[u] == 0]   # 筛选入度为 0 的顶点
    Seq = []
    while Q:
        u = Q.pop()      # 默认从最后一个删除
        Seq.append(u)
        for v in graph[u]:
            in_degrees[v] = in_degrees[v] -1   # 移除其所有出边
            if in_degrees[v] == 0:
                Q.append(v)       # 再次筛选入度为 0 的顶点
    if len(Seq) == num:      # 输出的顶点数是否与图中的顶点数相等
        return Seq
    else:
        return None
# 测试样例（以图 6-20 为例）
G = {
  'A':'BDF',
  'B':'EC',
  'C':'E',
  'D':'E',
  'E':'',
  'F':'C'
}
print(topoSort(G))
```

运行结果如下。

```
['A', 'F', 'D', 'B', 'C', 'E']
```

3. 算法分析

设 AOV 网有 n 个顶点，e 条边，则算法的主要执行是：统计各顶点的入度，时间复

杂度是 $O(n+e)$；筛选入度为 0 的顶点，时间复杂度是 $O(n)$；排序过程，顶点入栈和出栈操作执行 n 次，入度减 1 的操作共执行 e 次，时间复杂度是 $O(n+e)$。因此，整个算法的时间复杂度是 $O(n+e)$。

6.4.4　关键路径

与 AOV 网对应的是 AOE（Activity on Edge，AOE）网，AOE 网是一个带权的有向无环图，如图 6-21 所示。图中顶点表示事件（Event），每个事件表示在其前的所有活动已经完成，其后的活动可以开始；弧表示活动，弧上的权值表示相应活动所需的时间或费用。通常，AOE 网可以用来估算工程的完成时间或耗费的费用。

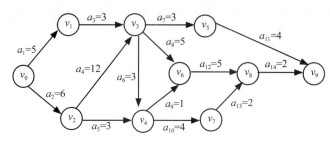

图 6-21　AOE 网示例

在图 6-21 中，v_0 表示工程开始；v_1 表示活动 a_1 完成；v_2 表示活动 a_2 完成；v_3 表示活动 a_3、a_4 完成；v_4 表示活动 a_5、a_6 完成；v_5 表示活动 a_7 完成；v_6 表示活动 a_8、a_9 完成；v_7 表示活动 a_{10} 完成；v_8 表示活动 a_{12}、a_{13} 完成；v_9 表示活动 a_{11}、a_{14} 完成。

与 AOV 网不同，在 AOE 网中关注：完成整个工程至少需要多少时间？哪些活动是影响工程进度（费用）的关键？

由于 AOE 网中的有些活动是可以并行进行的，因此完成整个工程的最短时间是从开始点到完成点的最长路径长度（这里所说的路径长度是指路径上各活动的持续时间之和，不是路径上弧的数目）。路径长度最长的路径叫作关键路径。关键路径上的活动被称为关键活动。关键活动是影响整个工程的关键，该弧上的权值增加将使有向图上的最长路径的长度增加。

1. 相关概念

在 AOE 网中的顶点（事件）和边（活动）遵循两个原则：只有某顶点所代表事件发生后，从该顶点出发的各活动才能开始；只有进入某顶点的各活动都结束，该顶点所代表的事件才能发生。

设事件 v_0 是起点，即源点；事件 v_n 为终点，即汇点。

（1）最早发生时间。从事件 v_0 到事件 v_i 的最长路径长度称为事件 v_i 的最早发生时间 $VE(i)$，即是以 v_i 为尾的所有活动的最早发生时间 $VE(i)$，$VE(i)$ 等于从源点到顶点 v_i 的最长路径长度。

若活动 a_i 是弧 $<v_j, v_k>$，持续时间是 $dut(<v_j, v_k>)$，则

$$VE(i) = \begin{cases} 0, & i=1，表示 v_i 是起点（源点） \\ \max\{VE(k)+dut(\langle v_k,v\rangle)\,|\,\langle v_k,v_i\rangle 是网中的弧\} \end{cases} \tag{6-1}$$

式（6-1）的含义：源点事件的最早发生时间设为 0；除源点外，只有进入 v_i 的所有弧所代表的活动全部结束后，事件 v_i 才能发生。即只有 v_i 的所有前驱事件 v_k 的最早发生时间 $VE(k)$ 计算出来后，才能计算 $VE(i)$。

求顶点最早发生时间的方法是：按照顶点在列表中的顺序依次计算每个事件的最早发生时间。

（2）最晚发生时间。事件 v_i 允许的最迟发生时间 VL(i) 是在不影响整个工程进度的情况下，VL(i) 等于从顶点 v_k 到汇点的最短路径长度。即 VE(n) 减去顶点 v_i 到顶点 v_n 的最长路径长度。

$$VL(i) = \begin{cases} VE(n), & i = n, \ \text{表示 } v_i \text{ 是终点} \\ \min\{VL(k) - dut(\langle v_i, v_k \rangle)| \langle v_i, v_k \rangle \text{是网中的弧}\} \end{cases} \tag{6-2}$$

式（6-2）的含义：只有 v_i 的所有后继事件 v_k 的最晚发生时间 VL(k) 计算出来后，才能计算 VL(i)。

求顶点最迟发生时间的方法是：按顶点列表的逆顺序，依次计算每个事件的最晚发生时间。

2. 算法思想

求关键路径的算法步骤如下。

（1）建立 AOE 网。

（2）从列表的第一个顶点（源点）开始，按顺序依次计算每个事件的最早发生时间 VE(i)。

（3）从列表的最后一个顶点（汇点）开始，按逆拓扑顺序依次计算每个事件的最晚发生时间 VL(i)。

（4）计算关键路径，取 VE(i)=VL(i) 的边即为关键路径上的边（关键路径可能不止一条）。

对于图 6-21 所示的 AOE 网，处理过程如下。

根据计算 VE(i) 的式（6-1）和计算 VL(i) 的公式（6-2），计算各个事件的 VE(i) 和 VL(i) 值，如表 6-4 所示。

表 6-4　图 6-21 中 VE(i) 和 VL(i) 的值

事件	v_0	v_1	v_2	v_3	v_4	v_5	v_6	v_7	v_8	v_9
VE(i)	0	5	6	18	21	21	23	25	28	30
VL(i)	0	15	6	18	22	26	23	26	28	30

根据关键路径的定义，可知该 AOE 网的关键路径是 (v_0, v_2, v_3, v_6, v_8, v_9)。

关键路径活动是：$<v_0, v_2>$，$<v_2, v_3>$，$<v_3, v_6>$，$<v_6, v_8>$，$<v_8, v_9>$。

关键路径算法实现代码如下。

```
from queue import Queue,LifoQueue,PriorityQueue
n,m,s,t=map(int,input().split())        # 4个整数：结点个数 n，边数，源点 s，终点 t；空格隔开
# 设置初始状态
G=[[] for i in range(n)]                # 对应位存放头结点（到达点）及权值
E=[[] for i in range(n)]                # 对应位存放尾结点（出发点）及权值
VE=[0 for i in range(n)]                # 最早发生时间都设为 0
VL=[999 for i in range(n)]              # 最晚发生时间都设为比较大的数，如 999
VL[0]=0                                 # 源点最晚发生时间为 0
In=[0 for i in range(n)]                # 各顶点入度
Out=[0 for i in range(n)]               # 各顶点出度
que=Queue(maxsize=0)
que.put(s)
```

```
que1=Queue(maxsize=0)
que1.put(t)
ans=[]
tmp=[0 for i in range(n)]
tmp[0]=s
for i in range(m):          # 建立 AOE 网
    u,v,w = map(int,input().split())      #输入弧尾 u, 弧头 v, 权值 w
    G[u].append((v,w))                    # 在对应列表位加入弧头 v, 权值 w
    In[v]=In[v]+1                         # 修改、统计各顶点入度
    E[v].append((u,w))                    # 在对应列表位加入弧尾 u, 权值 w
    Out[u]=Out[u]+1                       # 修改、统计各顶点入度
while not que.empty():                    # 计算各顶点最早发生时间
    x=que.get()
    for (u,w) in G[x]:
        if VE[u]<VE[x]+w:
            VE[u]=VE[x]+w
        In[u]=In[u]-1
        if In[u]==0:
            que.put(u)
VL[t]=VE[t]                               # 计算各顶点最晚发生时间
while not que1.empty():
    x=que1.get()
    for (u,w) in E[x]:
        if VL[u]>VL[x]-w:
            VL[u]=VL[x]-w
        Out[u]=Out[u]-1
        if Out[u]==0:
            que1.put(u)
print("Dis=%d" % (VE[t]))                 # 输出关键路径长度
for i in range(0, n):  # 输出各顶点最早、最晚发生时间及两者差值，差值为 0，说明是关键活动
    print("Node",i, end="")
    print(": VE= %3d" % (VE[i]),sep="",end=" ")
    print(" VL= %3d" % (VL[i]),sep="",end=" ")
    print(" VL-VE= ",VL[i]-VE[i],sep="")
Dis=30
```

3. 算法分析

设 AOE 网有 n 个事件，e 个活动，则算法的主要执行是：设置初态，时间复杂度是 $O(n)$；建立 AOE 网，时间复杂度是 $O(e)$；求每个事件的 VE 值和 VL 值，时间复杂度是 $O(n+e)$。因此，整个算法的时间复杂度是 $O(n+e)$。

习 题

一、单选题

1. 对于有向图，其邻接矩阵表示比邻接表表示更易于（   ）。

A．求一个顶点的入度　　　　　B．求一个顶点的出边邻接点

C．进行图的深度优先遍历　　　D．进行图的广度优先遍历

2．设用邻接矩阵 A 表示有向图 G 的存储结构，则有向图 G 中顶点 i 的入度为（　　　）。

A．第 i 行非 0 元素的个数之和　　　　　B．第 i 列非 0 元素的个数之和

C．第 i 行 0 元素的个数之和　　　　　　D．第 i 列 0 元素的个数之和

3．设某无向图中有 n 个顶点 e 条边，则建立该图邻接表的时间复杂度为（　　　）。

A．$O(n+e)$　　　　B．$O(n^2)$　　　　C．$O(ne)$　　　　D．$O(n^3)$

4．设有 6 个结点的无向图，该图至少应有（　　　）条边才能确保是一个连通图。

A．5　　　　　　B．6　　　　　　C．7　　　　　　D．8

5．设某完全无向图中有 n 个顶点，则该完全无向图中有（　　　）条边。

A．$n(n-1)/2$　　　B．$n(n-1)$　　　C．n^2　　　D．n^2-1

6．设某有向图中有 n 个顶点，则该有向图对应的邻接表中有（　　　）个表头结点。

A．$n-1$　　　　　B．n　　　　　C．$n+1$　　　　D．$2n-1$

7．设无向图 G 中有 n 个顶点 e 条边，则其对应的邻接表中的表头结点和表结点的个数分别为（　　　）。

A．n, e　　　　B．e, n　　　　C．$2n$, e　　　　D．n, $2e$

8．设某强连通图中有 n 个顶点，则该强连通图中至少有（　　　）条边。

A．$n(n-1)$　　　B．$n+1$　　　C．n　　　D．$n(n+1)$

9．设某无向图中有 n 个顶点 e 条边，则该无向图中所有顶点的入度之和为（　　　）。

A．n　　　　　　B．e　　　　　　C．$2n$　　　　　D．$2e$

10．设某有向图的邻接表中有 n 个表头结点和 m 个表结点，则该图中有（　　　）条有向边。

A．n　　　　　　B．$n-1$　　　　　C．m　　　　　D．$m-1$

二、填空题

1．在一个具有 n 个顶点的有向图中，若所有顶点的出度数之和为 s，则所有顶点的入度数之和为_____。

2．对于一个具有 n 个顶点和 e 条边的无向图，若采用邻接表表示，则表头向量的大小为_____。

3．具有 n 个顶点的完全无向图，边的总数为_____条。

4．在一个具有 n 个顶点的完全有向图中，所含的边数为_____。

5．在一个具有 n 个顶点的无向图中，若具有 e 条边，则所有顶点的度数之和为_____。

6．在具有 n（$n>0$）个顶点的无向连通图中，各顶点的度之和最少为_____。

7．设图的顶点数为 n，则求解最短路径的 Dijkstra 算法的时间复杂度为_____。

8．在一个不带权值无向图中，若两顶点之间的路径长度为 k，则该路径上的顶点数为_____。

9．若一个图的边集合为 {<1,2>,<1,4>,<2,5>,<3,1>,<3,5>,<4,3>}，则从顶点 1 开始对该图进行深度优先搜索，得到的顶点序列可能为_____。

10．若一个图的边集合为 {<1,2>,<1,4>,<2,5>,<3,1>,<3,5>,<4,3>}，则从顶点 1 开始对该图进行广度优先搜索，得到的顶点序列可能为_____。

11．在图 G 的邻接表表示中，每个顶点邻接表中所含的结点数，对于无向图来说等于该顶点的_____，对于有向图来说等于该顶点的_____。

12. 一个有向图的顶点集合为 {a,b,c,d,e,f}，边集为 {<a,c>,<a,e>,<c,f>,<d,c>,<e,b>,<e,d>}，则出度为 0 的顶点个数为 _____，入度为 1 的顶点个数为 _____。

三、判断题

1. 图中各个顶点的编号是人为的，不是它本身固有的，因此可以根据需要进行改变。（　　）

2. 邻接矩阵适用于稀疏图（边数远小于顶点数的平方），邻接表适用于稠密图（边数接近于顶点数的平方）。（　　）

3. 对一个无向连通图进行一次深度优先搜索可以访问图中的所有顶点。（　　）

4. 有回路的图不能进行拓扑排序。（　　）

5. 具有 n 个顶点的无向图至多有 $n(n-1)$ 条边。（　　）

6. 在有向图中，各顶点的入度之和等于各顶点的出度之和。（　　）

7. 邻接矩阵只存储了边的信息，没有存储顶点的信息。（　　）

8. 对同一个有向图来说，只保存出边的邻接表中结点的数目总是和只保存入边的邻接表中结点的数目一样多。（　　）

9. 如果表示图的邻接矩阵是对称矩阵，则该图一定是无向图。（　　）

10. 如果表示有向图的邻接矩阵是对称矩阵，则该有向图一定是完全有向图。（　　）

11. 只要无向网中没有权值相同的边，其最小生成树就是唯一的。（　　）

12. 只要无向网中有权值相同的边，其最小生成树就不可能是唯一的。（　　）

13. 最短路径一定是简单路径。（　　）

14. 拓扑排序算法仅适用于有向无环图。（　　）

15. 在 AOE 网中，减小任一关键活动上的权值后，整个工期也就相应减少。（　　）

16. 某些关键活动若提前完成，则将可能使整个工程提前完成。（　　）

四、综合题

1. 已知图 G=(V,E)，其中 V={a,b,c,d,e}，E={<a,b>,<b,a>,<c,b>,<c,d>,<d,e>,<e,a>,<e, c>}，请问该图的邻接表中，每个顶点单链表各有多少边结点？

2. 已知一个 AOV 网的顶点集合 V 和边集合 E 分别为：V={0,1,2,3,4,5,6,7}；E={<0,2>,<1,3>,<1,4>,<2,4>,<2,5>,<3,6>,<3,7>,<4,7>,<5,7>,<6,7>}。若存储它采用邻接表，并且每个顶点邻接表中的边结点都是按照终点序号从小到大的次序链接的,写出得到的拓扑序列（提示：先画出对应的图形，然后再运算）。

3. 无向图 G 如下图：

试给出：

（1）图的邻接矩阵。

（2）图的邻接表。

（3）从 A 出发的深度优先遍历序列。

（4）从 A 出发的广度优先遍历序列。

4．用邻接矩阵表示图时，矩阵元素的个数与顶点个数是否相关？与边的条数是否有关？

5．对于稠密图和稀疏图，就存储空间而言，采用邻接矩阵和邻接表哪个更好些？

6．请回答下列关于图的一些问题：

（1）有 n 个顶点的有向强连通图最多有多少条边？这样的图应该是什么形状？

（2）有 n 个顶点的有向强连通图最少有多少条边？这样的图应该是什么形状？

（3）表示一个有 1000 个顶点、1000 条边的有向图的邻接矩阵有多少个矩阵元素？其是否为稀疏矩阵？

7．对有 n 个顶点的无向图和有向图，采用邻接矩阵和邻接表表示时，如何判别下列有关问题？

（1）图中有多少条边？

（2）任意两个顶点 i 和 j 是否有边相连？

（3）任意一个顶点的度是多少？

第 7 章 排　序

将任一文件中的记录通过某种方法整理成为按关键字（记录）有序排列的处理过程称为排序。在信息处理过程中，排序是数据处理中一种最常用的操作。

学习目标

- 了解排序的基本概念。
- 掌握内部排序的算法思想。
- 各种内部排序方法的比较（时间、空间、稳定性、选择原则）。

7.1　排序的基本概念

排序是将一批（组）任意次序的记录重新排列成按关键字有序的记录序列的过程，其具体定义为：给定一组记录序列 $(R_1, R_2, ..., R_n)$，其相应的关键字序列是 $(K_1, K_2, ..., K_n)$，确定 $1, 2, ..., n$ 的一个排列 $p_1, p_2, ..., p_n$，使其相应的关键字满足如下非递减（或非递增）关系：$K_{p1} \leqslant K_{p2} \leqslant ... \leqslant K_{pn}$，产生的对应的序列 $(K_{p1}, K_{p2}, ..., K_{pn})$，这种操作称为排序。本章排序以升序为例。

关键字 K_i 可以是记录 R_i 的主关键字，也可以是次关键字或若干个数据项的组合。

如果某一种排序算法不改变关键字相同的记录的相对顺序，则称这种排序为稳定的，即序列中有两个或两个以上关键字相等的记录 $K_i = K_j$（$i \neq j$，$i, j = 1, 2, ..., n$），且在排序前 R_i 先于 R_j（$i<j$），排序后的记录序列仍然是 R_i 先于 R_j，则排序方法是稳定的（Stable），否则是不稳定的。

评价排序算法的标准有以下 3 个方面。

（1）执行时间。往往要求速度快、时间短。

（2）需要的辅助空间。希望少用或不用额外空间。

（3）算法的稳定性。希望当关键字相同时，经过排序算法不改变原有的相对次序。

分析排序算法的执行时间时，从两个方面考虑：一是关键字之间进行比较的次数，比较次数与算法消耗的时间紧密相关，比较次数越多，消耗的时间就越多；二是当记录数很多时，记录移动也成为影响程序整个运行时间的重要因素，这时应统计算法中的交换次数。对于辅助空间，若排序算法所需的辅助空间不依赖问题的规模 n，即空间复杂度是 $O(1)$，则称排序算法是就地排序，否则是非就地排序。

待排序的记录数量不同，排序过程中涉及的存储设备也会不同，根据使用的存储设备不同，对排序有着不同的分类。倘若待排序的记录数不太多，所有的记录都能存放在内存中进行排序，这样的排序被称为内部排序；若待排序的记录数太多，所有的记录不可能都存放在内存中，排序过程中必须在内、外存之间进行数据交换，这样的排序被称为外部排序。本章只讨论内部排序。由于现存的排序方法比较多，在此仅选择几种重要且常用的排序方法，即插入排序、交换排序、选择排序、归并排序、基数排序。

7.2 插 入 排 序

插入排序是在插入记录 R_i 之前，假设以前的所有记录 R_1，R_2，…，R_{i-1} 已排好序，将 R_i 插入已排好序的各记录的适当位置。常见的插入排序有直接插入排序和二分插入排序。

7.2.1 直接插入排序

最基本的插入排序是直接插入排序（Straight Insertion Sort）。

设待排序的记录顺序存放在列表 R[1...n] 中，在排序的某一时刻，将记录序列分成两部分：

① R[1...i-1]：已排好序的有序部分；

② R[i...n]：未排好序的无序部分。

显然，在刚开始排序时，R[1] 是已经排好序的。

例 7-1   设有关键字序列为 (7,4,-2,19,13,6)，给出直接插入排序的过程。

解：按照插入排序的规则，默认第一个记录关键字就是相对合适的位置，然后将原始记录顺序的第 2 个记录关键字与第 1 个记录关键字比较，将第 2 个记录放到一个相对于第 1 个记录的合适位置。然后，再取第 3 个记录关键字与前两个记录关键字比较，并把第 3 个记录插入相对于前两个记录的合适位置，如此继续进行，最后完成排序。直接插入排序的过程如图 7-1 所示。

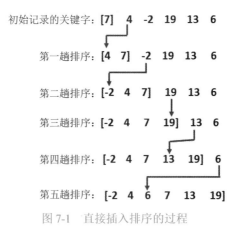

图 7-1   直接插入排序的过程

注意：在图 7-1 中，中括号 [] 内的是已排好序的元素。

直接插入排序算法的实现代码如下。

```python
def charu(data):
    n = len(data)
    for j in range(n-1):
        for i in range(j+1,0,-1):
            if data[i]<data[i-1]:
                data[i],data[i-1]=data[i-1],data[i]
            else:
                break
# 测试用例
```

```
if __name__=='__main__':
    data = [7, 4, -2, 19, 13, 6]
    charu(data)
print(data)
```

在最差情况下，即待排序记录按关键字从大到小排列（逆序），则一趟排序时：算法中的内循环体执行 $i-1$ 次，关键字比较 i 次，记录移动 $i+1$ 次。

就整个排序而言，

$$比较次数为\sum_{i=2}^{n}i=\frac{(n-1)(n+1)}{2}$$

$$移动次数为\sum_{i=2}^{n}(i+1)=\frac{(n-1)(n+4)}{2}$$

在最好情况下，即待排序记录按关键字从小到大排列（正序），算法中的内循环无须执行，则一趟排序时：关键字比较 1 次，记录移动 0 次。

就整个排序而言，比较次数为 $\sum_{i=2}^{n}1=n-1$，移动次数为 0。

一般地，认为待排序的记录可能出现的各种排列的概率相同，则取以上两种情况的平均值作为排序的关键字比较次数和记录移动次数，约为 $n^2/4$，则时间复杂度为 $O(n^2)$。

显然，直接插入排序是稳定的，适用于排序记录较少的场合。

7.2.2 二分插入排序

二分插入排序也被称为折半插入排序，是在直接插入排序的基础上改进的插入排序算法。由于 R[1...i-1] 是一个按关键字有序的有序序列，则可以利用折半查找实现"在 R[1...i-1] 中查找 R[i] 的插入位置"，再将原来位置上的元素向后顺移。由于查找插入位置采用"二分查找"实现，则直接插入排序就变为二分插入排序。

例 7-2　设有一组关键字 30, 13, 70, 85, 39, 42, 6, 20，给出二分插入排序的过程。

解：二分插入排序是在直接插入排序的基础上，使用二分查找方法，找到插入的位置，然后将元素插入。其操作步骤如下。

用 low、high 和 mid 表示有序序列的下界、上界和中间位置，初值为 low=0, high= i-1（i 为已排序的元素个数）。

（1）计算中间位置 mid=(low+high)/2。

（2）将待排序元素与中间位置的关键字进行比较。

1）若与中间位置的关键字相等，则待排序的关键字则放在 mid 的位置。

2）若待排序元素的关键字小于中间位置的关键字，说明待插入的关键字落在有序序列的前半段，修改上界的值 high=mid-1，转到（1）。

3）若待排序元素的关键字大于中间位置的关键字，说明待插入的关键字落在有序序列的后半段，修改下界的值 low=mid+1，转到（1）。

4）若 low=high，待排序元素的关键字小于 low 位置的关键字，则在 low 位置插入待排序元素，否则在 low+1 的位置插入待排序元素。

5）若 low>high，则给出出错信息。

二分插入排序的过程如图 7-2 所示。

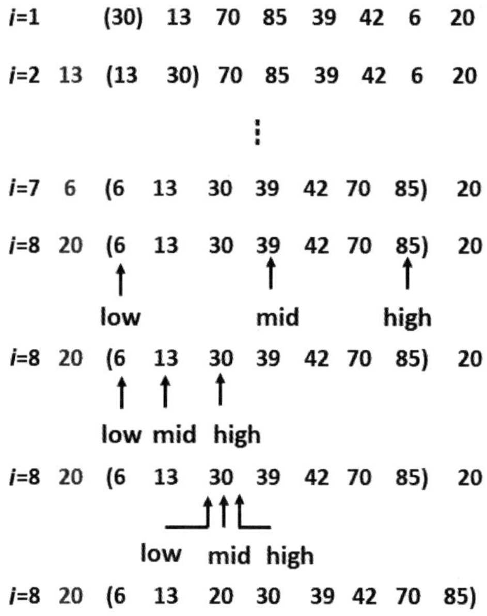

$i=1$ (30)   13   70   85   39   42   6   20

$i=2$ 13   (13   30)   70   85   39   42   6   20

$\vdots$

$i=7$ 6   (6   13   30   39   42   70   85)   20

$i=8$ 20   (6   13   30   39   42   70   85)   20
              ↑   ↑   ↑
            low   mid   high

$i=8$ 20   (6   13   30   39   42   70   85)   20
              ↑   ↑   ↑
            low mid high

$i=8$ 20   (6   13   30   39   42   70   85)   20
                   ↑↑↑
                 low mid high

$i=8$ 20   (6   13   20   30   39   42   70   85)

图 7-2   二分插入排序的过程

在图 7-2 中，圆括号前的数据表示待插入的数据，圆括号内的表示已排好序的数据。

在算法实现的过程中外层循环控制循环次数，中层循环实现有序排列，内层循环实现查找插入。

二分插入排序算法的实现代码如下。

```python
def fun(list):
    Length=len(list)                     # 元素插入
    for i in range(1,Length):            # 从第 2 个元素开始，插入前一部分元素中
        low,high = 0,i-1                 # 定义插入范围
        mid = (low + high) // 2          # 定义二分 / 中间边界
        while low < high:                # 当边界顺序时，进行二分比较
            mid = (low + high) // 2
            if mid == low:               # 如果中间值与边界相等，则边界已确定，结束二分
                break
            # 在确定中间与边界不相等时，对边界继续缩小
            if list[i] == list[mid]:
                break
            elif list[i]<list[mid]:
                high = mid-1
            else:
                low = mid+1
        # 首先确定是否因为找到同值而提前终止
        if list[i] == list[mid]:         # 找到同值提前终止
            list.insert(mid, list[i])
            list.pop(i + 1)
        else:
            if low == high:              # 如果范围内仅有一个值
                if list[i] < list[low]:
                    list.insert(low,list[i])
                else:
                    list.insert(low+1, list[i])
                list.pop(i + 1)
            elif low < high:             # 如果范围内有两个值
```

```
            if list[i] < list[low]:
                list.insert(low,list[i])
            elif list[i] < list[high]:
                list.insert(high, list[i])
            else:
                list.insert(high+1, list[i])
            list.pop(i + 1)
        else:
            print("wrong, start at ",low,', and end with ',high)
# 测试用例
if __name__=='__main__':
    list=[30, 13, 70, 85, 39, 42, 6, 20]
    print('before sort:',list)
    fun(list)
    print('after sort:',list)
```

在已形成的有序表中进行二分查找，比较的次数大大减少，全部元素的比较次数为 $O(n\log_2 n)$。但由于移动次数并未减少，因此二分插入排序的时间效率依然为 $O(n^2)$，空间效率仍为 $O(1)$，是一种稳定的排序算法。

7.2.3　希尔排序

由于简单的排序算法比较次数随着 n 的增加而呈指数地增长，因此将比较大的数据组巧妙分成多个小数据组，分别进行排序是一个很好的方法，这就是希尔排序的核心思想。

希尔排序（Shell Sort），又称缩小增量排序（Diminishing Increment Sort），是一种分组插入排序方法。其基本思想是利用插入排序的最佳时间特性，先将整个待排序记录序列分割成若干个子序列，分别进行直接插入排序，待整个序列中的记录"基本有序（Mostly Sorted）"时，再对记录进行一次直接插入排序来完成最后的排序工作。值得注意的是，子序列的构成不是简单地逐段分割，而是将相隔某个增量 dk 的记录组成一个子序列，让增量 dk 逐趟缩短（如依次取 5，3，1），直到 dk=1 为止。

希尔排序的具体步骤如下。

（1）先取一个正整数 d1（d1<n）作为第一个增量，将全部 n 个记录分成 d1 组，把所有相隔 d1 的记录放在一组中，即对于每个 k（k=1, 2, ..., d1），data [k], data [d1+k], data [2d1+k], ... 分在同一组中，在各组内进行直接插入排序。这样的一次分组和排序过程称为一趟希尔排序。

（2）取新的增量 d2<d1，重复（1）的分组和排序操作；直至所取的增量 di=1 为止，即所有记录放进一个组中排序为止。

例 7-3　设有 10 个待排序的记录，关键字分别为 9, 13, 8, 2, 5, <u>13</u>, 7, 1, 15, 11，给出希尔排序过程。

解：采用希尔排序，首先要确定增量序列，且最后一个增量 dk 一定为 1，另外，增量一般取素数，根据题目所给关键字数目，所取增量序列为 5，3，1。

第一趟排序 d1=5，第二趟排序 d2=3，第三趟排序 d3=1，每趟都将分在同组的数据采用直接插入排序。

希尔排序的过程如图 7-3 所示。

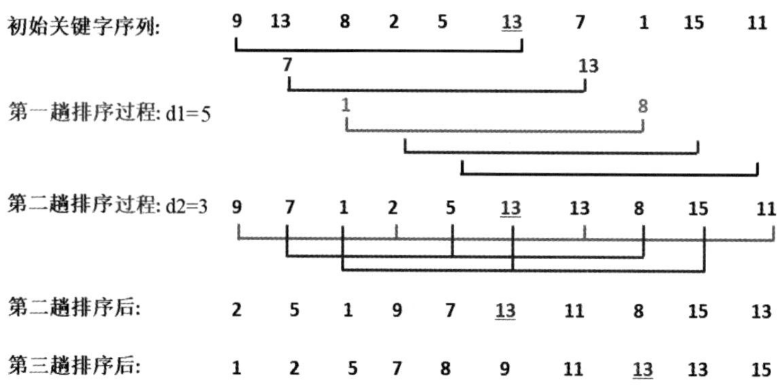

初始关键字序列:	9	13	8	2	5	<u>13</u>	7	1	15	11
			7				13			
第一趟排序过程: d1=5			1					8		
第二趟排序过程: d2=3	9	7	1	2	5	<u>13</u>	13	8	15	11
第二趟排序后:	2	5	1	9	7	<u>13</u>	11	8	15	13
第三趟排序后:	1	2	5	7	8	9	11	<u>13</u>	13	15

图 7-3 希尔排序的过程

在图 7-3 中，形如连线的组合表示分割为同一组的数据，经一趟排序后，同组数据有序。希尔排序算法的实现代码如下。

```python
def shell_sort(test_list):
    # 取递减的步长，进行插入排序
    n = len(test_list)
    # 向下取整，取到步长 gap
    gap = n//2
    while gap > 0:
        # 对每组的元素进行插入排序
        for j in range(gap, n):
            # 对一组内的元素进行插入排序
            while j > 0:
                if test_list[j] < test_list[j-gap]:
                    test_list[j], test_list[j-gap] = test_list[j-gap], test_list[j]
                    j -= gap
                else:
                    break
        # 重新进行分组，直到步长为1
        gap = gap//2
    return test_list
# 测试用例
if __name__ =='__main__':
    test_li = [9, 13, 8, 2, 5, 13, 7, 1, 15, 11]
    print(shell_sort(test_li))
```

希尔排序的优点是让关键字小的元素能很快地前移，并且在序列基本有序时，再使用直接插入排序处理，时间效率会大大提高。根据经验公式，希尔排序的时间效率为 $O(n^{1.25}) \sim O(1.6n^{1.25})$，空间效率仍为 $O(1)$。但由于记录交换位置后再采用直接插入排序，故希尔排序算法并不稳定。

7.3 交换排序

在交换排序中，系统不断交换反序记录的偶对，直到不再有反序记录时为止。交换排序常用的有冒泡排序（Bubble Sort）和快速排序。

7.3.1　冒泡排序

冒泡排序每次都比较相邻的元素，如果第一个比第二个大，就交换它们两个的次序，直至所有相邻元素都作比较，这时列表中最后一个元素应该是最大的，依次按照此方法循环比较 n 次，直至所有的元素都按从小到大排序为止。

冒泡排序的操作步骤如下。

（1）首先将 data[1] 与 data[2] 的关键字进行比较，若为反序，即 data[1] 的关键字大于 data[2] 的关键字，则交换两个记录；然后比较 data[2] 与 data[3] 的关键字，依次类推，直到 data[n-1] 与 data [n] 的关键字比较后为止，称为一趟冒泡排序，data [n] 为关键字最大的记录。

（2）然后进行第二趟冒泡排序，对前 n-1 个记录进行同样的操作。

一般地，第 i 趟冒泡排序是对 data[1 ... n-i+1] 中的记录进行的，因此，若待排序的记录有 n 个，则要经过 n-1 趟冒泡排序才能使所有的记录有序。

例 7-4　设有 9 个待排序的记录，关键字分别为 23, 38, 22, 45, <u>23</u>, 67, 31, 15, 41，给出冒泡排序的过程。

解：根据冒泡排序的规则，在第一趟排序中，相邻两数两两比较：23 与 38 比较，次序正确；38 与 22 比较，反序，将 38 与 22 交换；38 与 45 比较，次序正确；45 与 23 比较，反序，将 45 与 23 交换；45 与 67 比较，次序正确；67 与 31 比较，反序，将 67 与 31 交换；67 与 15 比较，反序，将 67 与 15 交换；67 与 41 比较，反序，将 67 与 41 交换，此时第一趟排序完成，最大数 67 已经排在最后了。按照这种方式，依次进行第二趟，第三趟……第七趟排序，冒泡排序的过程如图 7-4 所示。

图 7-4　冒泡排序的过程

在图 7-4 中，中括号 [] 里面的关键字是已排好序的。

冒泡排序算法的实现代码如下。

```python
def Bubble_Sort(data):
    n = len(data)
    for i in range(n-1):
        for j in range(i+1,n):
            if data[i]>data[j]:  # 通过交换让最小的在最前面
                data[i],data[j]=data[j],data[i]
# 测试用例
if __name__=='__main__':
    data=[23, 38, 22, 45, 23, 67, 31, 15, 41]
```

```
    Bubble_Sort(data)
    print (data)
```

冒泡排序的比较次数十分简单，不需要考虑数组中结点的组合情况，其在最好情况（正序）下的比较次数为 $n-1$；在最差情况（逆序）下的比较次数为 $\sum_{i=1}^{n-1}(n-i)=\dfrac{n(n-1)}{2}$；平均比较代价为 $O(n^2)$。

冒泡排序在最好情况（正序）下的移动次数为 0；在最坏情况（逆序）下的移动次数为 $3\sum_{i=1}^{n-1}(n-i)=\dfrac{3n(n-1)}{2}$。在一般情况下，默认一个结点比它前一个结点关键码值大或小于等于的概率相等，冒泡排序的平均交换代价为 $O(n^2)$。

因此，冒泡排序的时间复杂度是 $O(n^2)$，空间复杂度为 $O(1)$。冒泡排序的时间复杂度与插入排序相同。

冒泡排序的主要缺点是，元素需要一步一步向上冒泡到顶部，这样非常费时。

冒泡排序每趟结束时，不仅能找出一个最大值放到最后面位置，还能同时部分理顺其他元素，一旦下趟没有交换，还可提前结束排序，利用冒泡排序的这个特点，可以优化冒泡排序算法。优化的冒泡排序算法的代码如下。

```python
def maopao(data):
    n = len(data)
    for i in range(n-1):
        flag=0
        for j in range(n-1-i):
            if data[j]>data[j+1]:
                data[j],data[j+1]=data[j+1],data[j]
                flag=1
        if flag == 0:
            break
# 测试用例
if __name__=='__main__':
    data=[23, 38, 22, 45, 23, 67, 31, 15, 41]
    maopao(data)
    print (data)
```

在优化的冒泡排序算法中，设立了一个标志变量 flag，当进行每一趟排序时，设 flag=0 表示没有产生数据交换，若比较过程中，数据产生交换，则 flag=1。每一趟比较之后，对 flag 进行判定，若 flag 的值没有改变，依然为 0，说明没有产生交换，数据已排好序，则排序结束。

7.3.2 快速排序

快速排序将原数据组划分为两个子数据组，第一个子数据组中元素小于等于某个边界值，第二个子数据组中的元素大于某个边界值，再分别对这两个子数据组元素进行下一趟排序，以达到整个序列有序。

设待排序的数据组序列是 nums[left...right]，在记录序列中任取一个记录（一般取 nums[left].key）作为参照（又被称为基准或枢轴），以 nums[left].key 为基准关键字重新排列其余的所有记录，方法是：

（1）所有关键字比基准关键字小的放 nums[left].key 之前。

（2）所有关键字比基准关键字大的放 nums[left].key 之后。

以 nums[left].key 最后所在位置 i 作为分界，将序列 nums[left...right] 分割成两个子序列，称为一趟快速排序。

例 7-5 设有 9 个待排序的记录，关键字分别为 23, 38, 22, 45, 23, 67, 31, 15, 41，给出快速排序的第一趟过程。

解：将第一个数据 23 设为基准数据，变量 i=left=1；变量 j=right=9；将 j 位置的数据 41 与基准数据 23 比较，次序正确，j 前移一步，j=j-1=8；继续取 j 位置的数据 15 与基准数据 23 比较，次序不对，将 15 填入 i 的位置，i 后移一步，i=i+1=2，注意此时 j 没有改变；取 i 位置的数据 38 与基准数据 23 比较，次序不对，将 38 填入 j 的位置，j 前移一步，j=j-1=7，注意，此时 i 没有改变；取 j 位置的数据 31 与基准数据比较，次序正确，j 前移一步，j=j-1=6，继续取 j 位置的数据 67 与基准数据相比较，如此反复，直到 i、j 相等的时候，将基准数据放入，则一趟快速排序完成。快速排序的第一趟过程如图 7-5 所示。

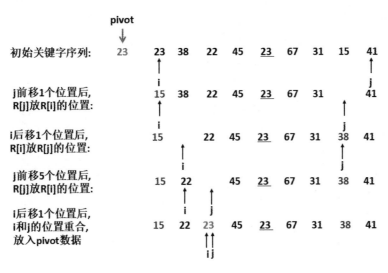

图 7-5　快速排序的第一趟过程

在图 7-5 中，pivot 指向的为基准数据。从图 7-5 可知，快速排序从数据组序列的两端交替扫描各个记录，将关键字小于基准关键字的记录依次放置到序列的前边；而将关键字大于基准关键字的记录从序列的最后端起，依次放置到序列的后边，直到扫描完所有的记录。

设置 left、right，其初值分别为第一个和最后一个数据的位置。设两个变量 i, j，初始时令 i=left，j=right，以 nums[left] 作为基准（将 nums[left] 保存在 pivot 中）。

（1）从 j 所指位置起向前搜索，将 pivot 与 nums[j] 进行比较：

1）若 pivot ≤ nums[j]：令 j=j-1，然后继续进行比较，直到 i=j 或 pivot>nums[j] 为止。

2）若 pivot>nums[j]：nums[j] 的数据放入 nums[i]，腾空 nums[j] 的位置，且令 i=i+1。

（2）从 i 所指位置起向后搜索，将 pivot 与 nums[i] 进行比较：

1）若 pivot ≥ nums[i]：令 i=i+1，然后继续进行比较，直到 i=j 或 pivot<nums[i] 为止。

2）若 pivot<nums[i]：将 nums[i] 的数据放入 nums[j]，腾空 nums[i] 的位置，且令 j=j-1。

（3）重复（1）、（2），直至 i=j 为止，i 就是 pivot（基准）所应放置的位置。

当进行一趟快速排序后，采用同样方法分别对两个子序列进行快速排序，直到子序列记录个数为 1 为止，具体算法如下。

```python
def quick_sort(nums: list, left: int, right: int) -> None:
    if left < right:
        i = left
        j = right
        # 取第一个元素为基准数据
        pivot = nums[left]
        while i != j:
            # 交替扫描和交换
            # 从右往左找到第一个比基准数据小的元素，交换位置
            while j > i and nums[j] > =pivot:
                j -= 1
            if j > i:
                # 如果找到了，进行元素交换
                nums[i] = nums[j]
                i += 1
            # 从左往右找到第一个比基准数据大的元素，交换位置
            while i < j and nums[i] <= pivot:
                i += 1
            if i < j:
                nums[j] = nums[i]
                j -= 1
        # 至此完成一趟快速排序，基准数据的位置已经确定好了
        # 就在 i 位置上（i 和 j 值相等）
        nums[i] = pivot
        # 以 i 为基准数据进行子序列元素交换
        quick_sort(nums, left, i-1)      # 递归调用左子序列
        quick_sort(nums, i+1, right)     # 递归调用右子序列
# 测试代码
#import random
#data = [random.randint(-100, 100) for _ in range(10)]  随机数测试
data=[23, 38, 22, 45, 23, 67, 31, 15, 41]      # 例 7-5 数据值
quick_sort(data, 0, len(data) - 1)
print(data)
```

快速排序的主要时间花费在划分上，对长度为 k 的数据组序列进行划分时，关键字的比较次数是 $k-1$。设长度为 n 的数据组序列进行排序的比较次数为 $C(n)$，则 $C(n)=n-1+C(k)+C(n-k-1)$。

快速排序算法在最坏情况下，即每次分裂的两个子数据组，其中一个子数据组只包含一个元素，此时比较次数的时间复杂度为 $O(n^2)$。最好情况下每次将数据组平均分配，此时比较次数的时间复杂度为 $O(n\log_2 n)$。平均情况下比较次数的时间复杂度也为 $O(n\log_2 n)$。为了避免最坏的情况，在选取边界值时可以选取头尾和中间 3 个元素，再选其中的中间值作为边界元素。通常情况下快速排序的算法效率最高。

7.4　选　择　排　序

选择排序每次在数据组中选出最小元素，将其移到当前子数据组的第一个位置，然后

取不包含第一个元素的子数据组继续重复上述操作，直至数据组中只有一个元素为止。常用选择排序有简单选择排序和基于二叉树的堆排序。

7.4.1　简单选择排序

简单选择排序（Simple Selection Sort，又被称为直接选择排序）的基本操作是：通过 $n-i$ 次关键字间的比较，从 $n-i+1$ 个数据中选取关键字最小的记录，然后和第 i 个数据进行交换，$i=1, 2, ..., n-1$。

选择排序的算法思想如下。

（1）第一次在 n 个数据元素中选择关键字最小的数据，与第一个数据进行交换。

（2）选择排序的第 i 次选择数据中第 i 小的记录，并将其放到数据的第 i 个位置。

（3）重复进行 $n-1$ 次，完成排序。

为了寻找下一个最小关键字，需要检索数据组整个未排序的部分，但只交换一次即可将待排序的记录放到正确位置，故需要的总交换次数是 $n-1$（最后一个记录无须比较和交换），即 $O(n)$。

例 7-6　设有关键字序列为 $(7, 4, -2, 19, 13, 6)$，给出简单选择排序的过程。

解：从待排序的数据中找到最小数据 -2，与第一个数据交换，完成第一趟排序；然后在剩余的数据中，再找到最小数据 4，与第二个数据 4 交换，完成第二趟排序；以此类推，经过 $n-1$ 趟排序后，数据已有序。简单选择排序的过程如图 7-6 所示。

```
初始记录的关键字：  7   4  -2  19  13   6

   第一趟排序： [-2]  4   7  19  13   6

   第二趟排序： [-2  4]  7  19  13   6

   第三趟排序： [-2  4   6] 19  13   7

   第四趟排序： [-2  4   6   7] 13  19

   第五趟排序： [-2  4   6   7  13] 19

   第六趟排序： [-2  4   6   7  13  19]
```

图 7-6　简单选择排序的过程

在图 7-6 中，方括号 [] 内的数据为有序数据。

简单选择排序算法是通过二重循环实现的。外循环控制排序的趟数，对 n 个记录进行排序的趟数为 $n-1$ 趟；内循环控制每一趟的排序，找出未排序数据中的最小数据，并放入指定位置。

简单选择排序算法的实现代码如下。

```python
def xuanze(list1):
    n = len(list1)
    for i in range(n-1):
        temp = i
        for j in range(i+1,n):
            if list1[j]<list1[temp]:
                temp = j # 记录最小值下标
```

```
        list1[i],list1[temp]=list1[temp],list1[i]
# 测试用例
if __name__=='__main__':
    list1=[7, 4, -2, 19, 13, 6]
    xuanze(list1)
print (list1)
```

分析算法可知，进行第 i 趟排序时，关键字的比较次数为 $n-i$，则比较次数为 $\sum_{i=1}^{n-1}(n-i)=\dfrac{n(n-1)}{2}$，故算法的时间复杂度是 $T(n)=O(n^2)$，空间复杂度是 $S(n)=O(1)$，从排序的稳定性来看，简单选择排序是不稳定的。

选择排序实质上就是冒泡排序（减少了交换次数，最佳情况除外）。

7.4.2　堆排序

堆（Heap）在数据结构中通常被看作一棵树的线性描述。堆是一棵完全二叉树，堆中存储的数据是局部有序的，即堆中某个结点的值总是不大于或不小于其父结点的值。

若有 n 个元素的序列 $H=(k_1, k_2, ..., k_n)$，满足：

当 $2i \leqslant n$ 时，$k_i \leqslant k_{2i}$ 且当 $2i+1 \leqslant n$ 时 $k_i \leqslant k_{2i+1}$，此时所建堆的根结点最小的叫作最小堆或小根堆（Min-heap），如图 7-7 所示。在小根堆中每一个结点存储的值都小于或等于其孩子结点的值，故根结点存储了该树所有结点的最小值。

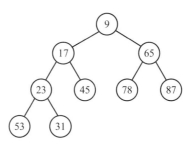

图 7-7　小根堆

当 $2i \leqslant n$ 时，$k_i \geqslant k_{2i}$ 且当 $2i+1 \leqslant n$ 时 $k_i \geqslant k_{2i+1}$，此时所建堆的根结点最大的叫作最大堆或大根堆（Max-heap），如图 7-8 所示。在大根堆中任意一个结点的值都大于或等于其任意一个孩子结点的值，故根结点存储该树所有结点中的最大值。

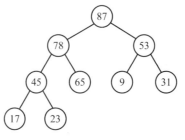

图 7-8　大根堆

堆的含义表明，完全二叉树中所有分支结点的值均不大于（或不小于）其左、右孩子结点的值。由此，若序列 $(k_1, k_2, ..., k_n)$ 是堆，则堆顶元素（或完全二叉树的根结点）必为序列中 n 个元素的最小值（或最大值）。

堆排序的算法思想如下。

（1）对一组待排序的记录，按堆的定义建立堆。

（2）将堆顶记录和最后一个记录交换位置，则前 $n-1$ 个记录是无序的，而最后一个记录是有序的。

（3）堆顶记录被交换后，前 $n-1$ 个记录不再是堆，需将前 $n-1$ 个待排序记录重新组织成为一个堆，然后将堆顶记录和倒数第二个记录交换位置，即将整个序列中次小关键字值的记录调整（排除）出无序区。

（4）重复上述步骤，直到全部记录排好序为止。

在堆排序过程中，若采用小根堆，排序后得到的是非递减序列；若采用大根堆，排序后得到的是非递增序列。

例 7-7 给出一组无序序列 (15, 20, 11, 6, 21, 2, 3, 8, 13, 18, 35, 24, 28) 建立大根堆的过程。

解：根据给出的数据序列建立一棵完全二叉树，如图 7-9（a）所示。

该组无序数据有 13 个，故最后一个分支结点的标号为 13 整除 2，结果是 6。则从第 6 个元素起，至第一个元素止，进行反复筛选。

筛选过程如下。

（1）第 6 个结点与第 2×6 个结点比较，因为第 6 个结点数据值为 2，小于第 12 个结点数据值 24，交换，结果如图 7-9（b）所示。

（2）第 6 个结点与第 2×6+1 个结点比较，因为第 6 个结点数据值为 24，小于第 13 个结点数据值 28，交换，结果如图 7-9（c）所示。

（3）第 5 个结点与第 10 个结点比较,因为 21 大于 18,位置不变,结果依然如图 7-9（c）所示。

（4）第 5 个结点与第 11 个结点比较，因为 21 小于 35，交换的结果如图 7-9（d）所示。

（5）第 4 个结点与第 8 个结点比较，交换的结果如图 7-9（e）所示。

（6）第 4 个结点与第 9 个结点比较，交换的结果如图 7-9（f）所示。

（7）第 3 个结点与第 6 个结点比较，交换，由于产生了交换，此时第 6 个结点后的分支可能不满足大根堆的要求，故将第 6 个结点分别与第 12 个结点和第 13 个结点比较，结果如图 7-9（g）所示。

（8）第 3 个结点与第 7 个结点比较，没有产生交换，依然如图 7-9（g）所示。

（9）第 2 个结点与第 4 个结点比较，没有产生交换，依然如图 7-9（g）所示。

（10）第 2 个结点与第 5 个结点比较，交换，由于产生了交换，此时第 5 个结点后的分支可能不满足大根堆的要求，故将第 5 个结点分别与第 10 个结点和第 11 个结点比较，结果如图 7-9（h）所示。

（11）第 1 个结点与第 2 个结点比较，交换，因产生了交换，故将第 2 个结点分别与第 4 个结点和第 5 个结点比较，又由于第 2 个结点与第 5 个结点产生交换，再将第 5 个结点分别与第 10 个结点和第 11 个结点比较，结果如图 7-9（i）所示。

（12）第 1 个结点与第 3 个结点比较，没有产生交换，结果依然如图 7-9（i）所示，此时表明图 7-9（i）就是建好的大根堆，其层次遍历的结果为 35, 21, 28, 13, 20, 24, 3, 6, 8, 15, 18, 2, 11。

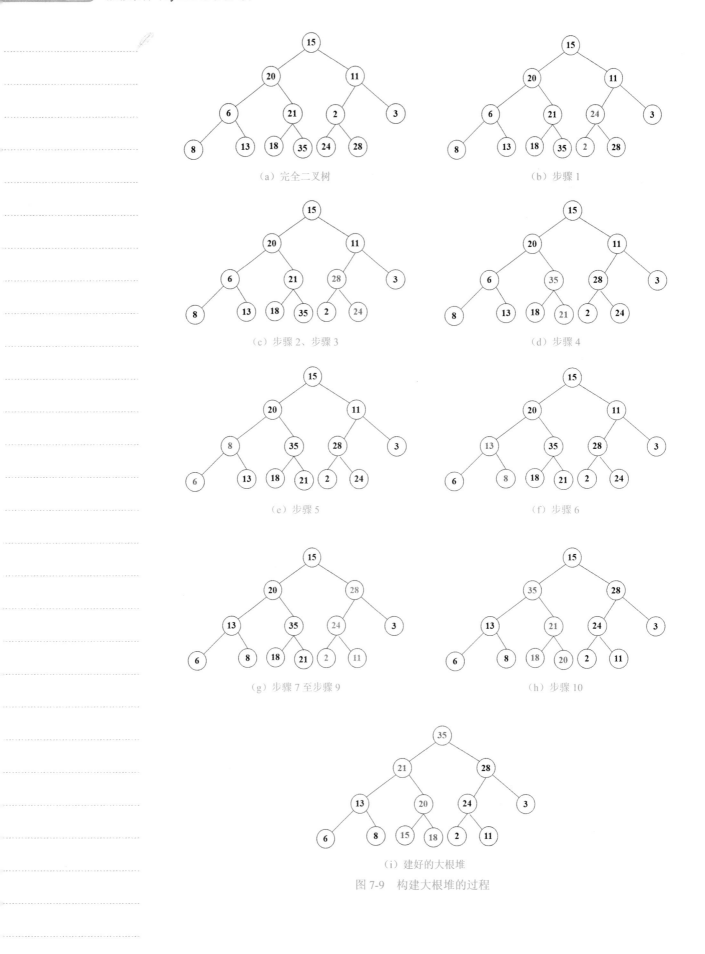

（a）完全二叉树

（b）步骤 1

（c）步骤 2、步骤 3

（d）步骤 4

（e）步骤 5

（f）步骤 6

（g）步骤 7 至步骤 9

（h）步骤 10

（i）建好的大根堆

图 7-9　构建大根堆的过程

堆排序算法的实现代码如下：

```python
heap = []
def heapify(node):
    # 构建大根堆
    if len(heap) == 0:
        heap.append(node)
        return
    # 首先将元素插入堆底层，然后向上冒泡
    last_idx = len(heap)
    heap.append(node)
    father_idx = (last_idx-1) // 2  # 获取父结点 idx
    while father_idx>=0:
        if heap[last_idx] > heap[father_idx]:
            heap[last_idx], heap[father_idx] = heap[father_idx], heap[last_idx]
        else:
            break
        last_idx = father_idx
        father_idx = (last_idx-1) // 2
def heap_sort():
    # 堆排序
    res = []
    last_idx = len(heap) - 1
    while heap:
        # 交换首尾元素，然后弹出尾元素。然后头结点向下冒泡
        heap[0], heap[last_idx] = heap[last_idx], heap[0]
        res.append(heap.pop())
        n_idx = 0
        length = len(heap)
        while 2*n_idx+1<length:
            if 2*n_idx+2 <length:
                if heap[n_idx]<heap[2*n_idx+1] and heap[2*n_idx+2]<= heap[2*n_idx+1]:
                    heap[n_idx], heap[2*n_idx + 1] = heap[2*n_idx + 1], heap[n_idx]
                    n_idx = 2*n_idx+1
                elif heap[n_idx] < heap[2*n_idx + 2] and heap[2*n_idx + 1] <= heap[2*n_idx + 2]:
                    heap[n_idx], heap[2*n_idx + 2] = heap[2*n_idx + 2], heap[n_idx]
                    n_idx = 2*n_idx+2
                else:
                    break
            else:
                if heap[n_idx] < heap[2*n_idx + 1]:
                    heap[n_idx], heap[2*n_idx+1] = heap[2*n_idx+1], heap[n_idx]
                    n_idx = 2*n_idx+1
                else:
                    break
        last_idx = len(heap) -1
    return res
# 测试用例：
if __name__ =='__main__':
    input_ = [15, 20, 11, 6, 21, 2, 3, 8, 13, 18, 35, 24, 28]
    for i in input_:
```

```
    heapify(i)                    #根据原始数据建立大根堆
    print(heap)                   #输出大根堆层次遍历的结果
    sorted_res = heap_sort()
    print(sorted_res)             #输出排序的结果
```

从算法得知，堆排序分为两个阶段，第一阶段将无序数据转化为堆，第二阶段的每一次迭代将最大值和数据组末尾值交换，堆中将最后一个结点删除，恢复堆属性，重复该操作直到堆中只剩一个结点，得到的新数据序列就是一个有序的数据序列。堆排序在平均情况下第一阶段比较和移动的时间复杂度为 $O(n)$，第二阶段比较和移动的时间复杂度是 $O(n\log_2 n)$，交换的次数是 $n-1$，整个排序算法的时间复杂度是 $O(n\log_2 n)$。在最好情况下，第一阶段比较次数为 n，不需要移动操作，第二阶段比较次数为 $2(n-1)$，移动次数为 $n-1$，整个算法的时间复杂度为 $O(n)$。

7.5　归并排序

归并排序（Merge Sort）是建立在归并操作上的一种有效、稳定的排序算法，该算法是采用分治法（Divide and Conquer）的一个非常典型的应用。将已有序的子序列合并，得到完全有序的序列；即先使每个子序列有序，再使子序列段间有序。若将两个有序表合并成一个有序表，称为二路归并。

归并排序的实现策略是将数据划分为多个子数据序列，直到每个子数据序列只有一个元素，然后再合并所有的子数据，在合并数据的过程中对元素排序，最后就得到一个有序的数据序列，这里划分子数据只是逻辑上的划分，实际上还是只有一个数据序列。

归并排序的算法思想如下。

开始归并时，每个记录是长度为 1 的有序子序列，对这些有序子序列逐趟归并，每一趟归并后有序子序列的长度均扩大一倍；当有序子序列的长度与整个记录序列长度相等时，整个记录序列就成为有序序列。

例 7-8　设有 9 个待排序的记录，关键字分别为 23, 38, 22, 45, 23, 67, 31, 15, 41，给出归并排序的过程。

解：首先将 9 个待排序的记录分为 9 列，然后两两合并成有序数据，因为总记录数是单数，最后一组只有一个待排序记录，经过一趟归并排序后，待排序的数据为 5 列。

在一趟归并排序后，再两两合并成有序数据，完成第二趟归并排序。依次类推，直到待排序的数据为一列，说明归并排序完成。

归并排序的过程如图 7-10 所示。

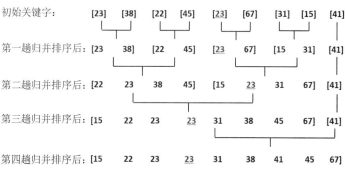

图 7-10　归并排序的过程

归并排序算法的实现代码如下。

```python
def merge_sort(test_list):
    # 分而治之，需要 left 与 right 两个指针
    n = len(test_list)
    if n <= 1:
        return test_list
    mid = n//2
    left_list = merge_sort(test_list[:mid])
    right_list = merge_sort(test_list[mid:])
    left_point, right_point = 0, 0
    result = []
    # 当中某一个指针发生越界，就跳出循环
    while left_point < len(left_list) and right_point < len(right_list):
        if left_list[left_point] < right_list[right_point]:
            result.append(left_list[left_point])
            left_point += 1
        else:
            result.append(right_list[right_point])
            right_point += 1
    # 因为剩余的列表是最大的，有序且递增的，直接放到列表后面就行了
    result += left_list[left_point:]
    result += right_list[right_point:]
    return result
# 测试用例
test_li = [23, 38, 22, 45, 23, 67, 31, 15, 41]
print(merge_sort(test_li))
```

具有 n 个待排序记录的归并次数是 $\log_2 n$，而一趟归并的时间复杂度为 $O(n)$，则整个归并排序的时间复杂度无论是最好还是最坏情况均为 $O(n\log_2 n)$。在排序过程中，使用了辅助列表 result，其大小与待排序记录空间相同，则空间复杂度为 $O(n)$。归并排序是稳定的。

7.6　基　数　排　序

基数排序（Radix Sort）是一种"分配式排序"（Distribution Sort），又称"桶排序"（Bucket Sort 或 Bin Sort），它按待排序记录的关键字的组成成分（或"位"）进行排序。

基数排序和前面的各种内部排序方法完全不同，不需要进行关键字的比较和记录的移动。

基数排序借助于多关键字排序思想实现单逻辑关键字的排序。它将待排序数据拆分成多个关键字进行排序，其实质是多关键字排序。多关键字排序的思路是将待排数据里的排序关键字拆分成多个子排序关键字，然后，根据子排序关键字对待排序数据进行排序。

基数排序分为两类：低位优先 LSD（Least Significant Digit First）和高位优先 MSD（Most Significant Digit First）。

基数排序可以用于快速地对字符串和数字排序，在对数字排序时，以低位优先为例，基数排序的步骤如下。

找到元素的最大位数 i，对集合中所有位数小于 i 的元素前面用 0 补齐，并把每个元素当字符串处理。然后从低位开始将待排序的数按照这一位的值放到相应的编号为 0 ～ 9 的桶中。等到低位排完，并按编号 0 ～ 9 从桶中依次取出得到一个新子序列，再将这个序

列按照次低位的大小进入相应的桶中，重复上述操作，一直排到最高位为止，最后得到的数据就是有序的，数据排序完成。

例 7-9　设有 10 个待排序的记录，关键字分别为 278, 109, 63, 930, 589, 184, 505, 189, 8, 83，给出基数排序的过程。

解：首先求取最大位数为 3 位，说明需要进行 3 次整理操作，根据个位数的数值，在走访数值时将它们分配至编号为 0 到 9 的桶中，如表 7-1 所示。

表 7-1　按个位数整理排序

个位数	0	1	2	3	4	5	6	7	8	9
元素值	930			063	184	505			278	109
				083					008	589
										189

接下来将这些桶中的数值重新串接起来，成为以下数列：

930, 063, 083, 184, 505, 278, 008, 109, 589, 189

接着再进行一次分配，这次是根据十位数来分配，结果如表 7-2 所示。

表 7-2　按十位数整理排序

十位数	0	1	2	3	4	5	6	7	8	9
元素值	505			930			063	278	083	
	008								184	
	109								589	
									189	

再将这些桶中的数值重新串接起来，成为以下数列：

505, 008, 109, 930, 063, 278, 083, 184, 589, 189

接着再进行一次分配，这次是根据百位数来分配，结果如表 7-3 所示。

表 7-3　按百位数整理排序

百位数	0	1	2	3	4	5	6	7	8	9
元素值	008	109	278			505				930
	063	184				589				
	083	189								

再次将桶中数值重新串接起来，得到最终的排序结果：

008, 063, 083, 109, 184, 189, 278, 505, 589, 930

低位优先的基数排序算法的实现代码如下。

```
#LSD Radix Sort  低位优先
def radixSort(nums):
    mod = 10
    div = 1
    mostBit = len(str(max(nums)))        # 最大数的位数决定了外循环多少次
    buckets = [[] for row in range(mod)] # 构造 mod 个空桶
    while mostBit:
```

```
        for num in nums:                        # 将数据放入对应的桶中
            buckets[num // div % mod].append(num)
        i = 0                                    #nums 的索引
        for bucket in buckets:                   # 将数据收集起来
            while bucket:
                nums[i] = bucket.pop(0) # 依次取出
                i += 1
        div *= 10
        mostBit -= 1
    return nums
# 测试用例
if __name__=='__main__':
    nums=[278,109,63,930,589,184,505,189,8,83]
    print (radixSort(nums))
```

基数排序中涉及的取模等数学运算的次数为 $O(n)$，数据的移动次数为 $O(n)$，但是该算法需要额外的内存空间实现各个桶。

基数排序属于稳定的排序，其时间复杂度为 $O(d(n+r))$，其中 r 为所采取的基数，而 n 为桶数，d 为关键码的位数。在某些时候,基数排序算法的效率高于其他的稳定性排序算法。

7.7　各种排序比较

根据直接插入排序、二分插入排序、希尔排序、冒泡排序、快速排序、简单选择排序堆排序、归并排序及基数排序的算法实现及其性能分析，这几种排序方法的比较（时间、空间、稳定性）如表 7-4 所示。

表 7-4　各种排序方法的比较

排序方法	平均时间复杂度	最坏情况下的时间复杂度	额外空间复杂度	稳定性
直接插入排序	$O(n^2)$	$O(n^2)$	$O(1)$	稳定
二分插入排序	$O(n^2)$	$O(n^2)$	$O(1)$	稳定
希尔排序	$O(n^d)$（$1<d<1.5$）	$O(n^2)$	$O(1)$	不稳定
冒泡排序	$O(n^2)$	$O(n^2)$	$O(1)$	稳定
快速排序	$O(n\log_2 n)$	$O(n^2)$	$O(\log 2n)$	不稳定
简单选择排序	$O(n^2)$	$O(n^2)$	$O(1)$	不稳定
堆排序	$O(n\log_2 n)$	$O(n\log_2 n)$	$O(1)$	不稳定
归并排序	$O(n\log_2 n)$	$O(n\log_2 n)$	$O(n)$	稳定
基数排序	$O(d(n+r))$	$O(d(n+r))$	$O(n+r)$	稳定

从表 7-4 可知，选择排序算法的基本规则如下。

当问题规模 n 比较大时：

（1）分布随机，稳定性不做要求，则采用快速排序。

（2）内存允许，要求排序稳定时，则采用归并排序。

（3）可能会出现正序或逆序，稳定性不做要求，则采用堆排序或归并排序。

当问题规模 n 比较小时：

（1）基本有序，则采用直接插入排序。

（2）分布随机，则采用简单选择排序，若待排序序列不接近逆序，也可以采用直接插入排序。

习　题

一、单选题

1. 对含 n 个记录的文件进行快速排序，所需要的辅助存储空间大致为（　　）。

　　A. $O(1)$　　　　B. $O(n)$　　　　C. $O(\log_2 n)$　　　　D. $O(n^2)$

2. 设一组初始记录的关键字分别为 5, 2, 6, 3, 8，以第一个记录关键字 5 为基准进行一趟快速排序的结果为（　　）。

　　　　A. 2, 3, 5, 8, 6　　　　　　　　　B. 3, 2, 5, 8, 6

　　　　C. 3, 2, 5, 6, 8　　　　　　　　　D. 2, 3, 6, 5, 8

3. 设有 5000 个待排序的记录关键字，如果需要用最快的方法选出其中最小的 10 个记录关键字，则用下列（　　）方法可以达到此目的。

　　　　A. 快速排序　　　B. 堆排序　　　C. 归并排序　　　D. 插入排序

4. 下列 4 种排序中（　　）的空间复杂度最大。

　　　　A. 插入排序　　　B. 冒泡排序　　　C. 堆排序　　　　D. 归并排序

5. 设一组初始记录的关键字分别为 20, 15, 14, 18, 21, 36, 40, 10，则以 20 为基准记录的一趟快速排序结束后的结果为（　　）。

　　　　A. 10, 15, 14, 18, 20, 36, 40, 21　　　　B. 10, 15, 14, 18, 20, 40, 36, 21

　　　　C. 10, 15, 14, 20, 18, 40, 36, 2l　　　　D. 15, 10, 14, 18, 20, 36, 40, 21

6. 设一组初始记录的关键字分别为 345, 253, 674, 924, 627，则用基数排序需要进行（　　）趟的分配和回收才能使得初始关键字序列变成有序序列。

　　　　A. 3　　　　　B. 4　　　　　C. 5　　　　　D. 8

7. 下列 4 种排序中（　　）的空间复杂度最大。

　　　　A. 快速排序　　　B. 冒泡排序　　　C. 希尔排序　　　D. 堆排序

8. 设一组初始记录的关键字分别为 45, 80, 55, 40, 42, 85，则以第一个记录关键字 45 为基准而得到一趟快速排序的结果是（　　）。

　　　　A. 40, 42, 45, 55, 80, 83　　　　　B. 42, 40, 45, 80, 85, 88

　　　　C. 42, 40, 45, 55, 80, 85　　　　　D. 42, 40, 45, 85, 55, 80

9. 执行一趟快速排序能够得到的序列是（　　）。

　　　　A. [41, 12, 34, 45, 27] 55 [72, 63]　　　B. [45, 34, 12, 41] 55 [72, 63, 27]

　　　　C. [63, 12, 34, 45, 27] 55 [41, 72]　　　D. [12, 27, 45, 41] 55 [34, 63, 72]

10. 一趟排序结束后不一定能够选出一个元素放在其最终位置上的是（　　）。

　　　　A. 堆排序　　　B. 冒泡排序　　　C. 快速排序　　　D. 希尔排序

11. 二路归并排序的时间复杂度为（　　）。

　　　　A. $O(n)$　　　B. $O(n^2)$　　　C. $O(n\log_2 n)$　　　D. $O(\log_2 n)$

12. 下列各种排序算法中平均时间复杂度为 $O(n^2)$ 的是（　　）。

　　　　A. 快速排序　　　B. 堆排序　　　C. 归并排序　　　D. 冒泡排序

13. 设一组初始记录关键字的长度为 8，则最多经过（　　）趟插入排序可以得到有序序列。

    A．6   B．7   C．8   D．9

14．设一组初始记录关键字分别为 Q, H, C, Y, P, A, M, S, R, D, F, X，则按字母升序的第一趟冒泡排序结束后的结果是（　　）。

    A．F, H, C, D, P, A, M, Q, R, S, Y, X

    B．P, A, C, S, Q, D, F, X, R, H, M, Y

    C．A, D, C, R, F, Q, M, S, Y, P, H, X

    D．H, C, Q, P, A, M, S, R, D, F, X, Y

15．排序方法中，从未排序序列中依次取出元素与已排序序列中的元素进行比较，将其放入已排序序列的正确位置上的方法，称为（　　）。

    A．希尔排序   B．冒泡排序   C．插入排序   D．选择排序

16．在所有的排序方法中，关键字比较的次数与记录的初始排列次序无关的是（　　）。

    A．希尔排序   B．冒泡排序   C．直接插入排序   D．直接选择排序

17．堆是一种有用的数据结构。下列关键字序列（　　）是一个堆。

    A．94, 31, 53, 23, 16, 72   B．94, 53, 31, 72, 16, 23

    C．16, 53, 23, 94, 31, 72   D．16, 31, 23, 94, 53, 72

18．堆排序是一种（　　）排序。

    A．插入   B．选择   C．交换   D．归并

19．将 5 个不同的数据进行排序，至多需要比较（　　）次。

    A．8   B．9   C．10   D．25

20．从未排序序列中挑选元素，并将其依次插入已排序序列（初始时为空）的一端的方法，称为（　　）。

    A．希尔排序   B．归并排序   C．插入排序   D．选择排序

21．对 n 个不同的记录进行冒泡排序，在（　　）情况下比较的次数最多。

    A．从小到大排列好的   B．从大到小排列好的

    C．元素无序   D．元素基本有序

22．对 n 个不同的记录进行冒泡排序，在元素无序的情况下比较的次数为（　　）。

    A．$n+1$ B．n C．$n-1$ D．$n(n-1)/2$

23．快速排序在（　　）情况下最易发挥其长处。

    A．被排序的数据中含有多个相同排序码

    B．被排序的数据已基本有序

    C．被排序的数据完全无序

    D．被排序的数据中的最大值和最小值相差悬殊

24．对有 n 个记录的表进行快速排序，在最坏情况下，算法的时间复杂度是（　　）。

    A．$O(n)$ B．$O(n^2)$ C．$O(n\log_2 n)$ D．$O(n^3)$

25．若一组记录的关键字分别为 46, 79, 56, 38, 40, 84，则利用快速排序的方法，以第一个记录为基准得到的一次划分结果为（　　）。

    A．38, 40, 46, 56, 79, 84   B．40, 38, 46, 79, 56, 84

    C．40, 38, 46, 56, 79, 84   D．40, 38, 46, 84, 56, 79

26．堆的形状是一棵（　　）。

    A．二叉排序树   B．满二叉树   C．完全二叉树   D．平衡二叉树

27. 若一组记录的关键字分别为 46, 79, 56, 38, 40, 84，则利用堆排序的方法建立的初始堆为（　　）。

A．79, 46, 56, 38, 40, 84　　　　　　B．84, 79, 56, 38, 40, 46

C．84, 79, 56, 46, 40, 38　　　　　　D．84, 56, 79, 40, 46, 38

二、填空题

1．从序列 (12, 10, 30, 43, 56, 78, 02, 95) 中二分查找 56 和 98 元素时，其搜索长度分别为 ＿＿＿＿ 和 ＿＿＿＿。

2．给定一组数据对象的关键字序列为 (46, 79, 56, 38, 40, 84)，则利用堆排序方法建立的初始大根堆的堆首和堆尾的关键字分别为 ＿＿＿＿ 和 ＿＿＿＿。

3．设关键字序列为 (3, 7, 6, 9, 8, 1, 4, 5, 2)，进行排序的最小交换次数是 ＿＿＿＿。

4．在归并排序过程中，需归并的趟数为 ＿＿＿＿。

5．一组记录的关键字序列为 (46, 79, 56, 38, 40, 84)，则利用堆排序的方法建立的初始堆为 ＿＿＿＿。

6．一组记录的关键字序列为 (46, 79, 56, 38, 40, 84)，则利用快速排序的方法，以第一个记录为基准得到的一次划分结果为 ＿＿＿＿。

7．在平均情况下快速排序的时间复杂度为 ＿＿＿＿，空间复杂度为 ＿＿＿＿；在最坏情况下（如初始记录已有序），快速排序的时间复杂度为 ＿＿＿＿，空间复杂度为 ＿＿＿＿。

8．在对一组记录 (54, 38, 96, 23, 15, 72, 60, 45, 83) 进行直接选择排序时，第四次选择和交换后，未排序记录（即无序表）为 ＿＿＿＿。

9．在对一组记录 (54, 38, 96, 23, 15, 72, 60, 45, 38) 进行冒泡排序时，第一趟需进行相邻记录交换的次数为 ＿＿＿＿，在整个冒泡排序过程中共需进行 ＿＿＿＿ 趟才能完成。

10．在归并排序中，若待排序记录的个数为 20，则共需要进行 ＿＿＿＿ 趟归并，在第三趟归并中，是把长度为 ＿＿＿＿ 的有序表归并为长度为 ＿＿＿＿ 的有序表。

11．在直接插入和直接选择排序中，若初始数据基本正序，则选用 ＿＿＿＿，若初始数据基本反序，则选用 ＿＿＿＿。

12．在堆排序、快速排序和归并排序中，若只从节省空间考虑，则应首先选取 ＿＿＿＿ 方法，其次选取 ＿＿＿＿ 方法，最后选取 ＿＿＿＿ 方法；若只从排序结果的稳定性考虑，则应选取 ＿＿＿＿；若只从平均情况下排序最快考虑，则应选取 ＿＿＿＿ 方法；若只从最坏情况下排序最快并且要节省内存考虑，则应选取 ＿＿＿＿ 方法。

13．在一个堆的顺序存储中，若一个元素的下标为 i，则它的左孩子元素的下标为 ＿＿＿＿，右孩子元素的下标为 ＿＿＿＿。

14．在一个小根堆中，堆顶结点的值是所有结点中的 ＿＿＿＿，在一个大根堆中，堆顶结点的值是所有结点中的 ＿＿＿＿。

15．当向一个小根堆插入一个具有最小值的元素时，该元素需要逐层 ＿＿＿＿ 调整，直到被调整到 ＿＿＿＿ 位置为止。

三、判断题

1．当待排序的元素很多时，为了交换元素的位置，移动元素要占用较多的时间，这是影响时间复杂度的主要因素。（　　）

2．对有 n 个记录的集合进行快速排序，所需要的平均时间复杂度是 $O(n\log_2 n)$。

（　　）

3．对有 n 个记录的集合进行归并排序，所需要的平均时间复杂度是 $O(n\log_2 n)$。

（　　）

4．在任何情况下，快速排序需要进行关键字比较的次数都是 $O(n\log n)$。　（　　）

5．堆中所有分支结点的值均小于或等于（大于或等于）左右子树的值。　（　　）

6．在待排序的记录集中，存在多个具有相同键值的记录，若经过排序，这些记录的相对次序仍然保持不变，称这种排序为稳定排序。　（　　）

7．直接选择排序算法在最好情况下的时间复杂度为 $O(n)$。　（　　）

8．直接选择排序是一种稳定的排序方法。　（　　）

9．快速排序在所有排序方法中最快，而且所需附加空间也最少。　（　　）

10．直接插入排序是不稳定的排序方法。　（　　）

11．选择排序是一种不稳定的排序方法。　（　　）

四、综合题

1．已知有一个数据表为 [30, 18, 20, 15, 38, 12, 44, 53, 46, 18, 26, 86]，给出进行归并排序的过程中每一趟排序后的数据表变化。

2．设有 5000 个无序的元素，希望用最快速度挑选出其中前 10 个最大的元素。在各种排序方法中，采用哪种方法最好？为什么？

3．判断下列序列是否是堆，若不是堆，则把它们依次调整为堆。

（1）(100, 85, 98, 77, 80, 60, 82, 40, 20, 10, 66)。

（2）(100, 98, 85, 82, 80, 77, 66, 60, 40, 20, 10)。

（3）(100, 85, 40, 77, 80, 60, 66, 98, 82, 10, 20)。

（4）(10, 20, 40, 60, 66, 77, 80, 82, 85, 98, 100)。

4．什么是内部排序？什么是排序方法的稳定性和不稳定性？

5．已知序列 (17, 18, 60, 40, 7, 32, 73, 65, 85)，请给出采用冒泡排序对该序列进行升序排序时的每一趟的结果。

6．已知序列 (503, 87, 512, 61, 908, 170, 897, 275, 653, 462)，请给出采用快速排序对该序列进行升序排序时的每一趟的结果。

7．已知序列 (503, 87, 512, 61, 908, 170, 897, 275, 653, 462)，请给出采用基数排序对该序列进行升序排序时的每一趟的结果。

8．已知序列 (70, 83, 100, 65, 10, 32, 7, 9)，请给出采用直接插入排序对该序列进行升序排序时的每一趟的结果。

9．已知序列 (10, 18, 4, 3, 6, 12, 1, 9, 18, 8)，请给出采用希尔排序对该序列进行升序排序时的每一趟的结果。

10．已知序列 (10, 18, 4, 3, 6, 12, 1, 9, 18, 8)，请给出采用归并排序对该序列进行升序排序时的每一趟的结果。

11．在冒泡排序过程中，有的关键字在某趟排序中朝着与最终排序相反的方向移动，试举例说明。快速排序过程中有没有这种现象？

12．如果在 10^6 个记录中找到两个最小的记录，采用什么排序方法所需的关键字比较次数最少？共计多少？

13．如果只想得到一个序列中第 k 个最小元素之前的部分排序序列，最好采用什么排序方法？为什么？如由这样的一个序列 (57, 40, 38, 1, 13, 34, 84, 75, 25, 6, 19, 9, 7) 得到其第 4 个最小元素之前的部分序列 (6, 7, 9, 11)，使用所选择的算法实现时，要执行多少次比较？

14．对于快速排序的非递归算法，可以用队列（而不用栈）实现吗？若能，说明理由；若不能，也要说明理由。

15．若对具有 n 个元素的有序的顺序表和无序的顺序表分别进行顺序查找，试在下述两种情况下分别讨论两者在等概率时的平均查找长度。

（1）查找不成功，即表中无关键字等于给定值 k 的记录。

（2）查找成功，即表中有关键字等于给定值 k 的记录。

16．指出堆和二叉排序树的区别？

17．堆排序是否是一种稳定的排序方法？为什么？试举例说明。

18．简述二路归并排序思想。

第8章 散 列

数据的组织和查找是大多数应用程序的核心，而查找是所有数据处理中最基本、最常用的操作。特别当查找的对象是一个庞大数量的数据集合中的元素时，查找的方法和效率就显得格外重要。本章主要讨论散列表查找的实现方法。

学习目标

- 理解散列查找的基本思想。
- 掌握散列函数的构造方法。
- 掌握解决冲突的方法。
- 掌握平均查找长度 ASL 的计算。

8.1 查 找

查找（Look Up）在计算机科学中定义为：在一些（有序的 / 无序的）数据元素中，采用一定的方法找出与给定关键字相同的数据元素的过程。

8.1.1 查找的基本概念

查找也称检索，是根据给定的关键字，在查找表中确定一个关键字等于给定值的记录或数据元素。若找到，返回关键字位置，若没有找到，返回 -1，表示查找失败。

关键字（Keyword）是数据元素中某个数据项的值，它可以标识一个数据元素。

查找表（Search Table）是由相同类型的数据元素（或对象）组成的集合，每个元素通常由若干数据项构成。

1. 查找表的分类

查找表分为 2 类：静态查找表和动态查找表。

静态查找表：在查找时只对数据元素进行查询或检索。

动态查找表：在实施查找的同时，插入查找表中不存在的记录，或从查找表中删除已存在的某个记录。

2. 评价查找算法的标准

查找算法往往从平均查找长度（Average Search Length，ASL）、算法所需要的存储量和算法的复杂性等方面进行评价。

平均查找长度 ASL 就是关键字的平均比较次数，定义为：

$$\text{ASL} = \sum_{i=1}^{n} P_i \times C_i$$

其中，n 为记录的个数；P_i 为查找第 i 个记录的概率，通常默认查找每个元素的概率相等，

则 $P_i=1/n$；C_i 为找到第 i 个记录所需的比较次数。

3. 查找方法

根据存储结构的不同，查找方法可分为以下三大类。

（1）顺序查找：将给定的 key 值与查找表中记录的关键字逐个进行比较，找到要查找的记录。

（2）散列表的查找：根据给定的 key 值直接访问查找表，从而找到要查找的记录。

（3）索引查找：首先根据索引确定待查找记录所在的块，然后再从块中找到要查找的记录。

8.1.2 顺序查找

顺序查找是静态查找，在查找时只对数据元素进行查询或检索，常用的方法有线性查找和二分查找。

1. 线性查找

顺序查找也称线性查找，从查找表的一端开始，顺序进行搜索，将给定的 key 值与查找表中记录的关键字逐个进行比较，若相等，则查找成功，返回元素所在位置；若搜索到查找表的另一端，依然不相等，则查找不成功，返回查找失败的信息。

顺序查找算法的实现代码如下。

```
def order_list_search(alist,target):
    pos=0
    found = False
    stop = False
    while pos < len(alist) and not found and not stop:   # 没有找到，且待查表没有搜索完
        if alist[pos] ==target:                          # 与待查数据比对成功
            found = True
        else:
            if pos>=len(alist):                          # 待查表搜索完毕
                stop =True
            else:
                pos +=1
    if found==True:                                      # 根据搜索结果返回相应信息
        return pos+1                                      # 返回关键字的位置，按习惯从 1 计数
    else:
        return "not found"                               # 返回查找失败信息
# 测试样例
if __name__=='__main__':
    test_list = [0,9,66,4,100,7,8,22,10,1,33, 25]        # 有序、无序均可
    print(order_list_search(test_list,4))
    print(order_list_search(test_list,11))
```

算法分析：从测试样例中，如果要找到关键字 4，则进行了 4 次比较；若查找关键字 11，则进行了 13 次比较。为了不失一般性，设查找每个元素的概率相等，为 $1/n$，则查找第 i 个元素成功的比较次数 $C_i=n-i+1$，故查找成功的平均查找长度为：

$$ASL = \sum_{i=1}^{n} P_i \times C_i = \frac{1}{n}\sum_{i=1}^{n}(n-i+1) = \frac{n+1}{2}$$

若考虑查找失败的情况，查找失败的比较次数为 $n+1$，若成功与不成功的概率相等，对每个记录的查找概率为 $P_i=1/(2n)$，则平均查找长度为：

$$ASL = \sum_{i=1}^{n} P_i \times C_i = \frac{1}{2n} \sum_{i=1}^{n} (n - i + 1) + \frac{n+1}{2} = \frac{3(n+1)}{4}$$

顺序查找算法简单，对存储结构形式没有要求，既适用于顺序存储结构，也适用于线性表的链式存储结构；但是浪费空间，当长度非常大时效率低。

2. 二分查找

二分查找也称折半查找，仅适用于有序的顺序表。基本思想：中间结点将整个有序表分成两个子表，先将中间结点的关键字与给定的 key 值进行比较，若相等则查找成功；若不相等，则比较 key 值与中间结点关键字的大小，若 key 值小于中间结点关键字，就继续在左边的子表进行二分查找，反之，在右边的子表进行二分查找。如此重复，直到找到为止，或确定表中没有所需要查找的元素，则查找不成功，返回查找失败的信息。

二分查找的表必须是有序的，如果是无序的需要进行排序。

二分查找算法的实现代码如下。

```python
def binary_search(test_list, key):
    low = 0
    high = len(test_list) - 1
    while low <= high:
        mid = (low + high) // 2
        if test_list[mid] == key:
            print(" 找到了，索引值为 : ", mid)
            return
        elif test_list[mid] < key:
            low = mid + 1
        else:
            high = mid - 1
    print(" 未找到 ")
# 测试样例
if __name__=='__main__':
    test_list = [1, 3, 5, 6, 7, 11, 14, 19, 20, 23, 26, 27, 30, 33, 34, 35, 38, 40]
    key=int(input("请输入待查关键字："))
    binary_search(test_list, key))
```

算法分析：根据测试样例所给数据，查找关键字 11。用 low、high 和 mid 表示待查找区间的下界、上界和中间位置，初值为 low=0，high=17。

（1）取中间位置 mid=(low+high)//2，如图 8-1（a）所示。

（2）比较中间位置记录的关键字与给定的 key 值 11：

1）中间位置记录的关键字大于 key 值：待查记录在区间的前半段，修改上界值 high=mid-1，转（1），重新获取中间位置，结果如图 8-1（b）所示。

2）中间位置记录的关键字小于 key 值：待查记录在区间的后半段，修改下界值 low=mid+1，转（1），重新获取中间位置，结果如图 8-1（c）所示。

3）中间位置记录的关键字等于 key 值：在图 8-1（c）中，待查找记录与中间位置值相等，找到，查找成功。

二分查找可用二叉树表示，每个根结点都是进行比较的中间位置的记录，其值都大于左子树的所有结点的值，小于右子树所有结点的值。查找时每经过一次比较，查找范围就缩小一半。将二叉树的第 $\lfloor \log_2 n \rfloor + 1$ 层上的结点补齐就成为一棵满二叉树，深度不变，$h = \lfloor \log_2(n+1) \rfloor$。由满二叉树性质可知，第 i 层上的结点数为 2^{i-1}（$i \leq h$），设表中每个记录的查找概率相等，即 $P_i=1/n$，查找成功时的平均查找长度为：

$$ASL = \sum_{i=1}^{n} P_i \times C_i = \frac{1}{n} \sum_{j=1}^{h} j \times 2^{j-1} = \frac{n+1}{n} \log_2(n+1) - 1$$

当 n 很大时，$ASL \approx \log_2(n+1) - 1$。

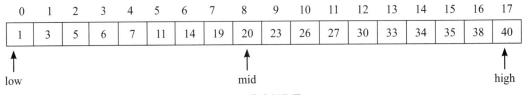

（a）取中间位置

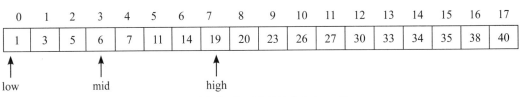

（b）中间位置记录的关键字大于 key 值

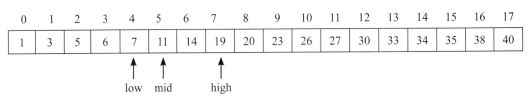

（c）中间位置记录的关键字小于 key 值

图 8-1　二分查找成功示意图

　　二分查找充分利用了元素间的次序关系，采用分治策略，可在最好的情况下用 $O(\log_2 n)$ 完成搜索任务。故比较次数少，查找速度快，平均性能好；其缺点是要求待查表为有序表，且插入、删除困难。因此，二分查找方法适用于不经常变动而查找频繁的有序列表。

8.1.3　索引查找

　　索引查找又称分块查找（Blocking Search），它是一种性能介于顺序查找和二分查找之间的查找方法。

　　在索引查找中，需要增加一个索引表，索引表的每一项称为索引项，索引项的一般形式为 (Key, Value)。

　　索引查找的过程：先在索引表中快速查找（索引表中可以按关键字有序排序），找到关键字，然后通过对应的地址找到主数据表中的元素。

1. 索引查找表存储结构

　　索引查找表由"分块有序"的线性表和索引表组成。

　　（1）"分块有序"的线性表。表 R[1...n] 均分为 b 块，前 b-1 块的记录数为 s，最后一块的记录数小于或等于 s。每一块中的关键字不一定有序，但前一块中的最大关键字必须小于后一块中的最小关键字，即表是"分块有序"的。

　　（2）索引表。抽取各块中的最大关键字及其起始位置构成一个索引表 ID[1...b]，即

ID[i]（$1 \leqslant i \leqslant b$）中存放第 i 块的最大关键字及该块在表 R 中的起始位置。由于表 R 是分块有序的，因此索引表是一个递增有序表。

例如，图 8-2 所示就是满足上述要求的存储结构，其中 R 只有 21 个结点，被分成 3 块，每块中有 7 个结点，第一块中最大关键字 20 小于第二块中最小关键字 23，第二块中最大关键字 45 小于第三块中最小关键字 47。

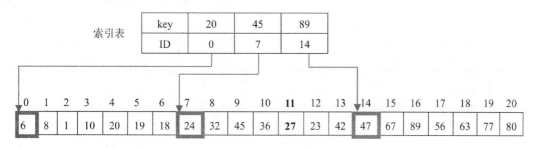

图 8-2　索引查找表存储结构

2. 索引查找的基本思想

索引查找的基本思想如下。

（1）查找索引表。索引表是有序表，采用二分查找或顺序查找，确定待查的结点在哪一块。

（2）在已确定的块中进行顺序查找。由于块内无序，只能用顺序查找。

例 8-1　对于图 8-2 所示的存储结构：

（1）查找关键字等于给定值 key=24 的结点。

（2）查找关键字等于给定值 key=30 的结点。

解：因为索引表小，不妨用顺序查找方法查找索引表。即首先将 key 依次和索引表中各关键字比较，直到找到第 1 个关键字大小等于 key 的结点，由于 20<key<45，因此关键字为 24 的结点若存在，则必定在第二块中；然后，由 ID[2].addr 找到第二块的起始地址 7，从该地址开始在 R[7...13] 中进行顺序查找，R[7].key=key，查找成功。

针对问题（2），同样先确定应在第二块进行查找，然后在该块中查找。由于表中不存在关键字为 30 的结点，查找不成功。

3. 算法分析

索引查找有两次查找过程，整个查找过程的平均查找长度是两次查找的平均查找长度之和。

假定表中有 n 个记录，均分为 b 块，每块记录数为 s，则 $b=n/s$。设记录的查找概率相等，每块的查找概率为 $1/b$，块中记录的查找概率为 $1/s$。

（1）如果对索引表进行顺序查找，则平均查找长度为：

$$ASL = \frac{b+1}{2} + \frac{s+1}{2}$$

且当 $s = \sqrt{n}$ 时，$ASL_{min} = \sqrt{n} + 1$。

（2）如果对索引表进行二分查找，则平均查找长度为：

$$ASL = \log_2(b+1) + \frac{s+1}{2}$$

例 8-2　若表中有 10000 个结点，分别用顺序查找、二分查找及索引查找查找某一关键字，请计算查找成功的平均查找次数。

解：顺序查找平均需做 10000/2=5000 次比较；二分查找需要 $\log_2(10000+1)≈13.28$，最多 14 次比较；若采用索引查找，把它分成 100 个块，每块中含 100 个结点。如果用顺序查找确定块，则索引查找平均需要做 100 次比较，如果对索引表进行二分查找，则索引查找平均需做 60 次比较。

从例 8-2 可知，索引查找算法的效率介于顺序查找和二分查找之间。

注意：在实际应用中，索引查找不一定要将线性表分成大小相等的若干块，可根据表的特征进行分块。

索引查找的优点：在表中插入或删除一个记录时，只要找到该记录所属的块，就在该块内进行插入和删除运算；因块内记录的存放是任意的，所以插入或删除比较容易，无须移动大量记录。

分块查找的主要代价是增加一个辅助的存储空间和将初始表分块排序的运算。

8.2 散列的基本概念

进行数据查找往往都是通过关键字的比对完成，数据量比较大时，比较过程复杂，耗时较长。如果能在记录的存储地址和它的关键字之间建立一个确定的对应关系，不经过比较，一次存取就能得到所查元素，这种查找方法称为散列查找（Hashing）。

散列查找的基本思想：在数据的关键字与数据的存储地址之间建立一种对应关系，该对应关系是以线性表中每个数据对象的关键字 k（可以是字符串、记录或数字）为自变量，通过一个确定的函数关系 H，计算出对应的函数值 $H(k)$，并将这个值解释为数据对象的存储地址，并按此存放，即"存储位置 = $H(k)$"。所以说散列函数是一种映像，是从关键字空间到存储地址空间的一种映像，可写成 $addr(a_i)=H(k_i)$，其中 i 是表中一个元素，k_i 是 a_i 的关键字，$addr(a_i)$ 是 a_i 的地址。

将关键字映射到表中的位置来访问记录，这个过程称为散列。把关键字映射到位置的函数称为散列函数或哈希函数（Hashing Function），通常用 H 表示。

应用散列函数，由记录的关键字确定记录在表中的地址，并将记录放入此地址，这样构成的表叫散列表或哈希表（Hash Table），用 HT 表示，所以它也是一种存储方法。散列表中的一个位置称为一个槽（Slot）。

在查找某数据对象时，用同样的方法"存储位置 = $H(k)$"计算出地址，将关键字与该地址单元中数据对象的关键字进行比较，确定查找是否成功的过程叫散列查找（又叫哈希查找）。

对于不同的关键字 k_i、k_j，若 $k_i \neq k_j$，出现 $H(k_i)=H(k_j)$ 的现象叫冲突（Collision）。具有相同函数值的两个不同的关键字，称为该散列函数的同义词。对于不同关键字 k_i、k_j，当其具有相同函数值时，互为同义词。

散列函数是一种压缩映像，一般情况下，关键字的值域（允许取值的范围）远远大于表空间的地址集，所以冲突不可避免，只能尽量减少；当冲突发生时，应该有处理冲突的方法。

设计一个散列表应包括以下内容。

（1）确定散列表的空间范围，即确定散列函数的值域。

（2）构造合适的散列函数，使得对于所有可能的元素（记录的关键字），函数值均在散列表的地址空间范围内，且出现冲突的可能性尽量小。

（3）确定处理冲突的方法，即当冲突出现时如何解决。

综上所述，在一个根据散列方法组织的数据库中，找到带有关键字 k 的记录包括两个过程：一是计算表的位置 $H(k)$；二是从槽 $H(k)$ 开始，使用冲突解决策略（Collision Resolution Policy）找到包含关键字 k 的记录。

8.3　散列函数的构造

因散列函数的本质是一种映像，故其设定很灵活，只要使任何关键字的散列函数值都落在表长允许的范围之内即可。散列函数"好坏"的主要评价因素：散列函数的构造是否简单；是否能"均匀"地将散列表中的关键字映射到地址空间，所谓"均匀"，是指发生冲突的可能性尽可能最小。

选取散列函数，考虑以下因素。

（1）计算散列函数所需时间。

（2）关键字的长度。

（3）散列表长度（散列地址范围）。

（4）关键字分布情况。

（5）记录的查找频率。

对于一个具有 m 个位置的表，n 个待分配的项而言，散列函数和理想散列函数的数量非常庞大。根据关键字类型分为数字关键字和字符关键字。对于数字关键字构建散列函数，常用的方法有直接定址法、数字分析法、随机数法、除留余数法、折叠法（Folding Method）和平方取中法（Mid-square method）。

1. 直接定址法

直接定址法就是取关键字或关键字的某个线性函数作为散列地址，即 $H(k_i)=k_i$ 或 $H(k_i)=ak_i+b$（a，b 为常数）。

例如，有一组关键字为 1, 3, 5, 7, 9, 11，则 $H(k_i)=(k_i-1)/2$，可将这组数据存放在 $0 \sim 5$ 的地址空间内。

直接定址法所得地址集合与关键字集合大小相等，不会发生冲突，但实际中很少有关键字呈现为线性结构，故比较少使用。

2. 数字分析法

数字分析法针对关键字的每位数字进行分析，分析所有关键字中各位数字出现的频率，从中选取分布情况比较好的关键字的若干位或组合作为散列地址。

例如，需要进行处理的记录有 8 个，关键字为 9 位十进制数，求散列地址。

key	$H_1(k)$	$H_2(k)$	$H_3(k)$
930343532	433	43	3
930372242	724	72	4
930387432	873	87	3
930303368	036	03	6
930324818	241	24	1
930328905	280	28	0
930369575	697	69	7
930415355	155	15	5

针对第一列关键字进行分析，可知关键字的万位、千位和十位的数字重复量较少，若

将其组合，构成 H_1 则将关键字映射到三位十进制的地址，这样需要 1000 个元素的表存储字典数据，虽然没有重复，但空间浪费太大；若将其万位与千位组合，构成 H_2，则将关键字映射到二位十进制的地址，这样需要 100 个元素的表存储字典数据，同样没有重复，但空间浪费比较大；若仅选择十位的数字构成 H_3，将关键字映射到 0 ～ 9 范围内，这样进一步节省了空间，但出现了重码，产生冲突，需要解决。

显然，数字分析法适用于关键字位数比散列地址位数大，且可能出现的关键字事先知道的情况使用。

3. 随机数法

随机数法就是取关键字的随机函数值作为散列地址，即 $H(k)=random(k)$，当散列表中关键字长度不等时，该方法比较合适。

4. 除留余数法

除留余数法也称为除余法，取关键字被某个不大于散列表表长 m 的数 p 除后所得余数作为散列地址，即 $H(k)=k\ \text{MOD}\ p\ (p \leqslant m)$。

除留余数法是一种简单、常用的散列函数构造方法，使用这种方法的关键是 p 的选取，p 选得不好，容易产生同义词。p 的选取的分析如下。

（1）若 p 取 $2^i\ (p \leqslant m)$：运算便于用移位来实现，但等于将关键字的高位忽略而仅留下低位二进制数。高位不同而低位相同的关键字是同义词。

（2）若 p 取 $q \leqslant f\ (q、f$ 都是质数，$p \leqslant m)$：则所有含有 q 或 f 因子的关键字的散列地址均是 q 或 f 的倍数。

（3）若 p 取素数或 p 取 $q \leqslant f\ (q、f$ 是质数且均大于 20，$p \leqslant m)$：常用的选取方法，能减少冲突出现的可能性。

注意：对于保存数字的散列表，$H(K) = k\ \text{MOD}\ \text{Tsize}$，Tsize 是散列表的长度，最好为素数，否则使用 $H(k) = (k\ \text{MOD}\ p)\ \text{MOD}\ \text{Tsize}$，$p$ 是一个大于 Tsize 的素数。

例如，有 $n = 15$ 个数据对象的集合，关键字是正整数，分别为 18, 23, 11, 20, 2, 7, 27, 30, 42, 15, 34, 21, 39, 9, 33。散列表的大小为 TSize = 17（通常用一个素数）。

按照除留余数法选取散列函数 H 为 $H(k) = k\ \text{MOD}\ \text{TSize}$。

用这个散列函数对 15 个数据对象建立查找表，如表 8-1 所示。

表 8-1　使用除留余数法建立的散列表

散列值	0	1	2	3	4	5	6	7	8	9	10	11	12	13	14	15	16
关键字	34	18	2	20	21	39	23	7	42	9	27	11		30		15	33

5. 折叠法

将关键字分割成位数相同的几部分（最后一部分可以不同），这些部分组合或者折叠在一起的和，产生新的目标地址作为散列地址。

根据其变化的方式进一步分为移位折叠法和边界折叠法。

移位叠加：将分割后的几部分低位对齐相加。

边界叠加：从一端到另一端沿分割界来回折叠，然后对齐相加。

折叠法适用于关键字位数很多，且每一位上数字分布大致均匀的情况。

例如，设关键字为 430419420205864，散列地址位数为 4 。两种不同的地址计算方法如下：移位折叠法将关键字拆分折叠为 4304+1942+0205+864，结果求模得散列地址为 7315。边界折叠法将 4304 1942 0205 864 转换为 4304 2491 0205 468，并将 4304+2491+0205+468 的结果求模得散列地址为 7468。

6. 平方取中法

平方取中法是将关键字平方后取中间几位作为散列地址。

一个数经过平方后得到的中间几位和原数的每一位都有关，则由随机分布的关键字得到的散列地址也是随机的。散列函数所取的位数由散列表的长度决定。这种方法适用于不知道全部关键字的情况，是一种较为常用的方法。

例如，对于关键字 2735，对其平方后得到 7480225，对于具有 1000 个单元的散列表而言，取其中关键部分 802。

另一种更有效的方式是将关键字的平方转换为二进制数据再取其中间部分。

同样对于关键字 2735，对其平方后得到 7480225，转换为二进制 0111001000100011 10100001，对于具有 100 个单元的散列表而言，可取中间 8 位 00100011 二进制，再还原为十进制 35。

实质上，在构造散列函数时，往往是对 6 种基本方法综合运用，如 ISBN10，ISBN23，ISBN45……采用数字分析法，这组数据拥有大量相同前缀的关键字，相同部分 ISBN 去除，只提取不同部分，对于剩余部分，再考虑其他策略。

8.4 解决冲突的方法

直接对关键字进行散列操作存在问题，极有可能出现冲突。仔细选择散列函数和表的长度可以减少冲突，但还是无法完全消除。当出现冲突时，为冲突元素找到另一个存储位置，称为冲突处理。常见冲突的解决办法有开放定址法和链接法。

8.4.1 开放定址法

开放定址法，就是一旦产生了冲突，该地址已经存放了其他数据元素，就去寻找另一个空的散列地址。

发生冲突时，在表中向后线性地找到一个可用的地址，对于关键字 k，确定可用地址的策略是 $\text{norm}(H(k) + p(1))$，$\text{norm}(H(k) + p(2))$，$\cdots$，$\text{norm}(H(k) + p(i))$，其中，p 是探测函数；i 是探测指针；norm 是规范化函数，通常对表的大小取模。i 从 1 递增直到找到合适位置，或者表中无剩余空间时停止。

根据探测函数 p 的构造，决定了解决冲突的不同方案。

（1）线性探测（Linear Probing）。线性探测是最简单的探测方法，此时 $p(i)=i$，$i=1, 2, 3, ..., m-1$。若将散列表 T[0 ...m-1] 看成循环向量。当发生冲突时，从初次发生冲突的位置依次向后探测其他的地址。如果找到表结尾还没找到可用位置，则返回表头直到找到刚开始探查的位置。

设初次发生冲突的地址是 h，则依次探测 T[h+1]，T[h+2]，$\cdots$，直到 T[m-1] 时又循环到表头，再次探测 T[0]，T[1]，$\cdots$，直到 T[h-1]。探测过程终止的情况如下。

1）探测到的地址为空，说明表中没有记录。若是查找则为失败；若是建立散列表则插入，即将记录写入该地址。

2）探测到的地址有给定的关键字，若是查找则成功；若是插入则失败。

3）直到 T[h]：仍未探测到空地址或给定的关键字，散列表满。

例 8-3　设散列表的表长为 11，记录关键字组为 19, 01, 15, 14, 28, 26, 56, 23, 82, 32，散列函数：$H(k)=k$ MOD 11，冲突处理采用线性探测法。

解：$H(19)=19$ MOD $11=8$　　　$H(01)=01$ MOD $11=1$　　　$H(15)=15$ MOD $11=4$

$H(14)=14 \text{ MOD } 11=3$ $H(28)=28 \text{ MOD } 11=6$ $H(26)=26 \text{ MOD } 11=4$ 冲突

$H1(26)=(4+1) \text{ MOD } 11=5$ $H(56)=56 \text{ MOD } 11=1$ 冲突 $H1(56)=2$

$H(23)=23 \text{ MOD } 11=1$ 冲突 $H1(23)=2$ 又冲突 $H2(23)=3$ 又冲突

$H3(23)=4$ 又冲突 $H4(23)=5$ 又冲突 $H5(23)=6$ 又冲突

$H6(23)=7$ $H(82)=82 \text{ MOD } 11=5$ 冲突 $H1(82)=6$ 又冲突

$H2(82)=7$ 又冲突 $H3(82)=8$ 又冲突 $H4(82)=9$

$H(32)=32 \text{ MOD } 11=9$ 冲突 $H1(32)=10$

则可得关键字的散列表如表 8-2 所示。

表 8-2　线性探测获取散列表

散列值	0	1	2	3	4	5	6	7	8	9	10
关键字		01	56	14	15	26	28	23	19	82	32

采用线性探测法只要散列表未满，总能找到一个不冲突的散列地址；但是每个产生冲突的记录被散列到离冲突最近的空地址上，这种方式会造成数据新的聚集（"聚集"是指不是同义词的关键字产生冲突），而聚集块的形成会造成恶性循环，通常可以仔细地选择探测函数来避免这个问题。

（2）二次探测（Quadratic Probing）。二次探测也称为平方探测法，是线性探测的改进。

选择一个二次函数作为探测函数，$p(i) = (-1)^{i-1} \left\lfloor \dfrac{i+1}{2} \right\rfloor^2$，$i=1, 2, ..., \text{Tsize}-1$，当 i 值取到最大时还未找到合适位置则结束探测。采用二次探测时，表的长度不应为偶数，否则探测只会在奇地址或者偶地址中进行。比较理想的情况下，表的长度应为素数 $4j+3$，其中 j 为整数。二次探测尽管比线性探测更优，但并不能完全避免聚集的形成。因为对散列到相同位置的关键字都采用一样的探测序列，会造成二次聚集，但危害相比之前更小。

例 8-4　对于例 8-3，采用二次探测解决冲突。

解：$H(19)=19 \text{ MOD } 11=8$ $H(01)=01 \text{ MOD } 11=1$ $H(15)=15 \text{ MOD } 11=4$

$H(14)=14 \text{ MOD } 11=3$ $H(28)=28 \text{ MOD } 11=6$ $H(26)=26 \text{ MOD } 11=4$ 冲突

$H1(26)=(4+1^2) \text{ MOD } 11=5$ $H(56)=56 \text{ MOD } 11=1$ 冲突

$H1(56)=(1+1)^2 \text{ MOD } 11=2$ $H(23)=23 \text{ MOD } 11=1$ 冲突

$H1(23)=(1+1^2) \text{ MOD } 11=2$ 又冲突 $H2(23)=(1-1^2) \text{ MOD } 11=0$

$H(82)=82 \text{ MOD } 11=5$ 冲突 $H1(82)=(5+1^2) \text{ MOD } 11=6$ 又冲突

$H2(82)=(5-1^2) \text{ MOD } 11=4$ 又冲突 $H3(82)=(5+2^2) \text{ MOD } 11=9$

$H(32)=32 \text{ MOD } 11=9$ 冲突 $H1(32)=(9+1^2) \text{ MOD } 11=10$

则可得关键字的散列表如表 8-3 所示。

表 8-3　二次探测获取散列表

散列值	0	1	2	3	4	5	6	7	8	9	10
关键字	23	01	56	14	15	26	28		19	82	32

（3）双散列探测法（Double Hashing）。p 函数选为 $iH_2(k)$，其中 $H_2(k)$ 是另一个散列函数。对于关键字 k，其探测序列表示为 $H(k)+1 \times H_2(k)$，$H(k)+2 \times H_2(k)$，…，$H(k)+i \times H_2(k)$，表的长度需要取素数。由于双散列函数会耗时，因此第二个函数最好根据第一个函数来取值，如 $H_2(k) = i \times H(k)+1$。

线性探测法的查找时间会随着表中元素的增加而增加，通常要求有 35% 的可用空间，才能保证良好的执行性能。对非常大的文件来说，这样很浪费空间。二次探测法要求的可用空间为 25%，双散列探测法要求的空间是 20%。因此当允许多个项存储在一个给定的位置上或关联的区域内，双散列探测是一个很好的解决办法。

（4）伪随机探测法。前面探测方法对散列表的长度有一定限制要求，为了避免对散列表的长度有过多的要求，另外一种改良方法是探测函数使用随机数发生器。采用伪随机探测法要注意：具有相同位置的键值 K 必须使用相同的随机数种子，以便保证相同的关键字具有相同的探测序列。

8.4.2 链接法

当不同的关键字具有相同的散列值，存放在散列表内产生冲突时，可以通过链接法，在每个槽内存放一个指向双链表或单链表的指针，把具有相同散列值的结点存放在一条链表内从而解决冲突。

链接法的一种扩展是同义词聚集结果，这种方法中表不仅保存关键字，还保存当冲突发生时指向下一个关键字的索引。这种方法用的空间更少，但是表的长度限制了散列到表中的关键字个数，可以为溢出分配一个溢出存储区，用来存储不能放在表中的关键字。其做法是将散列到同一个值的所有元素保留到一个链表中，槽中保留一个指向链表头的指针。

在执行查找时，首先使用散列函数来确定要查找哪个链表，然后遍历该链表，若存在则返回关键字所在的位置。

在执行插入时，首先确定该元素是否在表中。如果是新元素，则插入表的前端或末尾。

为执行删除，找到该元素执行链表删除即可。

链接散列的一般做法是使得填满因子 α（见 8.5）尽量接近于 1。

例 8-5 设记录关键字组为 19, 01, 15, 14, 28, 26, 56, 23, 82, 32，散列函数为 $H(k)=k$ MOD 7，冲突处理采用链接法。

解：根据散列函数，可计算得各关键字的散列值，如表 8-4 所示。

表 8-4 关键字的散列值

关键字	19	01	15	14	28	26	56	23	82	32
散列值	5	1	1	0	0	5	0	2	5	4

根据计算的关键字散列值，当发生冲突时，采用链接法解决，如 19、26、82 计算的地址值都是 5，产生冲突，放在同一链地址，结果如图 8-3 所示。

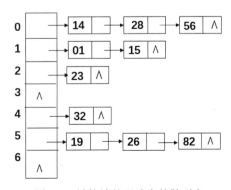

图 8-3 链接法处理冲突的散列表

链接法的实现代码如下。

```python
class _ListNode(object):
    def __init__(self,key):
        self.key=key
        self.next=None
class HashMap(object):
    def __init__(self,tableSize):
        self._table=[None]*tableSize
        self._n=0  #number of nodes in the map
    def __len__(self):
        return self._n
    def _hash(self,key):
        return abs(hash(key))%len(self._table)
    def __getitem__(self,key):
        j=self._hash(key)
        node=self._table[j]
        while node is not None and node.key!=key :
            node=node.next
        if node is None:
            raise KeyError,'KeyError'+repr(key)
        return node
    def insert(self,key):
        try:
            self[key]
        except KeyError:
            j=self._hash(key)
            node=self._table[j]
            self._table[j]=_ListNode(key)
            self._table[j].next=node
            self._n+=1
    def __delitem__(self,key):
        j=self._hash(key)
        node=self._table[j]
        if node is not None:
            if node.key==key:
                self._table[j]=node.next
                self._-=1
            else:
                while node.next!=None:
                    pre=node
                    node=node.next
                    if node.key==key:
                        pre.next=node.next
                        self._n-=1
                        break
```

算法分析：当插入的时候，需要通过散列函数计算出对应的散列槽位，将其插入对应的链表中即可，所以插入的时间复杂度为 $O(1)$；当查找、删除一个元素时，通过散列函数计算对应的槽，然后遍历链表查找或删除。对于散列比较均匀的散列函数，链表的结点个数 $k=n/m$，其中 n 表示散列表中数据的个数，m 表示散列表中槽的个数，所以时间复杂度为 $O(k)$。

8.5 散列表的查找

散列表的主要目的是用于快速查找，由于散列表的特殊组织形式，其查找有特殊的方法。

设散列为 HT[0...m-1]，散列函数为 $H(k)$，解决冲突的方法为 $R(x, i)$，则在散列表中查找定值为 k 的记录的过程如图 8-4 所示。

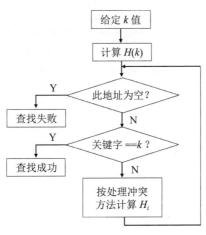

图 8-4　散列查找流程

例 8-6　针对关键字为 47, 7, 29, 11, 16, 92, 22, 8, 3, 50, 37, 89, 94, 21 的序列，从键盘输入数据，采用散列查找法，确定该关键字是否存在。若存在，则显示 True；否则显示 False。

解：

（1）确定散列表的空间范围，即确定散列函数的值域，此处假设与关键字个数 len 相等。

（2）构造合适的散列函数，使得对于所有可能的元素（记录的关键字），函数值均在散列表的地址空间范围内，且出现冲突的可能性尽量小。

采用除留余数法，计算散列地址的公式为 $H(k_i)=k_i$ MOD len。

（3）确定处理冲突的方法，此处采用线性探测法：

$H_i(k)=H_i-1(k)$ mod len，i=1, 2, 3, 4, ...

key={47, 7, 29, 11, 16, 92, 22, 8, 3, 50, 37, 89, 94, 21}

针对各关键字计算散列地址得：H 函数为除留余数法直接获取散列地址，H_i 函数为第 i 次线性探测后获得的散列地址。

$H(47)=5$	$H(7)=7$	$H(29)=1$
$H(11)=11$	$H(16)=2$	$H(92)=8$
$H(22)=8$ 冲突	$H1(22)=9$	$H(8)=8$ 冲突
$H1(8)=9$ 再冲突	$H2(8)=10$	$H(3)=3$
$H(50)=8$ 冲突	$H1(50)=9$ 再冲突	$H2(50)=10$ 再冲突
$H3(50)=11$ 再冲突	$H4(50)=12$	$H(37)=9$ 冲突
$H1(37)=10$ 再冲突	$H2(37)=11$ 再冲突	$H3(37)=12$ 再冲突
$H4(37)=13$	$H(89)=5$ 冲突	$H1(89)=6$
$H(94)=10$ 冲突	$H1(94)=11$ 再冲突	$H2(94)=12$ 再冲突
$H3(94)=13$ 再冲突	$H4(94)=0$	$H(21)=7$ 冲突

$H1(21)=8$ 再冲突 $H2(21)=9$ 再冲突 $H3(21)=10$ 再冲突
$H4(21)=11$ 再冲突 $H5(21)=12$ 再冲突 $H6(21)=13$ 再冲突
$H7(21)=0$ 再冲突 $H8(21)=1$ 再冲突 $H9(21)=2$ 再冲突
$H10(21)=3$ 再冲突 $H11(21)=4$

获得的散列表如表 8-5 所示。

表 8-5　关键字散列表

散列值	0	1	2	3	4	5	6	7	8	9	10	11	12	13
关键字	94	29	16	3	21	47	89	7	92	22	8	11	50	37

算法实现如下。

```python
class HashTable:
    def __init__(self, size):
        self.elem = [None for i in range(size)]
        self.count = size
    def hash(self, key):
        return key % self.count  # 除留余数法
    def insert_hash(self, key):    # 构造散列表
        address = self.hash(key)  # 计算关键字存放地址
        while self.elem[address]:  # 若有冲突
            address = (address+1) % self.count  # 线性探测解决冲突
        self.elem[address] = key  # 存放关键字
    def search_hash(self, key):    # 散列查找
        star = address = self.hash(key)  # 计算待查找的关键字地址
        while self.elem[address] != key:  # 若地址中关键字与待查关键字不同
            address = (address + 1) % self.count  # 按线性探测找下一地址
            if not self.elem[address] or address == star:
# 若下一地址没有元素，或与初始地址相等，说明没有待查元素
                return False
        return True
测试用例：
list_a = [47, 7, 29, 11, 16, 92, 22, 8, 3, 50, 37, 89, 94, 21]
hash_table = HashTable(len(list_a))
for i in list_a:
    hash_table.insert_hash(i)
for i in hash_table.elem:
    if i:
        print((i, hash_table.elem.index(i)), end=" ")
print("")
x=eval(input())
print(hash_table.search_hash(x))
```

算法分析：从散列查找过程可知，尽管散列表在关键字与记录的存储地址之间建立了直接映像，但由于"冲突"，查找过程仍是一个给定值与关键字进行比较的过程，评价散列查找效率仍要用平均查找长度。

散列查找时关键字与给定值比较的次数取决于 3 个因素：散列函数；处理冲突的方法；散列表的填满因子 α（Loading Factor）。

填满因子 α 的定义为：

$$\alpha = \frac{表中填入的记录数}{散列表的长度}$$

α 标志着散列程度，α 越小，发生冲突的可能性越小；反之，发生冲突的可能性增大，$\alpha = 0.5 \sim 0.8$ 为宜。

如果设定的散列函数是均匀的，则影响平均查找长度的因素就是处理冲突的方法和填满因子 α。在等概率的情况下，各种散列函数所构造的散列表的平均查找长度如下。

（1）线性探测法的平均查找长度为：

$$ASL_{ki成功} = \frac{1}{2} \times \left(1 + \frac{1}{1-\alpha}\right)$$

$$ASL_{ki失败} = \frac{1}{2} \times \left[1 + \frac{1}{(1-\alpha)^2}\right]$$

（2）二次探测法、伪随机探测法、双散列探测法的平均查找长度为：

$$ASL_{ki成功} = -\frac{1}{\alpha} \ln(1-\alpha)$$

$$ASL_{ki失败} = \frac{1}{1-\alpha}$$

（3）用链接法解决冲突的平均查找长度为：

$$ASL_{ki成功} = 1 + \frac{\alpha}{2}$$

$$ASL_{ki失败} = \alpha + e^{-\alpha}$$

针对例 8-6，查找成功的平均查找长度为：
$$ASL = (8 \times 1 + 2 \times 2 + 5 \times 3 + 1 \times 12)/14 \approx 2.786$$

习　题

一、单选题

1．对线性表 (7, 34, 55, 25, 64, 46, 20, 10) 进行散列存储时，若选用 $H(K)=K \% 9$ 作为散列函数，则散列地址为 1 的元素有（　　）个。

　　A．1　　　　　　B．2　　　　　　C．3　　　　　　D．4

2．设散列表中有 m 个存储单元，散列函数 $H(K)= K \% p$，则 p 最好选择（　　）。

　　A．小于等于 m 的最大奇数　　　　　B．小于等于 m 的最大素数

　　C．小于等于 m 的最大偶数　　　　　D．小于等于 m 的最大合数

3．设有 n 个关键字具有相同的散列函数值，则用线性探测法把这 n 个关键字映射到散列表中需要做（　　）次线性探测。

　　A．n^2　　　　　B．$n(n+1)$　　　　C．$n(n+1)/2$　　　D．$n(n-1)/2$

4．散列文件使用散列函数将记录的关键字值计算转化为记录的存放地址，因为散列函数是一对一的关系，则选择好的（　　）方法是散列文件的关键。

　　A．散列函数　　　　　　　　　B．除留余数法中的质数

　　C．冲突处理　　　　　　　　　D．散列函数和冲突处理

5．以下说法错误的是（　　）。

　　A．散列法存储的思想是由关键字值决定数据的存储地址

　　B．散列表的结点中只包含数据元素自身的信息，不包含指针

C．填满因子是散列表的一个重要参数，它反映了散列表的饱满程度

D．散列表的查找效率主要取决于散列表构造时选取的散列函数和处理冲突的方法

二、填空题

1．散列函数有一个共同性质，即函数值应当以 _____ 取其值域的每个值。

2．设散列地址空间为 $0 \sim m-1$，k 为关键字，用 p 去除 k，将所得的余数作为 k 的散列地址，即 $H(k) = k \% p$。为了减少发生冲突的频率，一般取 p 为 _____。

3．若根据长度为 m 的散列表，采用线性探测法处理冲突，假定对一个元素第 1 次计算的散列地址为 d，则下一次的散列地址为 _____。

4．假定有 k 个关键字互为同义词，若用线性探测法把这个 k 个关键字存入散列表中，至少要进行 _____ 次深测。

5．设散列表的表长 $m=14$，散列函数 $H(k)=k\%11$。表中已有 4 个结点，即 addr(15)=4、addr(38)=5、addr(61)=6、addr(84)=7，其余地址为空。如用二次探测法处理冲突，关键字为 49 的结点的地址是 _____。

6．散列表的平均查找长度为 _____。

7．若根据数据集合 {23, 44, 36, 48, 52, 73, 64, 58} 建立散列表，采用 $H(k)=k\%13$ 计算散列地址，并采用链接法处理冲突，则元素 64 的初始散列地址为 _____。

8．若根据数据集合 {23, 44, 36, 48, 52, 73, 64, 58} 建立散列表，采用 $H(k)=k\%7$ 计算散列地址，则同义词元素的个数最多为 _____ 个。

9．在散列查找中，平均查找长度主要与 _____ 有关。

10．在各种查找方法中，平均查找长度与结点个数 n 无关的查找方法是 _____。

11．在散列函数 $H(k)=k\%p$ 中，p 一般应取 _____。

12．在散列函数 $H(k)=k \text{ MOD } p$ 中，p 最好取 _____。

13．散列表是通过其关键字按选定的 _____ 和处理冲突的方法，把记录按关键字转换为地址进行存储的线性表，散列方法的关键字是构造一个好的散列函数和 _____，一个好的散列函数，其转换地址应尽可能 _____，而且函数运算应尽可能 _____。

14．采用散列存储方法时，计算结点存储地址是 _____。

15．评价散列希函数好坏的标准是 _____。

16．在各种查找方法中，其平均查找长度与结点个数 n 无关的查找方法是 _____。

三、判断题

1．散列存储的基本思想是由关键字的值决定数据的存储地址。　　　　（　　）

2．散列存储只能存储数据元素的值，不能存储数据元素之间的关系。　（　　）

3．散列冲突是指同一个关键字对应多个不同的散列地址。　　　　　　（　　）

4．在散列查找过程中，关键字的比较次数和散列表中关键字的个数直接相关。（　　）

5．散列表的查找效率主要取决于散列表构造时选取的散列函数和处理冲突的方法。

（　　）

四、综合题

1．试比较散列表构造时几种冲突处理方法的优点和缺点。

2．设关键字序列是 (19, 14, 23, 01, 68, 84, 27, 55, 11, 34, 79)，散列表长度是 11，散列

函数是 $H(k)=k$ MOD 11。

（1）采用开放地址法的线性探测方法解决冲突，请构造该关键字序列的散列表。

（2）采用开放地址法的二次探测方法解决冲突，请构造该关键字序列的散列表。

3．设有一组关键字 (19,01,23,14,55,20,84,27,68,11,10,77)，散列函数为 $H(k)=k\%13$，采用开放地址法的线性探测方法解决冲突，试在 $0\sim18$ 的散列地址空间中对该关键字序列构造散列表。

4．线性表的关键字序列为 (87,25,310,08,27,132,68,95,187,123,70,63,47)，共有 13 个元素，已知散列函数为 $H(k)=k\%13$，采用链接法处理冲突。设计出这种链表结构，并计算该表的成功查找的平均查找长度。

5．关键字序列为 (7, 4, 1, 14, 100, 30, 5, 9, 20, 134)，设散列函数为 $H(k)=k$ MOD 13，试给出表长为 13 的散列表（用线性探测开放定址法处理冲突），并求出在等概率情况下，查找成功时和查找不成功时的平均查找长度。

6．设有关键字序列为 (2,4,6,9,14,16,13)，基本区域长度为 8，散列函数采用除留余数法，用线性探测法解决冲突。试画出其存储结构，并给出查找成功的平均查找长度。

7．已知待散列的线性表为 (36, 15, 40, 63, 22)，散列用的一维地址空间为 [0...6]，假定选用的散列函数是 $H(k)=k$ MOD 7，若发生冲突采用线性探测法处理，试：

（1）计算出每一个元素的散列地址并在填写出散列表。

（2）求出在查找每一个元素概率相等情况下的平均查找长度。

8．设散列表的长度为 8，散列函数 $H(k)=k$ MOD 7，初始记录关键字序列为 (25, 31, 8, 27, 13, 68)，要求分别计算出用线性探测法和链接法作为解决冲突方法的平均查找长度。

9．设散列表的地址范围为 $0\sim17$，散列函数为 $H(k)=k$ MOD 16。k 为关键字，用线性探测法处理冲突，输入关键字序列 (10, 24, 32, 17, 31, 30, 46, 47, 40, 63, 49)，构造散列表，试回答下列问题：

（1）画出散列表的示意图。

（2）若查找关键字 63，需要依次与哪些关键字进行比较？

（3）若查找关键字 60，需要依次与哪些关键字比较？

（4）假定每个关键字的查找概率相等，求查找成功时的平均查找长度。

10．选取散列函数 $H(k)=(3k)\%11$，用线性探测法处理冲突，对关键字序列 (22, 41, 53, 08, 46, 30, 01, 31, 66) 构造一个散列地址空间为 $0\sim10$，表长为 11 的散列表。

11．已知一个散列表如下图所示：

		35		20			33		48			59
0	1	2	3	4	5	6	7	8	9	10	11	12

其散列函数为 $H(k)=k\%13$，处理冲突的方法为双散列探测法，探测函数为：

$H_i=(H(k)+iH1(k))\%13 \quad i=1,...,12$

其中

$H1(k)=k\%11+1$

回答下列问题：

（1）对表中关键字 35，20，33，48 和 59 进行查找时，所需进行的比较次数各为多少？

（2）该散列表在等概率查找时查找成功的平均查找长度为多少？

参 考 文 献

[1] 裘宗燕. 数据结构与算法（Python 语言描述）[M]. 北京：机械工业出版社，2017.

[2] 严蔚敏，吴伟民. 数据结构（C 语言版）[M]. 2 版. 北京：人民邮电出版社，2020.

[3] 陈越，何钦铭. 数据结构 [M]. 北京：高等教育出版社，2013.

[4] 朱战立. 数据结构（C++ 语言描述）[M]. 2 版. 北京：高等教育出版社，2015.

EVERY
THING